Handbuch Baubeschreibung

Unser Service für Sie

Wenn neue Gesetze und Verordnungen in Kraft treten oder sich zum Beispiel Förderbedingungen oder Leistungen ändern, finden Sie die wichtigsten Fakten in unserem Aktualisierungsservice zusammengefasst. Mit dem Klick auf **www.ratgeber-verbraucherzentrale.de/aktuell** sind Sie dann ergänzend zu dieser Auflage des Buches auf dem neuesten Stand. Diesen Service bieten wir so lange, bis eine Neuauflage des Ratgebers erscheint, in der die Aktualisierungen bereits eingearbeitet sind.

Generell sollten Sie Ihre Entscheidungen nur auf aktuelle Ratgeber stützen. Diese finden Sie in unserem Shop: **www.ratgeber-verbraucherzentrale.de**

Handbuch Baubeschreibung

Hausangebote richtig vergleichen

UTA MARIA SCHMIDT

verbraucherzentrale

Inhalt

So nutzen Sie dieses Buch

Liebe Leserin, lieber Leser,

wer den Bau oder Kauf einer Immobilie plant, muss viele Dinge beachten und entscheiden. Insbesondere die Baubeschreibung, die Sie mit Ihrer Unterschrift unter den Bauvertrag autorisieren, sollten Sie ganz genau prüfen.

Denn viele Baubeschreibungen bleiben zu allgemein. Es fehlen vollständige Produktbeschreibungen, Mengenangaben sind nicht ausreichend und Preisobergrenzen nicht genannt. Ärger, Missverständnisse, zusätzliche Kosten oder gar gerichtliche Auseinandersetzungen sind dann vorprogrammiert.

Das „Handbuch Baubeschreibung“ der Verbraucherzentrale führt Sie durch die Baubeschreibung Ihres zukünftigen Eigenheims und gibt praktischen Rat, damit Sie Schwachstellen aufdecken können, ergänzt um nutzbringende Vorlagen und Hintergrundinformationen. Es ist als Arbeitsbuch aufgebaut:

Im ersten Teil des Buches finden Sie Erläuterungen zu unterschiedlichen Schwerpunktthemen rund um die Baubeschreibung, mit Erklärungen und Antworten auf Detailfragen (→ Seiten 9 bis 144).

Sie erhalten einen Überblick über alle Leistungen, die in einer Baubeschreibung enthalten sein müssen. Dazu lesen Sie, wie die Ausführungen der jeweiligen Gewerke beschrieben sein müssen, um gesetzlichen Vorgaben zu entsprechen. Sie erfahren außerdem Wichtiges zum Thema Qualitätskontrolle und erhalten Hinweise für die Abnahme sowie einen Überblick zu Versicherungen beim Hausbau.

Jedes Kapitel beginnt mit einem kurzen Überblick über die wichtigsten Themenaspekte, „Für den schnellen Einstieg“. Den ersten Teil des Buches erkennen Sie an der Farbe **Grün.**

Im zweiten Teil finden Sie praktische Übersichten und Vorlagen zum Ausfüllen, die Sie auch als Checklisten nutzen können (→ Seiten F-1 bis F-88).

Sie können diese heraustrennen, ausfüllen und nach Wunsch abheften und archivieren. Dieser Teil des Buches hat die Farbe **Braun.** Mit dem umfangreichen Formularteil lassen sich alle Leistungen und Ausstattungsstandards Ihrer neuen Immobilie genau festlegen.
Gute Informationen im Vorfeld können Ihnen eine Menge Geld und Nerven sparen. Wenn Sie unsicher sind, sollten Sie auch Experten hinzuziehen: Einige Verbraucherzentralen bieten eine Beratung hierzu an (Adressen → Seite 143); oder Sie wenden sich an einen Architekten oder einen Fachanwalt für Bau- und Architektenrecht. Mit Ihrer Unterschrift unter die Baubeschreibung legen Sie sich schließlich auf alle Details und Standards zu einem vereinbarten Preis fest. Was Sie nachträglich verhandeln, wird meistens teurer sein.

→ **TIPP** Zum Thema Hausbau finden Sie im Ratgeberprogramm der Verbraucherzentrale weitere hilfreiche Bücher – zum Beispiel „Bauen! Das große Praxis-Handbuch zum Hausbau“ oder „Kosten- und Vertragsfallen beim Bauen. Hausbau auf eigenem Grundstück – mit Architekt, Generalunternehmer oder Fertighausanbieter“ unter **www.ratgeber-verbraucherzentrale.de**

Die fünf wichtigsten Anforderungen an Baubeschreibung und Bauvertrag

1 Ein finales Dokument listet alle Leistungen auf

Eine individuelle Baubeschreibung sollte die vereinbarten Leistungen umfassend beschreiben. Eine detaillierte Auflistung zum Beispiel von Ausstattung, Haustechnik oder Innenausbau und die Beschreibung des zukünftigen Hauses sind für Sie als Bauherrn sehr wichtig. Erst damit bekommen Sie eine konkrete Übersicht darüber, welche Leistungen der Unternehmer erbringen muss. Wenn Umfang und Qualität der Leistung ungenau beschrieben sind, ist der Auslegungsspielraum – nicht selten zugunsten des Unternehmers – groß. → Seiten 12, 16

2 Wer welche Leistung erbringt, wird klar und deutlich aufgeführt

In der Baubeschreibung muss klar benannt sein, wer die jeweilige Leistung erbringt. Auch Leistungen, die nicht Bestandteil eines Angebots sind, aber zum Bau gehören, sollten der Vollständigkeit halber aufgeführt und als solche deutlich kenntlich gemacht sein. Dies hilft, spätere Probleme, zusätzliche Kosten oder gar gerichtliche Auseinandersetzungen zu vermeiden. → Seite 13

3 Leistungen werden vollständig und genau beschrieben

Die quantitativen und qualitativen Leistungsangaben müssen genau beschrieben und der Leistungsumfang muss für Bauinteressenten nachvollziehbar sein. Nur so können Sie die angebotenen Leistungsumfänge mit anderen vergleichen oder später in der Bauphase die korrekte Ausführung nachprüfen. Mengenangaben oder genaue Maße sind hier wichtig, ebenso technische Details, inklusive der Nennung der Fabrikate. → Seite 11

4 Alle vorgeschriebenen Standards werden vertraglich vereinbart

Der **energetische Standard** für das Gebäude und die bauphysikalischen Eigenschaften der Hauptbauteile müssen eindeutig festgehalten sein. In den meisten Fällen muss zudem ein erhöhter **Schallschutz** vertraglich vereinbart werden. Außerdem sollten ein umfassendes **Bodengutachten** und **Luftdichtheitstest** zur Qualitätskontrolle der Ausführung und als Fördernachweis Bestandteil des Vertrages sein. → Seiten 49 ff., 47 ff., 57 f., 45 ff.

5 Unabhängige Sachverständige kümmern sich um die Qualitätssicherung

Beim Bau mit Bauträger, Generalunternehmer oder -übernehmer erfolgt die Baukontrolle oft nur durch Angestellte des Unternehmers. Eine Begleitung durch externe, unabhängige Sachverständige zur Qualitätssicherung sollte daher während der Bau- und Gewährleistungsphase unbedingt beauftragt werden. → Seiten 135 f.

Die Baubeschreibung in Bauverträgen

Wer ein Haus bauen will, sei es ein Fertighaus oder ein Massivhaus, ein schlüsselfertiges oder ein kostensparendes Ausbauhaus, wählt zunächst einen Anbieter und schließt dann mit ihm einen Vertrag ab – den Bauvertrag. Dieser Bauvertrag hat einen wichtigen Bestandteil – die Baubeschreibung.

Für den schnellen Einstieg

1 Welche Unterlagen gehören zu einer vollständigen Baubeschreibung? → Seite 16

2 Wie lässt sich das Preis-Leistungs-Verhältnis eindeutig fixieren? → Seite 12

3 Wie viel Zeit hat man für die Prüfung der Verträge und Unterlagen? → Seite 14

4 Wie gehe ich vor, wenn ich Eigenleistungen in den Vertrag mit aufnehmen möchte? → Seite 14

Warum die Baubeschreibung so wichtig ist

Im Bauvertrag erteilt der Bauherr dem Unternehmer den Auftrag, das Haus zu bauen, und er verpflichtet sich im Gegenzug, die vereinbarte Vergütung zu zahlen. Während in jedem Bauvertrag das Honorar genau beziffert ist, sind die Beschreibungen der verschiedenen Anbieter über das zu bauende Haus häufig unvollständig.

Sie fallen quantitativ und qualitativ oftmals sehr unterschiedlich aus. So geht nicht immer eindeutig aus den Beschreibungen hervor, welche Leistungen im Festpreis enthalten sind, oder es fehlen Angaben über die Art und Beschaffenheit von Baumaterialien. Eine detaillierte Auflistung zum Beispiel der Ausstattung, der Haustechnik oder des Innenausbaus und die Beschreibung des zukünftigen Hauses sind jedoch für Sie als Bauherr oder Baufamilie sehr wichtig.

Erst damit bekommen Sie eine konkrete Übersicht darüber, welche Leistungen der Unternehmer erbringen muss. Mit der Auflistung können Sie außerdem die Bauleistungen während der Bauzeit kontrollieren und am Ende prüfen, ob alles vollständig erledigt wurde. Wenn in einer Baubeschreibung Umfang und Qualität der Leistung ungenau dargelegt oder der Preis nicht genau angegeben wird, ist der Auslegungsspielraum – nicht selten zugunsten des Unternehmers – groß, und Sie haben das Nachsehen.

→ **TIPP** Lassen Sie den Entwurf des Bauvertrages und die zugehörige Bau- und Leistungsbeschreibung von erfahrenen Fachleuten prüfen, zum Beispiel durch die Experten bei den Verbraucherzentralen (Adressen → Seite 143).

Quantitative und qualitative Leistungsangaben

Wichtig ist beispielsweise die vollständige Benennung der Hauptleistungen und Hauptbauteile, etwa des Systems des Wand- und Dachaufbaus. Dabei sollte eine detaillierte Darstellung des Schichtenaufbaus erfolgen. Günstig sind grafische Darstellungen (Schnittzeichnungen) des Schichtenaufbaus.

Wichtig ist weiterhin die vollständige Beschreibung der quantitativen Leistungsangaben. Hierbei geht es nicht vordergründig um Mengenangaben, wie sie etwa im Rahmen von Ausschreibungen üblich sind. Zum Angebots- und Preisvergleich sowie hinsichtlich der Nachvollziehbarkeit muss der Bauinteressent den Leistungsumfang ermessen können. So ist es zum Beispiel nicht notwendig, die Kubikmeter Rahmenhölzer oder Mauerwerk der Außenwand oder des verbauten Wärmedämmstoffs zu nennen, sondern die Dicke in Zentimetern reicht aus. Mengenangaben sind dagegen bei den Ausbaumaterialien wie Tapeten, Fliesen, Parkett oder Teppichboden wichtig.

Umfassende und eindeutige qualitative Parameter sind für eine vollständige Produktbezeichnung der eingesetzten Materialien nötig. Angaben wie etwa

„20 cm Wärmedämmung“ allein sind unzureichend, denn sie sagen nichts über das verwendete Material und dessen Wärmeleitfähigkeit aus und lassen somit keine Beurteilung des speziellen Baustoffs zu. Die Angaben sollten so ausführlich sein, dass daraus Informationen zur Materialeigenschaft sowie zur Umwelt- und Gesundheitsverträglichkeit entnommen werden können. Aus diesem Grund sollten alle verwendeten Materialien benannt sein. Dies umso mehr, als die gesetzlichen Anforderungen an ein umwelt- und gesundheitsverträgliches Bauen und Wohnen ebenso steigen wie die Erwartungen der Verbraucher.

Preisangaben sollten bei bestimmten Ausbau- und Ausstattungsmaterialien Preisgruppen oder Preisobergrenzen enthalten (zum Beispiel Wandfliesen bis zu einem Preis von 30 Euro/m²), damit das Preis-Leistungs-Verhältnis eindeutig fixiert werden kann.

Dies sind nur einige Beispiele, um zu verdeutlichen, dass eine umfassende Bau- und Leistungsbeschreibung Planung und Bau wesentlich vereinfachen kann.

Viele Baubeschreibungen sind ungenau, lückenhaft und intransparent

Das hat eine Auswertung der Verbraucherzentrale Rheinland-Pfalz im Jahr 2019 gezeigt. Untersucht wurden die bei der Bauberatung zur Prüfung eingereichten Baubeschreibungen und Bauverträge aus den Jahren 2017 und 2018. Geprüft wurden insgesamt 152 Baubeschreibungen und 168 Bauverträge. Die Anzahl der Dokumente ist natürlich nicht repräsentativ, aus der Bauberatung der letzten Jahre lassen sich aber eindeutige Tendenzen ablesen. Zudem wurde berücksichtigt, ob die Regelungen zum Verbraucherbauvertrag, die seit 1.1.2018 in Kraft sind, von den Anbietern eingehalten wurden.

Folgenden Fragen ist die Verbraucherzentrale in ihrer Untersuchung nachgegangen:

- → Kann die Auswertung die bisherigen Eindrücke bestätigen, dass Baubeschreibungen teilweise eine mangelhafte Qualität haben?
- → In welchen Bereichen gibt es am häufigsten Defizite?
- → Welche Empfehlungen ergeben sich daraus für die Verbraucher und die Beratung?
- → Hat sich die Qualität der Baubeschreibungen durch das neue Bauvertragsrecht verbessert?

Ausgewertet wurde, ob die Anforderungen der Verbraucherzentrale und auch die gesetzlichen Vorgaben an Baubeschreibungen erfüllt wurden, wie »konkret, transparent, für Laien verständlich und vollständig« und »Qualitätsniveau und Kosten der Bauleistung für Verbraucher kalkulierbar«.

Im Einzelnen ging es um die Vollständigkeit, die Übersichtlichkeit, die Verständlichkeit und die jeweilige Qualität der Ausführung. Alle Parameter wurden sowohl einer qualitativen als auch einer quantitativen Auswertung unterzogen.

Als Fazit ergibt sich kein positiver Trend. Bei einem großen Teil der geprüften Baubeschreibungen sind die Leistungen ungenau beschrieben, viele kostenrelevante Leistungen fehlen ganz. Für die Bauherren sind die Kosten dadurch nicht genau kalkulierbar, das Risiko für Folgekosten ist hoch. Auch die Vollständigkeit und konkrete Beschreibung von Einzelpositionen lässt häufig zu wünschen übrig. Weder weiß der Bauherr hier genau, was er für sein Geld bekommt, noch kann er die Qualität beurteilen. Positionen mit hohem Schadensrisiko, wie die Abdichtung des Kellers, sind oftmals ungenügend beschrieben oder entsprechen nicht den Anforderungen des Bodengutachtens. Viele Baubeschreibungen sind intransparent und für Verbraucher schwer verständlich. Das Qualitätsniveau bei Wärme- und Schallschutz ist häufig nicht eindeutig festgeschrieben oder wird überhaupt nicht erwähnt. Mindeststandards werden unterschritten, qualitätssichernde Maßnahmen sind selten enthalten.

Die Vorgaben des EGBGB (Einführungsgesetz zum Bürgerlichen Gesetzbuch) zu den Informationspflichten bei Verbraucherbauverträgen scheinen in der Bauwirtschaft noch nicht überall angekommen zu sein. Die Verbraucherzentrale Rheinland-Pfalz fordert daher Folgendes:

- → Alle Leistungen müssen in einer individuellen Baubeschreibung aufgeführt und konkret sowie umfassend beschrieben werden.
- → Verbraucher müssen ein finales Dokument erhalten, in dem diese Leistungen festgehalten sind.
- → Der energetische Standard für das Gebäude und die bauphysikalischen Eigenschaften der Hauptbauteile müssen wie vorgeschrieben eindeutig festgehalten werden.

Bei Reihenhäusern, Doppelhaushälften oder Eigentumswohnungen muss gemäß Entscheidungen des Bundesgerichtshofs (BGH) ein erhöhter Schallschutz vertraglich vereinbart werden. Außerdem sollte ein umfassendes Bodengutachten gesetzlich vorgeschrieben sein, um Verbraucher vor unerwarteten Mehrkosten zu schützen. Und: Verbraucher brauchen zwingend externe Sachverständige zur Qualitätssicherung während der Bau- und Gewährleistungsphase. Die Überwachung durch den Bauunternehmer ist nicht ausreichend.

Bauherrn sind also weiterhin gefragt, ihre Verträge vor der Unterschrift so gründlich wie möglich zu prüfen und sich eingehend beraten zu lassen, wollen sie nicht finanzielle und bauliche Risiken eingehen.

→ **TIPP Zum Weiterlesen:**
Verbraucherzentrale Rheinland-Pfalz e. V., Bauen mit Qualität?
https://www.verbraucherzentrale-rlp.de/sites/default/files/2019-10/191030_Evaluation_Bericht_Bauberatung_Bauvertrag.pdf

Mit wem wollen Sie bauen?

Welche Vertragspartner Sie für den Hausbau haben werden, hängt von der Errichtungsweise ab:

Architektenhaus

Beim Architektenhaus schließen Sie einen Architektenvertrag mit einem Architekten, der mit der Hausplanung, meist aber auch mit der Bauunternehmerauswahl und der unabhängigen Baukontrolle beauftragt wird. Zur Bauausführung können mehrere Handwerksbetriebe beauftragt werden (klassische Architektenbauweise) oder nur ein Unternehmen. Ein solches Unternehmen wird, wenn es die Bauleistungen teils selbst, teils mit Subunternehmern ausführt, als Generalunternehmer bezeichnet, wenn die Errichtung ausschließlich mit Subunternehmern erfolgt, als Generalübernehmer.

(Typen-) Haus

Beim Typenhaus bieten Generalunternehmer oder Generalübernehmer Häuser an, die auf einer von ihnen selbst in Auftrag gegebenen Planung beruhen. Planung, Bauausführung und Baukontrolle fallen beim Generalunternehmer oder Generalübernehmer zusammen. Sie schließen (nur) einen Bauvertrag ab. Eine unabhängige Baukontrolle ist regelmäßig nicht vorgesehen und sollte zusätzlich veranlasst werden.

(Typen-) Haus mit Grundstück

Ein Unternehmen, das ein Typenhaus mit Grundstück anbietet, wird als Bauträger bezeichnet. Der Vertrag mit einem Bauträger ist eine Kombination aus einem Grundstückskaufvertrag und einem Bauvertrag und muss notariell beurkundet werden. Mit ihm übernimmt der Bauträger nicht nur die Verantwortung für Hausplanung, Bauausführung und Baukontrolle, sondern trägt – im Gegensatz zu den vorgenannten Errichtungsformen – auch die Verantwortung dafür, dass das Haus wie angeboten auf dem Grundstück errichtet werden kann. Der Bauträger fungiert in dieser Zeit als Bauherr. Da eine regelmäßige, unabhängige Baukontrolle in den meisten Fällen nicht vorgesehen ist, sollten Sie diese zusätzlich veranlassen.

Was sollten Sie weiterhin beachten?

Die Weichen für Ihr Bauvorhaben stellen Sie vor der Vertragsunterzeichnung. Voraussetzung ist, dass Sie Ihr künftiges Haus in allen wesentlichen technischen und gestalterischen Aspekten kennen. **Mit Ihrer Unterschrift legen Sie sich auf alle Details und Standards zu einem vereinbarten Preis fest. Dies sollten Sie jedoch erst dann tun, wenn die Baubeschreibung hinreichend präzise ist.** Alles, was Sie nach Unterschrift verhandeln, wird Ihnen sehr wahrscheinlich zu einem deutlich höheren Preis angeboten werden als vor Vertragsunterschrift. In der Regel hat jeder Anbieter seine allgemeingültige Standard-Baubeschreibung.

→ **WICHTIG Diese Unterlagen dürfen nicht fehlen:**

- → Haus- oder Wohnungsbauvertrag/ Kaufvertrag
- → (Bau-)Leistungsbeschreibung mit allen wichtigen Informationen → Seite 15
- → vollständige Zeichnungen mit allen Maßen (Grundrisse,Schnitte, Ansichten M 1 : 100)
- → Wohnflächenberechnung
- → Energieausweis

Nicht selten wird mit jeder Verhandlung eine Liste mit Zusatzleistungen angefertigt, und am Ende gibt es mehrere Beschreibungen, die nicht mehr deckungsgleich sind. Verlangen Sie, dass alle angebotenen Leistungen in eine übersichtliche Form gebracht werden. Bei jeder Veränderung muss immer Bezug auf die vorangegangene Baubeschreibung und die eventuelle Kostenveränderung genommen werden. Lassen Sie sich für Mehrleistungen oder Sonderwünsche ein detailliertes, beziffertes Angebot machen. Falls Sie Eigenleistungen erbringen wollen, vereinbaren Sie vor Vertragsabschluss, welcher Betrag Ihnen dafür vergütet wird.

Aus dem Vertragstext muss unzweifelhaft hervorgehen, von wem die jeweilige Leistung erbracht wird. Auch Leistungen, die eventuell nicht Bestandteil eines Angebotes sind, wie zum Beispiel Oberflächenentwässerung, Außentreppen, Zuwegung, Abstellflächen, Erdarbeiten, Abfallentsorgung, Baustellensicherung, Vermessungsarbeiten, Baugrunduntersuchung sowie Eigenleistungen oder Vorleistungen des Bauherrn sollten der Vollständigkeit halber aufgeführt und als solche deutlich kenntlich gemacht sein.

→ **TIPP** Die Durcharbeitung der Vertragsunterlagen nimmt viel Zeit in Anspruch. Lassen Sie sich also nicht drängen. Die kompletten Unterlagen wie Vertrag, Leistungsbeschreibung, Zeichnungen und Flächenberechnung sollten Ihnen vor Vertragsunterzeichnung mindestens für 14 Tage zur Prüfung zur Verfügung gestellt werden.

Worauf es aus juristischer Sicht ankommt

Grundsätzlich sind beim Kauf oder Bau einer Immobilie zwei Bauvertragsarten zu unterscheiden:

→ Beim **Bau auf dem eigenen Grundstück,** auch Verbraucherbauvertrag genannt, treten Sie als Bauherr auf und das Bauvorhaben wird mit einem Fertighausanbieter, einem Generalunternehmer oder als Architektenhaus verwirklicht.

→ Das unterscheidet sich grundlegend vom **Erwerb einer Immobilie vom Bauträger,** auch Bauträgervertrag genannt. Der Bauträger ist Bauherr, er errichtet das Gebäude auf seinem eigenen Grundstück und er veräußert ein Haus oder eine Wohnung im Zuge des Abschlusses eines vollumfänglich notariell zu beurkundenden Bauträgervertrags; dieser ist rechtlich ein gemischter Kauf- und Bauvertrag und ist in § 650 BGB geregelt.

Die **Baubeschreibung** ist zentraler Bestandteil eines jeden Bauvertrags. Sie bestimmt den Umfang der vom Anbieter zu erbringenden Bauleistungen und enthält insbesondere die näheren Angaben zu konkreten Baustoffen, Materialien und Ausstattungsdetails. Trotz ihrer hervorragenden Bedeutung treten bei Baubeschreibungen in der Praxis häufig Lücken, Widersprüche und Unklarheiten auf, die zu Streitigkeiten führen.

Was geregelt werden muss und wo Spielraum besteht

Streitigkeiten zwischen Verbrauchern und Anbietern sind nicht ungewöhnlich. Meist geht es darum, dass Mängel geltend gemacht und Zahlungen einbehalten werden. Alles, was in der Baubeschreibung nicht klar definiert ist, kann schnell zu einem Streitherd und Risiko für Verbraucher und Erwerber werden.

Typischerweise bieten Bauträger, Fertighausanbieter und Generalunternehmer ihre Leistung mit einer standardisierten Baubeschreibung an, auf deren Grundlage der Bauherr oder Erwerber in Verhandlungen mit dem Anbieter eintreten. Für Verträge, die mit Einführung des neuen Bauvertragsrechts ab dem 1.1.2018 abgeschlossen wurden, gilt, dass die Baubeschreibung gemäß Art. 249 EGBGB in Text-

§ RECHT

Art 249 EGBGB

§ 2 Inhalt der Baubeschreibung

(1) In der Baubeschreibung sind die wesentlichen Eigenschaften des angebotenen Werks in klarer Weise darzustellen. Sie muss mindestens folgende Informationen enthalten:

1. allgemeine Beschreibung des herzustellenden Gebäudes oder der vorzunehmenden Umbauten, gegebenenfalls Haustyp und Bauweise,
2. Art und Umfang der angebotenen Leistungen, gegebenenfalls der Planung und der Bauleitung, der Arbeiten am Grundstück und der Baustelleneinrichtung sowie der Ausbaustufe,
3. Gebäudedaten, Pläne mit Raum- und Flächenangaben sowie Ansichten, Grundrisse und Schnitte,
4. gegebenenfalls Angaben zum Energie-, zum Brandschutz- und zum Schallschutzstandard sowie zur Bauphysik,
5. Angaben zur Beschreibung der Baukonstruktionen aller wesentlichen Gewerke,
6. gegebenenfalls Beschreibung des Innenausbaus,
7. gegebenenfalls Beschreibung der gebäudetechnischen Anlagen,
8. Angaben zu Qualitätsmerkmalen, denen das Gebäude oder der Umbau genügen muss,
9. gegebenenfalls Beschreibung der Sanitärobjekte, der Armaturen, der Elektroanlage, der Installationen, der Informationstechnologie und der Außenanlagen.

(2) Die Baubeschreibung hat verbindliche Angaben zum Zeitpunkt der Fertigstellung des Werks zu enthalten. Steht der Beginn der Baumaßnahme noch nicht fest, ist ihre Dauer anzugeben.

form zu erfolgen hat und der Inhalt die folgenden Kriterien erfüllen muss:

An mehreren Stellen taucht im Gesetzestext der Begriff „gegebenenfalls“ auf. Er weist auf die Abhängigkeit von Baumodell und den im Einzelfall abzuschließenden Bauvertrag hin – zum Beispiel mit dem Generalunternehmer, dem Architekten oder dem Bauträger.

Die Baubeschreibung muss nicht notwendigerweise in den laufenden Vertragstext integriert sein. Es ist ausreichend, wenn sie dem Vertrag als Anlage beigefügt ist, sofern im Vertragstext auf diese Anlage Bezug genommen wird.

Lücken und Unklarheiten können Risiken bergen: Häufig sind Baubeschreibungen zu kurz, unklar oder abstrakt formuliert, weshalb Sie Wert auf eine möglichst klare und konkrete Formulierung der Bauleistung legen sollten. Treten dennoch Lücken oder Unklarheiten in der Baubeschreibung auf, so ist eine Vertragsauslegung erforderlich. Hierbei sind Pläne und Verkaufsprospekte, die vor dem Vertragsschluss überreicht wurden, einzubeziehen. Vorvertraglich überreichte Exposés und Pläne sowie sonstige Prospekte sollten Sie daher unbedingt aufbewahren.

Überraschende Klauseln in der Vertragsurkunde: Nicht selten finden sich in Baubeschreibungen rechtliche Regelungen, die geeignet sind, die Rechtsposition des Bauherrn bzw. Erwerbers einzuschränken. Mit solch überraschenden Regelungen in der Baubeschreibung muss der Bauherr oder Erwerber nicht rechnen. Aus diesem Grund sind in der Baubeschreibung Änderungsvorbehalte, allgemeine Leistungsbestimmungsrechte sowie Regelungen zu Sonderwünschen und Erschließungskosten unzulässig.

Änderungsvorbehalte zugunsten des Anbieters: Häufig wird im Vertrag ein Änderungsvorbehalt zugunsten des Anbieters aufgenommen. Ein solcher Vorbehalt ist aber nur dann wirksam, wenn er unter Berücksichtigung der Interessen des Anbieters und der Interessen des Bauherrn beziehungsweise Erwerbers zumutbar ist (vgl. § 308 Nr. 4 BGB) und für die Änderung ein triftiger Grund besteht. Die Änderungsgründe selbst müssen dabei wiederum konkret und transparent dargelegt werden. Werden beispielsweise zulässige bautechnische Gründe angeführt, so müssen konkretisierende Regelbeispiele dargestellt werden. Keinesfalls ist die Wiederholung des Gesetzeswortlauts ausreichend, denn die Voraussetzungen und Folgen von Änderungen müssen für den Verbraucher erkennbar und angemessen berücksichtigt werden.

Einseitige Leistungsbestimmungsrechte zugunsten des Anbieters: In Verträgen werden häufig einseitige Leistungsbestimmungsrechte zugunsten des Anbieters aufgenommen. Ein Leistungsbestimmungsrecht dient in erster Linie dazu, die vereinbarte Leistung zu konkretisieren, etwa die genaue Lage von Steckdosen. Weitere Leistungsbestimmungsrechte hat die Rechtsprechung angenommen bei der Wahl zwischen Öl- und Gasheizung oder der Versorgung durch eine eigene Heizungsanlage oder einen Wärmelieferungsvertrag. Dass hiergegen keine grundsätzlichen Bedenken bestehen, ergibt sich schon aufgrund entsprechender gesetzlicher Vorschriften in den §§ 315 ff. BGB. Allerdings müssen einseitige Leistungsbestimmungen den Anforderungen an Allgemeine Geschäftsbedingungen genügen.

Fazit: Vertragstext und Baubeschreibung sollten Sie generell sorgfältig prüfen – die Baubeschreibung mithilfe dieses Ratgebers oder durch erfahrene Architekten. Falls Ihnen eine der oben genannten Klauseln bedenklich erscheint, so sollten Sie diese vor Vertragsabschluss oder der notariellen Beurkundung eines Bauträgervertrags von einem Fachanwalt für Bau- und Architektenrecht prüfen lassen.

Das Grundstück

Dieses Kapitel ist vor allem dann relevant, wenn Sie ein Haus auf einem Grundstück bauen wollen, das Ihnen gehört oder das Ihnen mit einem separaten notariellen Vertrag verkauft wird.

Für den schnellen Einstieg

1 Wie können Sie sicher sein, dass ihr Grundstück in gewünschter Weise bebaubar ist? → Seite 19

2 Was müssen Sie prüfen, bevor Sie mit dem Bau beginnen können? → Seite 19

3 Was gehört alles zu einer Baustelleneinrichtung – und was nicht? → Seite 20

4 Wer regelt die Vermessung des Grundstücks? → Seite 20

5 Welche Rolle spielen die Vorgaben des Bebauungsplans? → Seiten 19 und 20

6 Wie muss die Baustelle vor dem ersten Spatenstich vorbereitet sein? → Seite 21

7 Müssen die Kosten für die Hausanschlüsse in der Baubeschreibung enthalten sein? → Seite 22

Bebaubarkeit und Baustelleneinrichtung

Formulare → Seite F-3

In Hausangeboten werden grundsätzlich günstige Grundstücksverhältnisse sowie tragfähiger Untergrund und ebenes Gelände ohne Grund- oder Hangwasser vorausgesetzt (Standardbedingungen). Falls die Verhältnisse anders sind und deshalb zusätzliche Maßnahmen erforderlich werden, müssen Sie mit erheblichen Mehrkosten rechnen. Auch für die Baustelleneinrichtung können Kosten auf Sie zukommen.

Je nach den Gegebenheiten sind verschiedene Vorarbeiten notwendig. Das kann zum Beispiel der Abbruch vorhandener Gebäude sein oder auch das Roden von Bäumen und Sträuchern.

Sicherheit hinsichtlich der Bebaubarkeit bekommen Sie, wenn der Hausanbieter vor Vertragsabschluss selbst das Grundstück prüft und Ihnen schriftlich bestätigt, dass darauf in der vertraglich vereinbarten Weise gebaut werden kann und keine Mehrkosten entstehen, beziehungsweise, es müssen Mehrkosten genau beziffert werden.

→ **GUT ZU WISSEN** Eine Gefahrenquelle, die unbedingt abgeklärt werden muss, ist das Vorkommen von Radon. Radon ist ein radioaktives, natürlich im Boden vorkommendes Gas. In der Außenluft verdünnt es sich rasch und wird dadurch weitgehend ungefährlich. Sein Eindringen in die Gebäudehülle sollte allerdings so gut als möglich verhindert werden, da es sich hier anreichern kann. Eine erhöhte Radonkonzentration in der Raumluft führt zu einer Erhöhung des Lungenkrebsrisikos. Als Gegenmaßnahme empfehlen sich die Abdichtung der erdberührten Bauteile gegen das Eindringen von Radon sowie der Einsatz von Lüftungsanlagen.
Auf den Internetseiten der Bundesumweltministeriums (www.bmu.de) und des Bundesamts für Strahlenschutz (www.bfs.de) finden Sie weitere Informationen, wenn Sie dort in die Suche das Stichwort „Radon“ eingeben.

Es ist also wichtig, zu klären, ob das Haus zu den Standardbedingungen auf dem Grundstück gebaut werden kann, welche Kosten anfallen, falls es nicht möglich ist, ob ein Sachverständiger von Ihnen selbst gestellt wird oder ob der Anbieter – gegen Aufpreis – die Gegebenheiten des Grundstücks prüft.

→ **GUT ZU WISSEN** Da der Bauherr – also Sie – das sogenannte Baugrundrisiko trägt, ist es empfehlenswert, von einem Sachverständigen eine Baugrunduntersuchung durchführen zu lassen und diese zum Vertragsbestandteil zu machen.

Ebenso wichtig ist es, die Vorgaben des Bebauungsplans zu prüfen oder vom Hausanbieter prüfen zu lassen. Der Bebauungsplan legt zum Beispiel Größe und Höhe des Hauses, die Firstrichtung, Dachneigung und vieles mehr fest. Sie müssen also im Vorfeld klären, ob Ihr Traumhaus auf dem Grundstück überhaupt gebaut werden darf.

Auch die Baustelleneinrichtung (Formular → Seite F-3) ist nicht immer im Leistungspaket eines Hausanbieters enthalten und muss gegebenenfalls von Ihnen zusätzlich bezahlt werden. Dazu gehört unter anderem:

- → Bereitstellung von Baustrom und Bauwasser
- → Aufstellen eines Bauschuttcontainers und Entsorgung des Bauschutts
- → Aufstellen einer Baustellentoilette oder von Bauschildern, Bauzaun usw.
- → gegebenenfalls Befestigung eines Zufahrtsweges für Schwerlastzüge
- → gegebenenfalls Befestigung eines Aufstellplatzes für einen Kran
- → gegebenenfalls Aufstellung von Baugerüsten
- → gegebenenfalls Herrichtung eines Lagerplatzes für Materiallagerung

Wenn Sie für die Baustelleneinrichtung beziehungsweise Teile davon verantwortlich sind, ist es wichtig zu wissen, welche Belastbarkeit Zufahrt und Kranaufstellplatz aufweisen müssen und welche Größe für den erforderlichen Lagerplatzbedarf ausreichend ist. Wenn die Angaben zu knapp berechnet sind, kann dies im Laufe der Baustelle erhebliche Mehrkosten nach sich ziehen.

→ **TIPP** Vereinbaren Sie mit dem Anbieter, dass die Baustelleneinrichtung insgesamt im Leistungsumfang enthalten ist.

Vermessung und Erdarbeiten

Formulare → Seite F-4

Die Vermessung des Grundstückes (Größe, Grenzfeststellung, Gebäudeeinmessung) wird nach geltendem Länderrecht – zum Beispiel Vermessungs- und Katastergesetz – geregelt. In einigen Bundesländern darf das Abstecken der Gebäude (Schnurgerüst) nur von einem Vermessungsingenieur vorgenommen werden und es sind Einmessungsbescheinigungen nachzuweisen.

Selbst wenn das nicht der Fall ist, sollten Sie in Fällen, in denen komplizierte oder unklare Höhenlagen vorliegen, Fachleute hinzuziehen, weil sie über die entsprechende Erfahrung und Messtechnik verfügen. Da die Vermessungskosten recht hoch werden können, sollte die Kostenübernahme geklärt sein. Beim Kauf vom Bauträger, der ja das Grundstück voll erschlossen und lastenfrei mitverkauft, sollten sämtliche Vermessungskosten inklusive der Einmessung des fertigen Gebäudes bereits im Preis enthalten sein. Darauf sollten Sie bei Vertragsabschluss achten.

Beim Kauf von einem Erschließungsträger (das ist meist die Kommune, kann aber auch zum Beispiel eine Bank sein), wird in der Regel nur eine Grobeinmessung des Grundstücks vorliegen. Hier müssen Sie weitere Vermessungskosten (Abstecken des Baukörpers, Gebäudeeinmessung, Grenzabmarkung/Grundstücksfeineinmessung) einplanen.

Kaufen Sie als Bauherr das Grundstück privat, müssen Sie die Kostenfrage im Vertrag klar festlegen. Je nach „Vermessungszustand" des favorisierten Grundstücks fallen die oben genannten Kosten an.

Damit Ihnen bei einer eventuellen Überflutung des Grundstücks kein Wasser ins Haus läuft, legen Sie schon jetzt die Höhe des fertigen Erdgeschossniveaus (Oberkante Fertigfußboden = OKFFB) in Bezug auf das fertige Außengelände/fertige Straßenhöhe/Rückstauebene fest. Eine eventuelle Erhöhung des Kiesbettes unter der Sohlplatte sollte im Preis enthalten sein. Die Oberkante des Fertigfußbodens sollte mindestens 15 Zentmeter über der Rückstauebene liegen.

→ **GUT ZU WISSEN** Die Rückstauebene wird meistens in Ortssatzungen festgelegt. Ist das nicht der Fall, gilt nach DIN EN 12056-4 und DIN 1986-100 als Rückstauebene die Höhe der Straßenoberkante an der Anschlussstelle.

In der genannten DIN-Vorschrift ist weiterhin gefordert, dass Ablaufstellen für Schmutzwasser, deren Wasserspiegel im Geruchsverschluss, zum Beispiel dem Siphon der Duschwanne, unterhalb der Rückstauebene liegt, gegen Rückstau zu sichern sind. Bei Ablaufstellen für Niederschlagswasser besteht diese Forderung dann, wenn die Oberkante der Ablaufstelle unterhalb der Rückstauebene liegt.

Wichtig ist die Beachtung der Rückstauebene auch bei „normaler" Höhenlage des Hauses zur Straßenoberkante. Liegt das Haus gegenüber der Straße tiefer, kann es schon bei Bodeneinläufen im Erdgeschoss, zum Beispiel im Hauswirtschaftsraum, oder bei bodengleichen Duschen problematisch werden.

→ **VORSICHT Vorbereitung der Baustelle**
Vor dem ersten Spatenstich muss die Baustelle für das Bauvorhaben vorbereitet werden. Je nach örtlichen Gegebenheiten sind dafür eine Reihe von Maßnahmen notwendig, die Sie als Bauherr durchführen lassen und separat bezahlen müssen. Im Einzelnen sind das:

- → Abbruch vorhandener Gebäude
- → Roden von Bäumen und Sträuchern
- → Beseitigung eventueller Altlasten
- → Sicherung von Nachbargebäuden, vorhandenen Versorgungsleitungen oder Bäumen, neben die gebaut werden soll

Für die Erdarbeiten sollten Sie vereinbaren, dass der Oberboden so auf dem Grundstück gelagert wird, dass er nach Beendigung der Bauarbeiten wieder auf dem Gelände verteilt werden kann (Grobplanum). Näheres zu den Erdarbeiten finden Sie im Kapitel **Bodenaushub und Verfüllung der Baugrube** → Seite 63.

Hausanschlüsse

Formulare → Seite F-4

Zwischen den Erschließungskosten und den Hausanschlusskosten muss genau unterschieden werden. Kaufen Sie vom Bauträger, sollte beides im Preis enthalten sein.

Zur vollständigen Erschließung gehören die kostenpflichtige öffentliche Erschließung, also das Anlegen von Straßen, Wegen und Grünflächen oder die Errichtung der Beleuchtung im öffentlichen Straßenraum unter Regie der Kommune oder eines Bauträgers oder Erschließungsträgers. Die Hauptleitungen zum Beispiel für Gas, Wasser, Abwasser, Strom, Fernwärme und Telekommunikation werden vom Versorgungsunternehmen verlegt und müssen vom Grundstückseigentümer anteilig, in der Regel nach Geschoss- und Grundstücksfläche oder nach tatsächlich für das Grundstück anfallenden Kosten, bezahlt werden (Baukostenzuschuss). Die Erschließungsbeiträge sind Teil der Grundstückskosten.

Das Weiterführen der Wasser-, Abwasser-, Strom-, Nah- oder Fernwärme und Gasleitungen von der öffentlichen Leitung ins Haus, also die eigentlichen Hausanschlüsse, gehören zu den Gebäudekosten und werden deshalb in unserer Baubeschreibung abgefragt. Sie sind separat vom Grundstückseigentümer bei den Versorgungsunternehmen zu beantragen und zu bezahlen. Die Erschließungs- sowie Hausanschlusskosten sollten beim Kauf vom Bauträger im Festpreis enthalten sein.

HINTERGRUND

Öffentliche Erschließungskosten

Mitunter führen Kommunen erst zu einem späteren Zeitpunkt einen Teil der Arbeiten durch und stellen die Kosten unter Umständen erst Jahre später dem Grundstückseigentümer in Rechnung.

Das Gebäude: allgemeine Angaben

Zu den allgemeinen Angaben, die Ihnen vorliegen sollten, gehören bestimmte Planungsleistungen, die Spezifikationen zum Gebäudetyp, Aussagen zu den Ausbaustufen, zur Unterkellerung und zum Dach wie auch die Flächenberechnungen und Daten zur Luftdichtheit, zum Wärme-, Schall- und Brandschutz und wenn gewünscht, zum barrierefreien Bauen.

Für den schnellen Einstieg

1 Welche Unterlagen zu Planungsleistungen sollten Ihnen wann vorgelegt werden? → Seite 25

2 Welche gängigen Bauweisen gibt es? → Seite 25

3 Was bedeutet „schlüsselfertig“? → Seite 28

4 Was ist zu bedenken, wenn ein Keller gebaut werden soll? → Seite 30

5 Welche Dachformen sind günstig? → Seite 31

6 Wie wird die Grundfläche eines Hauses berechnet? → Seite 33

7 Welche Normen gibt es für barrierefreies Bauen? → Seite 34

8 Welche Angaben muss der Energieausweis enthalten? → Seite 36 f.

9 Welche Mindestanforderungen an Luftdichtheit, Schallschutz und Brandschutz gibt es? → Seiten 45 f., 47 f., 50 f.

Planungsleistungen

Formulare → Seite F-7

Bauzeichnungen, Ausführungs- und Detailpläne sind wichtige Grundlagen für das zu errichtende Gebäude. Manche müssen schon frühzeitig vorliegen, andere kommen erst bei der Ausführung zu Einsatz.

Diese Unterlagen für Planungsleistungen sollten bereits vor Vertragsunterschrift vorliegen:

- → Berechnung der Wohnfläche nach der Wohnflächenverordnung (WoFlV) oder der Nutz- und Verkehrsflächen nach DIN 277; akzeptieren Sie keine Circa-Angaben.
- → Bauzeichnungen (Grundrisse, Ansichten, Schnitte, mit Maßen)
- → Energieausweis

Für die Ausführung auf der Baustelle müssen Ausführungspläne angefertigt werden (in der Regel im Maßstab 1:50). In diesen Plänen werden die genauen Abmessungen der Räume und Bauteile (Höhe, Breite, Länge, Dicke), die Beschaffenheit von Baumaterialien und Oberflächen, alle relevanten Details zur Funktion und Gestaltung, statische Erfordernisse sowie die haustechnischen Installationen eingetragen. Sofern diese Pläne nicht ausreichen, müssen Detailpläne im Maßstab 1:20 bis 1:5 gezeichnet werden.

→ **WICHTIG** Sämtliche Ausführungsunterlagen einschließlich der Planungen von Fachingenieuren, wie Statik, Abwasser, Lüftungsanlage usw. sollten Ihnen zu Baubeginn vorliegen.

Beim schlüsselfertigen Bauen mit dem Bauträger oder Generalübernehmer werden Sie diese Pläne selten zu Gesicht bekommen. Falls doch, ist dies schon eine Auszeichnung für ein Unternehmen. Sie sollten diese Pläne fordern und deren Aushändigung vertraglich vereinbaren.

Gebäudetyp und Bauweisen

Formulare → Seite F-7

Die Wahl des Haustyps entscheidet auch über die Höhe der Kosten, und die unterschiedlichen Bauweisen tun ein Übriges. Wir geben nachfolgend einen Überblick.

Reihen- oder Doppelhäuser benötigen weniger Grundstücksfläche und weniger Außenwände. Einfache und kompakte Baukörper sparen Bau- und Heizkosten. Daher sind quadratische oder rechteckige Grundrisse zu empfehlen. Vor- und Rücksprünge sind ebenfalls teuer. Geschützte Terrassen und Ähnliches lassen sich mittels Pergolen oder Holzwänden wesentlich günstiger gestalten. Jeder Erker oder zusätzliche Balkon kostet unverhältnismäßig viel.

→ **GUT ZU WISSEN** Reihen- oder Doppelhäuser sollten zum nächsten Winter fertiggestellt sein, da sonst die im Verhältnis zu den übrigen Außenwänden schwächere und schlechter gedämmte Giebelwand zu Energieverlusten führt und dadurch Schimmel entstehen kann. Über Besonderheiten wie etwa den Schallschutz im Doppel- und Reihenhaus informieren wir Sie im Kapitel „Schallschutz“ → Seite 47 ff.

Die Auswahl unter den Bauweisen ist groß. Die folgende Beschreibung der gängigsten Bauweisen informiert Sie über einige wichtige Unterscheidungsmerkmale und Beurteilungskriterien, damit Sie im Einzelfall detaillierte Informationen einholen können.

Zur **Massivbauweise** werden unter anderem gezählt:

- die sogenannte Stein-auf-Stein-Bauweise, also sämtliche Mauerwerksbauten aus Hochlochziegel, Kalksandstein, Porenbeton oder Leichtbetonblöcken (als Zuschlagsstoff für Leichtbeton kommen üblicherweise Blähton, Blähglas, und Blähschiefer sowie Naturbims zur Anwendung),
- die Betonbauweise,
- vorgefertigte Bauteile beziehungsweise Bauelemente aus Ziegel, Porenbeton und anderen Materialien.

Ziehen Sie zum Vergleich auch die Angaben über die jeweilige Wandstärke hinzu. Große Steinformate, vorgefertigte Stürze und Deckenelemente bieten darüber hinaus die Möglichkeit, die Rohbauzeit zu verkürzen und damit Baukosten einzusparen.

→ **TIPP** Beim Mauerwerksbau gibt es erhebliche Unterschiede zwischen den genannten Wandbaustoffen. Achten Sie deshalb nicht nur auf den Preis, sondern vergleichen Sie den Wärme- und Schallschutz dieser Wände.

Die Decken von Mauerwerksbauten bestehen in der Regel aus vorgefertigten Betonplatten, Ziegelfertigteildecken oder werden vor Ort in Beton gegossen. Die Dächer sind in der Regel konventionell aus einem Holzdachstuhl mit verschiedenen Unterdachkonstruktionen errichtet, seltener aus vorgefertigten Beton-, Leichtbeton- oder gedämmten Holzwerkstoffelementen.

Seit einigen Jahren wird auch im Wohnungsbau immer mehr Beton verarbeitet. Vorgefertigte Wand-, Decken- oder Dachelemente in Leicht- oder Normalbeton werden auf die Baustelle gebracht und dort montiert. Um das Gewicht und damit das Transportproblem zu verringern, werden inzwischen auch zweischalige Wandelemente aus Beton mit freigelassenen Hohlräumen eingesetzt. Erst auf der Baustelle werden sie mit Beton vergossen und bilden dann eine fugenlose Hülle.

Die relativ selten verwendeten Schalungsstein-Systeme werden als Beton-Mantelbauweise bezeichnet. Diese wärmedämmenden Schalungssteine (zum Beispiel aus Polystyrol, Holzspänen oder Leichtbeton mit zusätzlicher Wärmedämmung) werden lose mit Nut und Feder gesetzt und anschließend abschnittsweise mit Beton gefüllt.

Beim **Holzbau** sind die bekanntesten Konstruktionsweisen diese:

- Tafelbauweise
- Ständerbauweise
- Blockbauweise

Bei der heute am weitesten verbreiteten **Tafelbauweise** bildet der Holzrahmen aus Kanthölzern (verstärkt durch rippenartig angeordnete Hölzer) die tragende Konstruktion, die zur Aussteifung beidseitig mit Holzwerkstoffplatten beplankt ist. Die Zwischenräume sind mit Wärmedämmstoffen ausgefüllt. Innenseitig wird die Tafel im Allgemeinen durch eine Dampfbremse sowie durch Holzwerkstoff- und Gipsbauplatten geschlossen. Außenseitig wird die Tafel durch Holzwerkstoffplatten geschlossen und mit Putz oder einem Wärmedämmverbundsystem versehen oder auch verklinkert oder mit Holz verschalt. Die Holztafelbauweise wurde entwickelt, um ein Fertighaus in Serie produzieren zu können. Je nach System werden Wand-, Decken-, und häufig auch Dachtafeln komplett vorgefertigt und auf der Baustelle in kürzester Zeit zusammengesetzt. Die Wandelemente sind bereits mit Fenstern, Türen, Rollladenkästen und teilweise Installationen versehen.

Im Unterschied zur Tafelbauweise wird bei der **Ständerbauweise,** auch Holzskelettbauweise genannt, die Last des Hauses nicht von der kompletten Wand getragen, sondern von der Ständerkonstruktion. Senkrechte Stützen, die in breitem Abstand voneinander stehen und sich auch über mehrere Geschosse erstrecken können, ergeben zusammen mit den waagerechten Trägern eine großflächige Gitterkonstruktion, ein Gerüst, das sämtliche Lasten trägt. Für die Stützen und die Träger werden meistens Brettschichthölzer oder Leimbinder verwendet. Da die Innen- und Außenbekleidungen keine tragende Funktion haben, können Trennwände überall erstellt und wieder entfernt werden. Damit sind bei dieser Konstruktionsweise variable und flexible Grundrissgestaltungen möglich. Auch die Verkleidung der Außenwand ist flexibel. Sie kann verglast, ausgemauert, gedämmt und verputzt oder verklinkert werden. Stützen und Träger können sichtbar bleiben. Die Vorfertigung beschränkt sich bei dieser Bauweise häufig auf Ständer und Träger.

HINTERGRUND

Lebensdauer von Holzhäusern

Gern wird behauptet, dass Holzhäuser nicht die gleiche „Lebenserwartung“ haben wie Stein-auf-Stein errichtete Häuser. Für die Lebensdauer eines Holzhauses ist – wie beim Massivhaus – die ausreichende Standsicherheit ein wesentliches Kriterium. Die tragende Holzkonstruktion muss den statischen Erfordernissen entsprechen und nach den Regeln der Technik errichtet sein. Für eine langfristige Nutzung ist beim Holzhaus entscheidend, ob, in welchem Umfang und wie lange die Holzkonstruktion von Feuchtigkeit beansprucht wird und ob Feuchteschäden auftreten können. Wenn den Anforderungen des konstruktiven Holzschutzes Rechnung getragen wird, indem trockenes Holz (Feuchtegehalt unter 20 Prozent) verbaut, breite Dachüberstände gewählt und horizontale Sperrschichten, wie zum Beispiel Folien, eingebaut werden, wird die Zerstörung durch Feuchtigkeit verhindert und Schädlingen keine Lebensgrundlage geboten.

Charakteristisch für Häuser in **Blockbauweise** sind die Außenwände aus horizontal geschichteten massiven Blockbalken aus Nadelhölzern. An den Hausecken oder beim Stoß mit den Zwischenwänden verzahnen oder überlappen sich die Balken. Zugesägt und nummeriert werden diese Kanthölzer auch als Bausatz für Selbstbauhäuser angeboten. Neben diesen eher seltenen einschaligen Vollholzkonstruktionen gibt es mehrschichtige Wandaufbauten mit Kern- oder Innendämmung. Zum Blockbau wird auch der Bohlenbau gerechnet, eine Mischkonstruktion aus horizontal geschichteten Bohlen (dicke Bretter mit Nut- und Federverbindungen) und senkrechten Stützen. Diese Wände werden mit Dämmung, Dampfbremse und Innenverkleidung vorgefertigt zur Baustelle geliefert. Der

Übergang zu den Holzständer- und Holztafelbauweisen ist hierbei fließend.

Die Decken sind bei der Holzbauweise in der Regel aus Holz. Je nachdem, wie aufwendig und konstruktiv durchdacht der Deckenaufbau ausgebildet ist, umso besser ist der Schallschutz. Für das Dach werden ebenfalls Holzdachstühle mit unterschiedlichen Unterdachkonstruktionen und Wärmedämmweisen verwendet. Aber auch hierfür werden inzwischen Dachplatten beziehungsweise Dachelemente vorgefertigt.

Neben diesen vorgestellten Wandaufbauten gibt es natürlich eine Vielzahl von Mischkonstruktionen beim Holzbau, ebenso wie inzwischen auch Holz- und gemauerte oder betonierte Massivbauweisen miteinander kombiniert werden.

Zur Beurteilung der baulichen Qualität eines Hauses müssen alle baurelevanten Faktoren wie die Planung, die Konstruktion, die verwendeten Baustoffe und die Bauausführung herangezogen werden. Denn die Hauptbaustoffe Holz, Ziegel oder Beton sagen zunächst nichts über die Qualität eines Hauses und über seine Lebensdauer aus, allenfalls über das Raumklima – allerdings auch nur dann, wenn die Ausbaumaterialien mitberücksichtigt werden.

Sichtbare Unterschiede zwischen Holzbau- und Massivbauwänden finden sich bei den Wandstärken: Bei gleicher Wärmedämmfähigkeit haben Holzwände geringere Querschnitte und sind damit in der Regel „raumsparender" als massive, gemauerte Außenwände. Dies kommt besonders auf kleinen Grundstücken der Wohnfläche zugute.

Ausbaustufen

Formulare → Seite F-8

Für die einzelnen Ausbaustufen wie „bezugsfertig", „schlüsselfertig", „Rohbauhaus", „Ausbauhaus" gibt es keine einheitlichen Definitionen. Das macht es mitunter sehr schwer, den konkreten Leistungsumfang des Auftragnehmers zu bewerten.

Die folgenden Beschreibungen sind deshalb unter entsprechendem Vorbehalt zu lesen. Sie geben das wieder, was üblicherweise unter den Begriffen verstanden wird. Notwendig ist es deshalb, dass Sie möglichst genaue Absprachen diesbezüglich mit dem potenziellen Auftragnehmer treffen.

Bezugsfertige oder schlüsselfertige Häuser

An bezugsfertigen (schlüsselfertigen) Häusern müssen sämtliche Roh- und Innenausbauarbeiten ausgeführt sein, sodass Sie nach Fertigstellung und Abnahme einziehen können. Als bezugsfertig werden aber auch Häuser ohne „Finish" angeboten, also ohne abschließende Arbeiten. Fliesen legen, Malerarbeiten oder Bodenbelagsarbeiten müssen dann noch von Ihnen entweder als Eigenleistung ausgeführt oder gesondert in Auftrag gegeben (und bezahlt!) werden.

→ **VORSICHT** Bei vielen „schlüsselfertigen“ Häusern fehlen darüber hinaus weitere, kostenträchtige Leistungen. Das geht von den Spachtelarbeiten, die beim Entfall der Malerarbeiten ebenfalls wegfallen, bis zu den Hausanschlüssen, den Erdarbeiten oder der Außenanlage.

Teilbezugsfertig sind Häuser, bei denen (meistens im Erdgeschoss) bereits eine komplette Wohnung bezogen werden kann, während ein anderer Teil (in der Regel das Dachgeschoss) noch ausgebaut werden muss. Das heißt in diesem Fall: Das Dach muss noch gedämmt und sein gesamter Innenausbau ausgeführt werden, angefangen von der Innenverkleidung über Innenwände und Türen bis hin zur Estrichlegung. Sollen Bad oder Küche im Dachgeschoss eingebaut werden, so führen allenfalls Leerrohre oder Steig- und Fallleitungen ins Obergeschoss. Sämtliche Installationen müssen dort also noch verlegt werden. Zur Vermeidung von Wärmeverlusten sollte die Dämmung möglichst zeitnah ausgeführt werden, auch wenn der Einbau einer zweiten Wohnung oder weiterer Wohnräume im Dachgeschoss erst Monate oder gar Jahre später erfolgt. Gerade bei besonders energiesparenden Gebäuden oder bei Passivhäusern ist dies auch für die Förderung entscheidend. Die Geschosstreppe allerdings sollte bereits im Festpreis enthalten sein, da ein späterer Einbau mit erheblichem Zusatzaufwand und -kosten verbunden ist. Ebenso ein oberer, wärmegedämmter Abschluss des Treppenhauses, damit die Wärme nicht in den unausgebauten Bereich einströmen kann.

Rohbau- und Ausbauhäuser

Als Rohbauhaus wird in der Regel der Rohbau mit Dachstuhl, Unterdach, Dacheindeckung und Klempnerarbeiten angeboten, jedoch ohne Wärmedämmung des Dachs (und zum Teil auch der Außenwand). Die nicht tragenden Innenwände können fehlen, Innentreppen, Fenster, Türen und sämtliche Installationen sind nicht enthalten.

In Ausbauhäusern sind im Vergleich zu Rohbauhäusern weitere Bauleistungen enthalten. Die Errichtung eines Ausbauhauses umfasst in der Regel die Tragkonstruktion sowie die wetterfeste und abschließbare Gebäudehülle, das heißt die Außenwände inklusive Wärmedämmung, mit oder ohne Putz, eingesetzte Fenster und ein geschlossenes Dach. Installationen werden teilweise als zusätzlich zu erwerbende Ausbaupakete angeboten.

Selbstbau- und Bausatzhäuser

Für die Selbstbau- beziehungsweise Bausatzhäuser gibt es wahlweise Rohbausätze in Holzblockbauweise, mit Steinformaten (Porenbetonsteine, Kalksandsteine, Ziegel usw.) oder Schalungssystemen (aus Polystyrol, Holzspan, Bims), die mit Beton ausgegossen werden. Zusätzliche Ausbausätze für den Innenausbau und die Fertigstellung des Hauses (auch: Komplettbausätze) vervollständigen das Angebot.

→ **GUT ZU WISSEN** Was die Angabe „schlüsselfertig“ für das Wunschhaus tatsächlich bedeutet, muss in jedem einzelnen Fall aus dem Vertrag und der entsprechenden Baubeschreibung heraus neu definiert werden.

Das Oberlandesgericht Nürnberg hat den Begriff „schlüsselfertig“ folgendermaßen definiert: Nach dem allgemeinen Sprachgebrauch verstehe man darunter, dass der Käufer sein Haus aufschließen und die Möbel hineinstellen kann. Dazu müssen die Wände tapeziert oder gestrichen sein. Die Baufirma könne zum Beispiel die Malerarbeiten nur dann weglassen, wenn sie dies ausdrücklich im Vertrag vereinbart habe. (Urteil des Oberlandesgerichts Nürnberg vom 11.02.1999, Az. 2 U 3110/98)

Unterkellerung

Formulare → Seite F-8

Für viele schlüsselfertige, aber auch für Ausbau- und Selbstbauhäuser gilt der vereinbarte Festpreis „ab Oberkante Bodenplatte oder Kellerdecke“. Das heißt, das Haus wird weder mit Bodenplatte noch mit Keller angeboten.

Sie als Hauskäufer müssen diese Bauleistung, Keller oder Bodenplatte, entweder separat in Auftrag geben oder selbst erbringen („bauseits erstellen“). Dazu gehört dann selbstverständlich auch der notwendige Aufbau unterhalb der Bodenplatte oder des Kellers. Es werden auch Häuser wahlweise mit Keller oder mit einer Bodenplatte angeboten. Hier muss möglicherweise von Ihnen aber noch der notwendige Unterbau erbracht werden.

Soll ein Keller gebaut werden, ist es wichtig, die vorgesehene Nutzung rechtzeitig zu klären. Das hat weitgehende Folgen für die Baukosten des Kellers und das erforderliche Energiekonzept. Auch die notwendige erdberührte Bauwerksabdichtung nach DIN 18533 des Kellers gegen eindringende Feuchtigkeit hat erheblichen Einfluss auf die Baukosten.

HINTERGRUND

Mit oder ohne Keller bauen?

Immer wieder viel und kontrovers diskutiert ist der Verzicht auf den Keller in Bezug auf Baukosteneinsparungen. Tatsächlich fallen für den Kellerbau entsprechende Kosten an. Andererseits werden diese Kosten oft übertrieben dargestellt. Auf kleinen Grundstücken ist für viele Familien der Keller als zusätzliche Wohnfläche erforderlich. In vielen Regionen Deutschlands ist zudem der Wiederverkaufswert eines Hauses ohne Keller erheblich niedriger als bei einem ähnlichen mit Keller. Deshalb sollte jeder gut überlegen, ob ein Keller für ihn notwendig ist und wie hoch die Kosteneinsparung durch einen Verzicht tatsächlich ist. Natürlich ist auch bei einem nicht unterkellerten Haus eine Bodenplatte erforderlich. Es ist zudem gegenzurechnen, welcher Ersatzraum, zum Beispiel innerhalb des Hauses mit wesentlich höheren Quadratmeterpreisen, zu realisieren ist. Allerdings kann man bei Verzicht auf den Keller Ersatzräume auch außerhalb des Hauses, zum Beispiel in einem Gartenhaus, in einer Garage oder einem Carport, schaffen und so 15.000 bis 30.000 Euro sparen.

Dach

Formulare → Seite F-9

Die gebräuchlichsten Dachformen sind das Satteldach, das Walmdach, das Pultdach, das Krüppelwalmdach, das Mansarddach und das Zeltdach.

Der Drempel oder Kniestock ist der über die Decke des obersten Geschosses hinausragende Teil der Außenwände eines Hauses, an den sich die Dachschräge anschließt. Sein Vorteil liegt in der besseren Ausnutzung des Dachraumes, vor allem bei geringer Dachneigung.

Deshalb sollte bei der Beurteilung der Drempelhöhe (zum Beispiel einer ausreichenden Kopffreiheit unter der Dachschräge) in jedem Fall das Fertigmaß – inklusive Fußbodenaufbau – herangezogen werden. Das Drempelmaß sollte in der Schnittzeichnung eingezeichnet sein.

Wenn es Ihnen um Kostenminimierung geht, sollten Sie einfache Dachformen wählen. Ein Krüppelwalm sieht zwar für manchen reizvoll aus, führt aber zu Mehrkosten. Einfache Formen sind preiswerter als Sonderformen. Je steiler die Dachneigung, desto teurer wird es. Allerdings ist bei auszubauenden Dächern eine Neigung von 45 Grad besser als 38 Grad, da der Ausbau wirtschaftlicher ist.

Auf die generelle Möglichkeit eines Dachausbaus sollten Sie bei ausreichender Dachneigung- und Dachform nicht verzichten. Dadurch können zumindest später eine Einliegerwohnung oder zusätzliche Räume bei Familienzuwachs eingebaut werden.

→ **WICHTIG** Meist enthält der Bebauungsplan Vorgaben zur Drempel oder zur Firsthöhe sowie zur Dachneigung. Ein frühzeitiger Blick in den Plan (im Bauamt der Gemeinde einsehbar) verhindert, dass die Hausauswahl später

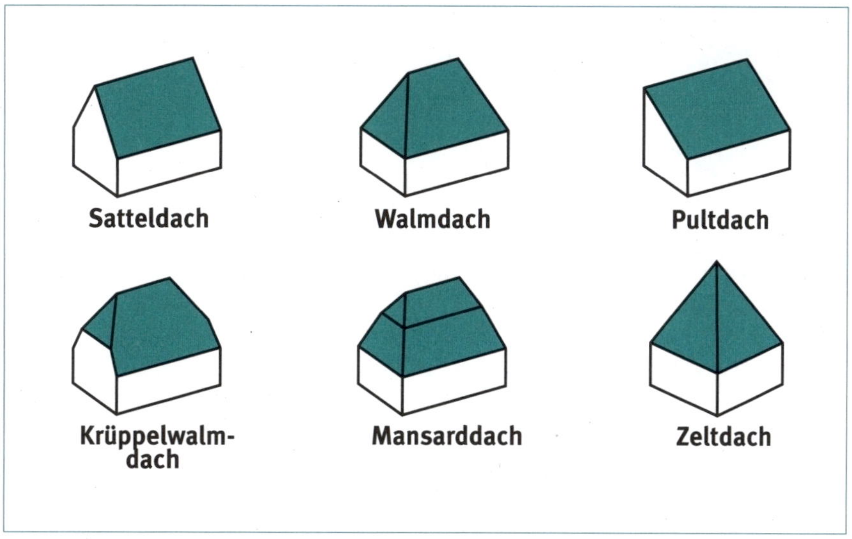

möglicherweise revidiert werden muss. Beim Bau auf dem eigenem Grundstück sollte der Unternehmer die Übereinstimmung seines Hausangebotes mit dem Bebauungsplan schriftlich bestätigen. Generell liegt das Grundstücksrisiko beim Eigentümer, dazu gehört auch das Risiko der Bebaubarkeit. Der Bauvertrag darf also nur mit genauer Kenntnis der Vorgaben des Bebauungsplans unterzeichnet werden.

Gauben sollten Sie nur dann wählen, wenn es die Nutzung der Räume unbedingt erfordert, ansonsten bieten Dachflächenfenster eine kostengünstigere Art der Belichtung und Lüftung. Bei einer Ausrichtung nach Süden oder Westen sollten Sie allerdings unbedingt außenliegende Beschattungseinrichtungen an Dachflächenfenstern vorsehen.

Dachüberstände gewähren Außenwänden, Fenstern und Türen einen Witterungsschutz. Für die Innenräume bringt ein angemessener Dachüberstand im Sommer einen Sonnenschutz. Die tief stehende Wintersonne kann dagegen weiterhin einstrahlen.

Flachdächer sind heute überwiegend flach geneigte Dächer, in Deutschland spricht man bei Neigungen bis zu 5° vom Flachdach. Die Flachdachrichtlinie schreibt eine Neigung von mindestens 2 Prozent (1,1°), besser 5 Prozent (2,9°) vor. Bei Flachdächern sollten Sie die Außenentwässerung statt der doppelt so teuren Innenentwässerung wählen.

Dacheindeckung – Dachtopografie

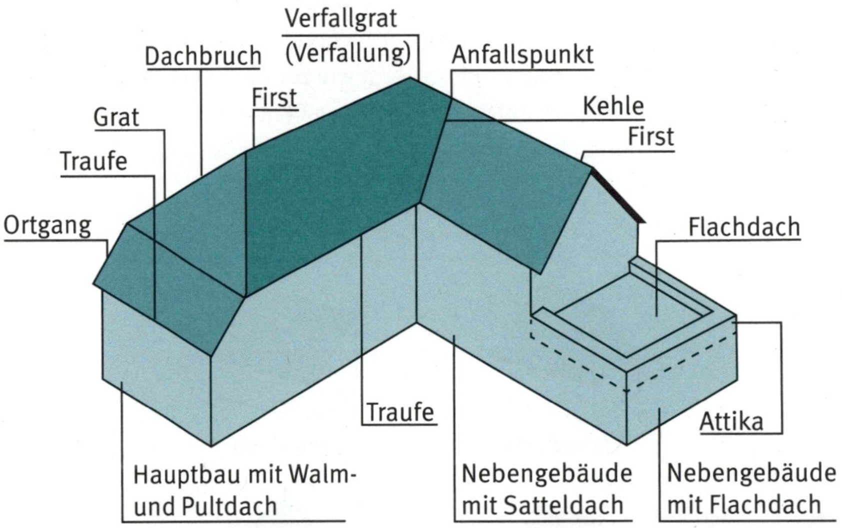

Größenangaben

Formulare → Seite F-9

Den Flächenberechnungen der Anbieter liegen oft unterschiedliche-Berechnungsverfahren zugrunde, wodurch dem Bauherrn der Vergleich erheblich erschwert wird. Genaue Quadratmeterangaben sind aber wichtig, da Sie nur mit dem Preis pro Quadratmeter Wohnfläche die Kosten für Ihr Haus einschätzen können.

Die beiden gebräuchlichsten Verfahren sind die Berechnung der Nutz-, Funktions- und Verkehrsflächen nach DIN 277 „Grundflächen und Rauminhalte von Bauwerken im Hochbau“ und die Berechnung der Wohnfläche nach der Wohnflächenverordnung (WoFlV).

Beide Berechnungsarten ermitteln die Grundfläche. Sie wird nach der DIN 277 in Nutz-, Verkehrs- oder Funktionsflächen aufgeteilt. Nach der Wohnflächenverordnung werden die Grundflächen der einzelnen Räume hinsichtlich der Wohnnutzung bewertet. So werden Balkon-Grundflächen nach der DIN 277 zu einhundert Prozent in die Nutzfläche eingerechnet, während sie nach der Wohnflächenverordnung nur zu einem Viertel, maximal bis zur Hälfte, als Wohnfläche Berücksichtigung finden. Unterschiedliche Zuordnungen und Bewertungen gibt es auch bei Dachschrägen und bei Vorratsräumen im Kellergeschoss, sodass ein und dasselbe Haus nach den beiden Berechnungsarten unterschiedlich groß ist.

Die Flächenangaben sollten daher mit einem konkreten Wert angegeben werden (keine Circa-Angabe). Diese zugesicherten Flächen müssen später stimmen. Sollte Ihr Haus kleiner werden, können Sie Schadensersatz verlangen. Terrassenflächen sollten übrigens nicht mit einkalkuliert werden, da die Erstellungskosten sehr gering sind.

Allen Berechnungen des Gebäudeenergiegesetzes liegt der Begriff einer fiktiven „Gebäudenutzfläche“ zugrunde, der mit der Nutzfläche nach DIN 277 nichts zu tun hat. Diese Gebäudenutzfläche errechnet sich bei den meisten Wohngebäuden aus dem beheizten Gebäudevolumen, multipliziert mit 0,32. Die Gebäudenutzfläche A_N wird im Energieausweis angegeben.

Die lichte Raumhöhe gibt die unterste Höhe an, die an jeder Stelle des Raumes mindestens nutzbar ist. Wenn die Raumhöhe als Fertigmaß angegeben wird, dann heißt das immer, dass ab der Oberkante des fertigen Fußbodens bis zur Unterkante der fertigen Decke gemessen wird.

HINTERGRUND

Wohnflächenverordnung als Grundlage

Zwischen DIN 277 und Wohnflächenverordnung gibt es gravierende Unterschiede. Deshalb können diese Angaben nicht miteinander verglichen werden. Da bei der Inanspruchnahme öffentlicher Fördermittel die Wohnflächenverordnung zugrunde gelegt wird, sollten Sie vom Hausanbieter oder Architekten die Berechnung auf dieser Grundlage fordern.

Barrierefreies Bauen

Formulare → Seite F-10

Durch den demografischen Wandel in unserer Gesellschaft wird der Anteil der Menschen, die 60 Jahre und älter sind, in den nächsten Jahren stark anwachsen. Wichtig ist, dass dann die Wohnungen für ein Leben mit Mobilitätseinschränkungen gestaltet sind.

Ein Haus sollte den Bedürfnissen seiner Bewohner in jeder Lebensphase gerecht werden. Eine vorausschauende Planung macht im Alter oder bei eintretender Behinderung nachträgliche, teure und aufwendige Umbauten überflüssig. Sie ist die Grundvoraussetzung, um die Unabhängigkeit und Selbstständigkeit in den eigenen vier Wänden bis ins hohe Alter zu sichern.

Neue Wohnungen müssen den Forderungen der Länderbauordnungen entsprechen. Der barrierefreie Zugang zu den Wohnungen im Erdgeschoss wird mittlerweile von fast allen Länderbauordnungen gefordert. Ein Aufzug zur Realisierung des barrierefreien Zuganges zu den Wohnungen in den Obergeschossen wird erst ab dem vierten Geschoss erforderlich. Stell- und Bewegungsflächen in Bad, WC und Küche können nach DIN 18022 geplant werden, auch wenn diese Norm im Jahr 2007 zurückgezogen wurde.

Die DIN 18040-2 ersetzt die DIN 18025-1 und 2. Sie gilt für die barrierefreie Planung, Ausführung und Ausstattung von Wohnungen, Gebäuden mit Wohnungen und deren Außenanlagen, die der Erschließung und wohnbezogenen Nutzung dienen. Die Anforderungen an die Infrastruktur der Gebäude mit Wohnungen berücksichtigen grundsätzlich auch die uneingeschränkte Nutzung mit dem Rollstuhl. Innerhalb von Wohnungen wird unterschieden zwischen „barrierefrei nutzbaren Wohnungen“ und „barrierefrei und uneingeschränkt mit dem Rollstuhl nutzbaren“ Wohnungen.

Neu aufgenommen wurden sensorische Anforderungen. Ziel dieser Normen ist es, durch die barrierefreie Gestaltung des gebauten Lebensraums weitgehend allen Menschen seine Benutzung in der allgemein üblichen Weise, ohne besondere Erschwernis und grundsätzlich ohne fremde Hilfe zu ermöglichen. Sie stellt dar, unter welchen technischen Voraussetzungen Gebäude und bauliche Anlagen barrierefrei sind.

HINTERGRUND

Normen zum barrierefreien Bauen

Die Forderungen des barrierefreien Bauens sind in folgenden Normen enthalten:

→ DIN 18040-1 Barrierefreies Bauen – Planungsgrundlagen
Teil 1: Öffentlich zugängliche Gebäude
Ausgabe: 2010-10

→ DIN 18040-2 Barrierefreies Bauen – Planungsgrundlagen
Teil 2: Wohnungen Ausgabe: 2011-09

→ DIN 18040-3:2014-12 Barrierefreies Bauen – Planungsgrundlagen
Teil 3: Öffentlicher Verkehrs- und Freiraum
Ausgabe 2014-12

Die Norm berücksichtigt die Bedürfnisse von Menschen mit Seh- oder Hörbehinderung oder motorischen Einschränkungen sowie von Personen, die Mobilitätshilfen und Rollstühle benutzen. Auch für andere Personengruppen, wie zum Beispiel groß- und kleinwüchsige Personen, Personen mit kognitiven Einschränkungen, ältere Menschen, Kinder sowie Personen mit Kinderwagen oder Gepäck führen einige Anforderungen dieser Norm zu einer Nutzungserleichterung.

Wärmeschutz

Formulare → Seite F-10

Am 1. November 2020 ist das Gebäudeenergiegesetz (GEG) in Kraft getreten. Es hat die Energieeinsparverordnung (EnEV), das Erneuerbare-Energien-Wärmegesetz (EEWärmeG) und das Energieeinsparungsgesetz (EnEG) ersetzt. Das Gebäudeenergiegesetz (GEG) schreibt die energetischen Anforderungen an Gebäude vor. Es fordert keine Verschärfung gegenüber der EnEV 2014.

Es wurden allerdings einige Details und Faktoren geändert, sodass die Anforderungen nicht direkt vergleichbar sind. Im Jahr 2023 sollen die Anforderungen überprüft und eventuell weiter verschärft werden. Möglicherweise wird eine Anpassung an den Stand der Technik bereits 2022 umgesetzt. Der Neubaustandard des GEG, der demjenigen nach EnEV ab 2016 in Verbindung mit dem EEWärmeG weitestgehend entspricht, wird „Niedrigstenergiehaus" genannt. Die Anforderung, Neubauten als Niedrigstenergiehaus zu errichten, kommt von der EU. Es ist gut denkbar, dass dieser Standard in Anbetracht der Verpflichtungen nach dem Pariser Klimaschutzabkommen verschärft wird. Vor diesem Hintergrund können Sie als Bauherr zwischen zwei unterschiedlichen Strategien wählen:

→ Sie können Ihr Vorhaben vor der nächsten Verschärfung des GEG realisieren, um jede mögliche Verteuerung zu vermeiden.

→ Sie können heute bereits nach künftigem Standard bauen, um einem möglichen Wertverlust infolge Veraltens des Energiestandards vorzubeugen. Ein besserer Standard als in den Vorgaben des GEG festgelegt ist heute schon technisch realisierbar. Der Bau eines Effizienzhauses 40 mit Nachhaltigkeits-Klasse (EH40-NH) wird von der KfW gefördert (Stand: April 2022). Aktuelle Informationen finden Sie auf der Internetseite der KfW, www.kfw.de

Im GEG-Nachweis ist zu zeigen, dass der jährliche „Primärenergiebedarf" des Neubaus für Heizung, Lüftung, Warmwasserbereitung und gegebenenfalls Kühlung einen Grenzwert nicht überschreitet.

Dieser Grenzwert ist definiert als 75 Prozent des Primärenergiebedarfs eines fiktiven „Referenzgebäudes". Das Referenzgebäude gleicht äußerlich dem Neubau. Bauteile und Anlagentechnik entsprechen jedoch einem in Anlage 1 des GEG vorgegebenen Mindeststandard → Seite F-15 ff.

Zusätzlich muss der „spezifische Transmissionswärmeverlust", der den Dämmstandard der Gebäudehülle wiedergibt, denjenigen des Referenzgebäudes einhalten.

Das GEG finden Sie unter: www.geg-info.de, dort im Kasten unter „GEG 2020 Text" (mit Link zum amtlichen Text im Bundesgesetzblatt).

Um den Energiebedarf eines noch nicht gebauten Hauses zu beurteilen, berechnet ihn der Planer unter der Annahme standardisierter Nutzungsbedingungen. Die wichtigsten Daten aus diesen Berechnungen werden im **Energieausweis** festgehalten. Dessen Zweck ist die Information des Käufers über den zu erwartenden Energiebedarf, ohne dass er sich als Laie in die komplizierte Berechnung einarbeiten müsste. Der Energieausweis ist bei der Beurteilung eines Hauses beziehungsweise für den Vergleich verschiedener Angebote hilfreich. Außerdem dient er als Nachweis, dass ein Effizienzhausstandard erreicht wurde und die entsprechende Förderung der KfW (Bundesförderung für effiziente Gebäude (BEG), www.kfw.de/beg) ausgezahlt werden kann. Zusätzlich muss (seit April 2022) eine Nachhaltigkeits-Klasse (NH) erreicht werden. Ein Nachhaltigkeitsexperte muss bescheinigen, dass das Haus die Bedingungen des Qualitätssiegels „Nachhaltiges Bauen" einhält. Mehr dazu unter: www.nachhaltigesbauen.de

→ **TIPP** Lassen Sie sich für Ihren Neubau den gesetzlich geforderten Energieausweis (und nicht irgendeinen „Energiepass") auf jeden Fall vor Vertragsabschluss aushändigen: Er gehört zu einem ordentlichen Angebot dazu, denn er soll Ihnen den Vergleich mit anderen Hausangeboten ermöglichen.

HINTERGRUND

Wärmedurchgangskoeffizient (U-Wert)

Der Wärmedurchgangskoeffizient (U-Wert) gibt die Wärmemenge an, die durch einen Quadratmeter eines Bauteils hindurchfließt, wenn die Temperaturdifferenz der angrenzenden Luftschichten ein Grad beträgt. Je kleiner der U-Wert, desto besser die Dämmung eines Bauteils. Nach neuer Norm werden auch Fugen bei Plattenwerkstoffen berücksichtigt sowie Gefälledämmschichten, Luftschichten, mechanische Befestigungsmittel, Oberflächenstruktur innen und von Luft angeströmte Außenwände. Nicht berücksichtigt wird hierbei die Wärmespeicherfähigkeit des Bauteils bei Sonneneinstrahlung. Als einziges Kriterium zur Beurteilung einer Konstruktion ist der U-Wert wegen seiner Einseitigkeit nicht geeignet.

Er muss nach § 81 GEG unter Zugrundelegung der energetischen Eigenschaften des fertiggestellten Gebäudes ausgestellt werden und die Angaben nach § 85 GEG enthalten → Tabelle, Seite 37 ff. Die Ausstellung und die Übergabe müssen unverzüglich nach Fertigstellung des Gebäudes erfolgen. Der Eigentümer hat den Energieausweis der nach Landesrecht zuständigen Behörde auf Verlangen vorzulegen. Oft erhalten Hauskäufer den Energieausweis allerdings erst nach Vertragsabschluss. Wird das Haus vom Bauträger errichtet oder befindet es sich in fortgeschrittener Planung oder im Bau, dann ist auch bereits der Energiebedarf berechnet.

Vom Gesetzgeber gibt es Muster zu den Energiebedarfs- und den Energieverbrauchsausweisen, nach denen Energieausweise auszustellen sind.

Wie kommen Sie zu den Ergebnissen der Berechnung für Ihr auszuführendes Objekt? Nicht alle Berechnungen, die dem Energieausweis Ihres Objektes zugrunde liegen, sind auch für Sie wichtig. Allerdings sollten Sie zumindest auf einer tabellarischen Gegenüberstellung der Ergebnisse der Berechnung für das auszuführende Objekt zum Referenzobjekt bestehen. Als Muster kann dazu die Tabelle auf den nachfolgenden Seiten 41 bis 44 genutzt werden.

Das Gebäudeenergiegesetz schreibt vor, dass die Wärme übertragende Umfassungsfläche nach dem Stand der Technik luftdicht auszuführen ist. Wird dies messtechnisch nachgewiesen, so darf in der Nachweisrechnung ein niedrigerer Erwärmungsaufwand für den Luftaustausch angesetzt werden. Ist bei der Erstellung des Energieausweises eines noch nicht fertiggestellten Hauses der Nachweis zur Berechnung berücksichtigt, muss dieser Nachweis nach Fertigstellung der Luftdichtheitsebene erst noch geführt und bestanden werden. Das Messprotokoll sollte dann dem Energieausweis angefügt werden. (Prüfung der Luftdichtheit siehe auch → Seite 45 f.)

Nötige Angaben im Energieausweis für neue Wohngebäude – § 85 GEG
(1) – Ausweis- und Gebäudeart

Nummer im § 85	Anforderung	Erläuterung
1	Fassung dieses Gesetzes, aufgrund dessen der Energieausweis erstellt wird	Angabe der gesetzlichen Grundlage, hier GEG 2020.
2	Art des Ausweises	Es wird unterschieden zwischen Energieverbrauchsausweis und Energiebedarfsausweis. Für Neubauten kommt nur ein Energiebedarfsausweis infrage, da noch keine Verbrauchswerte vorliegen.
3	Ablaufdatum des Ausweises	Ein Energieausweis ist 10 Jahre lang gültig.
4	Registriernummer	Jeder Energieausweis erhält eine Registriernummer zugeteilt, um leichter eine Kontrolle durchführen zu können. Diese wird vom Aussteller auf dem Energieausweis eingetragen.
5	Anschrift des Gebäudes	
6	Art des Gebäudes	Unterschieden wird in Wohngebäude und Nichtwohngebäude. Bei gemischter Nutzung sind zwei Ausweise erforderlich.
7	Bei einem Wohngebäude: Gebäudetyp	Beispielsweise Einfamilienhaus/ Mehrfamilienhaus.
8	Bei einem Nichtwohngebäude: Hauptnutzung oder Gebäudekategorie	Beispielsweise Ladenlokal/ Bürogebäude.
9	Gebäudeteil	Nach § 79 Absatz 2 Satz 2 GEG muss ein eigener Energieausweis für Teile des Gebäudes ausgestellt werden, die sich wesentlich von der Wohnnutzung unterscheiden. In Ihrem Fall wird hier im Allgemeinen „Wohngebäude“ stehen.

Fortsetzung →

Nötige Angaben im Energieausweis für neue Wohngebäude – § 85 GEG

(1) – Ausweis- und Gebäudeart

Nummer im § 85	Anforderung	Erläuterung
10	Baujahr	
11	Baujahr des Wärmeerzeugers, bei einer Nah- oder Fernwärmestation: Baujahr der Übergabestation	Meistens ist dies das Baujahr des Hauses.
12	Bei einem Wohngebäude: Anzahl der Wohnungen und Gebäudenutzfläche	Die Gebäudenutzfläche wird mit einem festen Faktor aus dem umbauten beheizten Volumen errechnet und ist größer als die Wohnfläche.
13	Bei einem Nichtwohngebäude: Nettogrundfläche	Kommt bei Ihnen kaum infrage, da es sich in Ihrem Fall ja meist um ein reines Wohngebäude handeln wird. Sollten Sie ein Gebäude mit gemischter Nutzung errichten, beispielsweise mit Ladenlokalen, so benötigen Sie zusätzlich einen Ausweis für das Nicht-Wohngebäude.
14	Wesentliche Energieträger für Heizung und Warmwasser	Die in Ihrem Haus für Heizung und Warmwasserbereitung geplanten Energieträger z. B. Gas, Strom, Holz.
15	Bei Neubauten: Art der genutzten erneuerbaren Energie, deren Anteil an der Deckung des Wärme- und Kälteenergiebedarfs sowie der Anteil zu Pflichterfüllung, alternativ Ersatzmaßnahmen	Das EEWärmeG wurde abgeändert ins GEG übernommen. Es bleibt die Pflicht zur anteiligen Nutzung erneuerbarer Energie (bisher nur Solarthermie, Wärmepumpe, Biomasse), diese kann nach GEG auch durch Solarstrom erfolgen. Alternativ gibt es Ersatzmaßnahmen nach § 42 bis 45 GEG, z. B. BHKW, verbesserte Wärmedämmung.
16	Art der Lüftung und falls vorgesehen Art der Kühlung	Die für Ihr Haus geplante Lüftungsart, beispielsweise Fensterlüftung, Lüftungsanlage etc.
17	Inspektionspflichtige Klimaanlagen oder kombinierte Lüftungs- und Klimaanlagen und Datum der nächsten Inspektion	Im Allgemeinen wird das für den privaten Endverbraucher nicht zutreffen: reine Lüftungsanlagen sind nicht betroffen und sonst erst größere Anlagen ab 12 kW mit Ausnahmen siehe § 74 GEG.
18	Der Anlass der Ausstellung des Energieausweises	Hier: Neubau
19	Datenerhebung durch Eigentümer oder Aussteller	Beim Neubau erfolgt die Datenerhebung in nahezu allen Fällen durch den Aussteller des Energieausweises und nicht den Hauseigentümer.
20	Name, Anschrift und Berufsbezeichnung des Ausstellers, Ausstellungsdatum und Unterschrift des Ausstellers	In § 88 GEG ist geregelt, wer Energieausweise ausstellen darf. Es gibt keine vollständige Liste, aber gute Hinweise unter www.energie-effizienz-experten.de oder www.zukunft-haus.info

Fortsetzung →

Nötige Angaben im Energieausweis für neue Wohngebäude – § 85 GEG
(2) – Angaben im Energiebedarfsausweis nach § 81 GEG

Nummer im § 85	Anforderung	Erläuterung
1	Bei Neubau eines Wohn- oder Nichtwohngebäudes: Ergebnisse der nach § 81 Absatz 1 Satz 1 erforderlichen Berechnungen, einschließlich der Anforderungswerte, oder im Fall des § 81 Absatz 1 Satz 2 die in der Bekanntmachung nach § 31 Absatz 2 genannten Kennwerte und nach Maßgabe von Absatz 6 die sich aus dem Jahres-Primärenergiebedarf ergebenden Treibhausgasemissionen, ausgewiesen als äquivalente Kohlendioxidemissionen, in Kilogramm pro Jahr und Quadratmeter der Gebäudenutzfläche bei Wohngebäuden oder der Nettogrundfläche bei Nichtwohngebäuden.	Es handelt sich dabei um die Berechnung des Jahres-Primärenergiebedarfes und des mittleren baulichen Wärmeschutzes für das bestehende Gebäude im Vergleich zu den Anforderungswerten des Referenzgebäudes oder im Falle des Satz 2 um das vereinfachte Verfahren. Außerdem muss die gesamte Treibhausgasbelastung (Kohlendioxid und auf Kohlendioxid umgerechnete weitere Treibhausgase) bezogen auf die Gebäudenutzfläche nach einem in Anhang 9 GEG beschriebenen Verfahren angegeben werden.
2	Entfällt	Bezieht sich nicht auf Neubauten
3	Bei Neubau eines Wohn- oder Nichtwohngebäudes: Einhaltung des sommerlichen Wärmeschutzes	Vorgaben in § 14 GEG: Ein ausreichender sommerlicher Wärmeschutz nach Absatz 1 liegt vor, wenn die Anforderungen nach DIN 4108-2: 2013-02 Abschnitt 8 eingehalten werden und die rechnerisch ermittelten Werte des Sonnenenergieeintrags über transparente Bauteile in Gebäude (Sonneneintragskennwert) die in DIN 4108-2: 2013-02 Abschnitt 8.3.3 festgelegten Anforderungswerte nicht überschreiten. Der Sonneneintragskennwert des zu errichtenden Gebäudes ist nach dem in DIN 4108-2: 2013-02 Abschnitt 8.3.2 genannten Verfahren zu bestimmen.
4	Das für die Energiebedarfsrechnung verwendete Verfahren	Es gibt mehrere zugelassene Berechnungsverfahren, ab dem 1. Januar 2024 nur noch DIN 18599.
5	Bei einem Wohngebäude: der Endenergiebedarf für Wärme	Endenergie ist die Energie, die über die Grundstückgrenze kommt, z. B. Gas oder Strom.
6	Bei einem Wohngebäude: Vergleichswerte für Endenergie	Werte für verschiedene Baustandards.
7	Bei einem Nichtwohngebäude: der Endenergiebedarf für Wärme und der Endenergiebedarf für Strom	Im Allgemeinen wird es sich um reine Wohngebäude handeln
8	Bei einem Nichtwohngebäude: Gebäudezonen mit jeweiliger Nettogrundfläche und deren Anteil an der gesamten Nettogrundfläche	s.o.
9	Bei einem Nichtwohngebäude: Aufteilung des jährlichen Endenergiebedarfs auf Heizung, Warmwasser, eingebaute Beleuchtung, Lüftung, Kühlung einschließlich Befeuchtung	s.o.

Bei der Berechnung des Jahres-Primärenergiebedarfs besteht die Möglichkeit, eine schwache Dämmung (Transmissionswärmeverlust nahe am zulässigen Höchstwert) zum Beispiel durch eine Pelletsheizungsanlage wettzumachen. Dabei sollten Sie allerdings bedenken, dass Anlagentechnik im Vergleich zu Dämmung in der Regel eine deutlich kürzere Lebensdauer hat. Außerdem kann ein gegenüber den Anforderungen des Gebäudeenergiegesetzes (GEG) verbesserter Wärmeschutz eine Ersatzmaßnahme bei Anforderungen zur Nutzung erneuerbarer Energie (Abschnitt 4 § 45 GEG) sein → Seiten 41 bis 44.

Viele Anbieter werben mit „Niedrigenergiehaus" oder „Energiesparhaus". Diese Begriffe sind nicht definiert. Um sich von den gesetzlichen Mindestanforderungen positiv abzuheben, sollte der Jahres-Primärenergiebedarf mindestens um ein Viertel unter dem zulässigen Höchstwert liegen.

→ **TIPP** Die Bundesförderung für effiziente Gebäude (BEG) setzt besonders energiesparende Bauweise oder Heiztechnik voraus (Effizienzhäuser). Die Einhaltung dieser erhöhten Anforderung sollten Sie vertraglich vereinbaren. Aktuelle Informationen finden Sie unter www.kfw.de/beg. Der Mehraufwand im baulichen Bereich und bei der Anlagentechnik wird durch die gute Förderung in fast allen Fällen abgedeckt.

Die ehemalige KfW-Förderung heißt seit dem 1. Juli 2021 BEG-WG (Bundesförderung für effiziente Gebäude, Wohngebäude). Gegenwärtig (Stand: April 2022) wird bei den Neubauten nur noch das Effizienzhaus 40 mit Nachhaltigkeits-Klasse (EH40-NH) gefördert. Im Januar 2023 soll sich die Förderung erneut ändern. Aktuelle Informationen finden Sie unter www.kfw.de

HINTERGRUND

Wichtige Kenngrößen

Wichtigste Kenngrößen sind Jahres-Primärenergiebedarf und Transmissionswärmeverlust. Beide dürfen den jeweils angegebenen Grenzwert nicht überschreiten. Wir empfehlen, auf einen möglichst niedrigen spezifischen Transmissionswärmeverlust besonderen Wert zu legen. Denn er beschreibt die Dämmqualität der Gebäudehülle, die jetzt beim Neubau festgelegt wird und in den kommenden Jahrzehnten unverändert bestehen soll. Eine nachträgliche Verbesserung der Gebäudehülle ist unverhältnismäßig teuer.

Das Gebäudeenergiegesetz (GEG) sieht in § 31 für Wohngebäude, die besonderen Bedingungen entsprechen (z. B. keine allzu großen Fenster und weitere 14 Bedingungen nach Anlage 5), ein vereinfachtes Nachweisverfahren vor. Anlagentechnik und davon abhängiger baulicher Wärmeschutz sind in Tabellen festgelegt – je effektiver Heizung und Warmwasserbereitung, desto geringere Anforderungen an die Wärmedämmung. Werden diese Werte eingehalten, so muss keine Berechnung erfolgen. Weitere Informationen finden Sie im „Ratgeber Heizung" der Verbraucherzentrale (erhältlich im Shop: www.ratgeber-verbraucherzentrale.de).

Ergebnisse der Berechnung des Jahres-Primärenergiebedarfs

Gegenüberstellung der Anforderungen des auszuführenden Objekts (vom Anbieter auszufüllen) im Vergleich zur vom GEG vorgegebenen Ausführung des Referenzgebäudes. Ab dem 1.1.2016 muss der Primärenergiebedarf des Referenzgebäudes um 25 Prozent unterschritten und der „spezifische Transmissionswärmeverlust" des Referenzgebäudes eingehalten werden. Dieser niedrige Primärenergiebedarf ist nur möglich, wenn erneuerbare Energien in höherem Maße als beim Referenzgebäude eingesetzt werden oder der Dämmstandard erheblich übertroffen wird. Vergleichen Sie den in der Tabelle angegebenen Referenzwert mit den entsprechenden Werten in Ihrer Baubeschreibung. Gibt es größere Abweichungen aufgrund eines schlechteren Wärmeschutzes, muss dieser durch bessere Werte in anderen Bereichen kompensiert werden. Die Werte aus Ihrer Baubeschreibung können Sie in die Spalte rechts eintragen. Die Tabelle finden Sie auch im Formularteil auf den Seiten F-12 bis F-14.

Nutzung erneuerbarer Energien

Seit dem 1. Januar 2009 verpflichtete das Erneuerbare-Energien-Wärmegesetz (EEWärmeG) den Eigentümer eines neu errichteten Hauses zur anteiligen Nutzung erneuerbarer Energien für Heizung und Warmwasserbereitung. Diese Verpflichtung ist etwas abgeändert ins Gebäudeenergiegesetz (GEG) aufgenommen worden und bezieht sich auch auf den Bedarf für eventuelle Kühlung. Das Gesetz lässt die Wahl zwischen unterschiedlichen Formen erneuerbarer Energie – Solarwärme, Biomasse wie Holz, Biogas oder Bioöl, Umweltwärme aus Erdreich, Wasser oder Luft. Statt erneuerbarer Energie kann man ersatzweise direkt oder über ein Nah- oder Fernwärmenetz Wärme aus Kraft-Wärme-Kopplungsanlagen oder Abwärme zum Beispiel aus Lüftungsanlagen nutzen. Wahlweise kann auch der Wärmeschutz des Hauses um

Gegenüberstellung der Anforderungen des auszuführenden Objekts (vom Anbieter auszufüllen) im Vergleich zur vom GEG vorgegebenen Ausführung des Referenzgebäudes.

Zeile / Bauteil / System		Referenzausführung / Wert		Auszuführendes Objekt
1.1	Außenwand, Geschossdecke gegen Außenluft	Wärmedurchgangskoeffizient	U = 0,28 W / (m² K)	
1.2	Außenwand gegen Erdreich, Bodenplatte, Wände und Decken zu unbeheizten Räumen (außer solche nach Zeile 1.1)	Wärmedurchgangskoeffizient	U = 0,35 W / (m² K)	
1.3	Dach, oberste Geschossdecke, Wände zu Abseiten	Wärmedurchgangskoeffizient	U = 0,20 W / (m² K)	

Fortsetzung →

Gegenüberstellung der Anforderungen des auszuführenden Objekts (vom Anbieter auszufüllen) im Vergleich zu der vom GEG vorgegebenen Ausführung des Referenzgebäudes.

Zeile / Bauteil / System	Referenzausführung / Wert		Auszuführendes Objekt
1.4 Fenster, Fenstertüren	Wärmedurchgangskoeffizient	U_w = 1,30 W / (m² K)	
	Gesamtenergiedurchlassgrad der Verglasung	$g_\perp$ = 0,60	
1.5 Dachflächenfenster	Wärmedurchgangskoeffizient	U_w = 1,40 W / (m² K)	
	Gesamtenergiedurchlassgrad der Verglasung	$g_\perp$ = 0,60	
1.6 Lichtkuppeln	Wärmedurchgangskoeffizient	U_w = 2,70 W / (m² K)	
	Gesamtenergiedurchlassgrad der Verglasung	$g_\perp$ = 0,64	
1.7 Außentüren	Wärmedurchgangskoeffizient	U = 1,80 W / (m² K)	
2 Bauteile nach den Zeilen 1.1 bis 1.7	Wärmebrückenzuschlag	ΔU_{WB} = 0,05 W / (m² K)	
3 Solare Wärmegewinne über opake Bauteile wie das zu errichtende Gebäude			
4 Luftdichtheit der Gebäudehülle	Bemessungswert n_{50}	Bei Berechnung nach → DIN V 4108-6: 2003-06: mit Dichtheitsprüfung → DIN V 18599-2: 2018-09 nach Kategorie I	

Fortsetzung →

Gegenüberstellung der Anforderungen des auszuführenden Objekts (vom Anbieter auszufüllen) im Vergleich zu der vom GEG vorgegebenen Ausführung des Referenzgebäudes.

Zeile / Bauteil / System	Referenzausführung / Wert	Auszuführendes Objekt
5 Sonnenschutz-vorrichtung	keine Sonnenschutzvorrichtung	
6 Heizungsanlage	→ Wärmeerzeugung durch Brennwertkessel (verbessert), Erdgas, Aufstellung: → für Gebäude bis zu 500 m² Gebäudenutzfläche innerhalb der thermischen Hülle → für Gebäude mit mehr als 500 m² Gebäudenutzfläche außerhalb der thermischen Hülle → Auslegungstemperatur 55 / 45 °C, zentrales Verteilsystem innerhalb der wärmeübertragenden Umfassungsfläche, innen liegende Stränge und Anbindeleitungen, Standard-Leitungslängen nach DIN V 4701-10: 2003-08 Tabelle 5.3-2, Pumpe auf Bedarf ausgelegt (geregelt, Δp konstant), Rohrnetz hydraulisch abgeglichen, Wärmedämmung der Rohrleitungen nach Anlage 8 GEG → Wärmeübergabe mit freien statischen Heizflächen, Anordnung an normaler Außenwand, Thermostatventile mit Proportionalbereich 1 K	
7 Anlage zur Warmwasserbereitung	→ zentrale Warmwasserbereitung → gemeinsame Wärmebereitung mit Heizungsanlage nach Zeile 6 → Solaranlage (Kombisystem mit Flachkollektor) entsprechend den Vorgaben nach DIN V 4701-10:2003-08 oder DIN V 18599-8: 2018-09 Tabelle 6 → Speicher, indirekt beheizt (stehend), gleiche Aufstellung wie Wärmeerzeuger, Auslegung nach DIN V 4701-10:2003-08 oder DIN V 18599-8: 2018-09 Abschnitt 6.4.3 als → kleine Solaranlage bei AN <500 m² (bivalenter Solarspeicher) → große Solaranlage bei AN >500 m² → Verteilsystem innerhalb der wärmeübertragenden Umfassungsfläche, innen liegende Stränge, Standard-Leitungslängen nach DIN V 4701-10: 2003-08 Tabelle 5.1-2, gemeinsame Installationswand, Wärmedämmung der Rohrleitungen nach Anlage 8 GEG, mit Zirkulation	

Fortsetzung →

Gegenüberstellung der Anforderungen des auszuführenden Objekts (vom Anbieter auszufüllen) im Vergleich zu der vom GEG vorgegebenen Ausführung des Referenzgebäudes.

Zeile / Bauteil / System	Referenzausführung / Wert	Auszuführendes Objekt
8 Kühlung	keine Kühlung	______ ______ ______
9 Lüftung	zentrale Abluftanlage, nicht bedarfsgeführt mit geregeltem DC-Ventilator → DIN V 4701: 2003-08: Anlagen-Luftwechsel nA = 0,4/h → DIN V 18599-10: 2018-09: nutzungsbedingter Mindestaußenluftwechsel nNutz = 0,55/h	______ ______ ______
10 Sonstiges	Gebäudeautomation Klasse C nach DIN V 18599-11: 2018-09	______ ______ ______

15 Prozent besser ausgeführt werden, als es das GEG verlangt. Schließlich sind auch Kombinationen dieser Maßnahmen zulässig, wenn sie in der Summe die Anforderungen erfüllen. Neu ist gegenüber dem EEWärmeG, dass nun auch Strom aus erneuerbaren Energien, der gebäudenah erzeugt wird (beispielsweise von einer Photovoltaikanlage auf dem Dach), unter den im § 36 GEG beschriebenen Voraussetzungen zur Erfüllung der Verpflichtungen genutzt werden kann.

→ **GUT ZU WISSEN** Die Mehrkosten dieser Varianten sind keineswegs vergleichbar. Beispielsweise könnte die Baufirma mit einem Heizkessel für Bioöl die Verpflichtung praktisch ohne zusätzliche Baukosten erfüllen. Die Mehrkosten für den teureren Brennstoff hätten dann Jahr für Jahr die Bewohner zu tragen.

Nicht jede im Gesetz vorgesehene Maßnahme ist im Einzelfall sinnvoll. Beispielsweise wird eine Brauchwasser-Solaranlage in den nächsten 20 Jahren weniger fossile Energie ersetzen als geplant, wenn in fünf Jahren die Kinder aus dem Haus sind und die Eltern mit einem eher sparsamen Warmwasserverbrauch übrig bleiben.

In diesem Fall würde ein besserer Wärmeschutz vermutlich mehr Energie sparen, denn das Haus wird kaum weniger beheizt, auch wenn man es nur zu zweit bewohnt.

Die Anforderung des GEG nach Nutzung erneuerbarer Energie kann auch dadurch erfüllt werden, dass der Wärmeschutz um mindestens 15 Prozent besser ausgeführt wird, als nach dem GEG erforderlich. Beim Neubau ist dieses Ziel oft mit geringem Mehraufwand erreichbar.

→ **TIPP** Bauherren oder Käufer eines Bauträgerhauses sollten schon frühzeitig prüfen, welche Möglichkeit der Pflichterfüllung am wirtschaftlichsten und klimaschonendsten ist. Dabei kann eine Energieberatung helfen.

Das Gesetz nimmt nicht nur den Hausplaner oder die Baufirma in die Pflicht, sondern auch den Eigentümer. Dieser muss sich daher vertraglich absichern, dass er die Nachweise erhält, die er der Behörde vorzulegen hat. Ist ein Nachweis fehlerhaft, hat er nur im Rahmen der Gewährleistung einen Nachbesserungsanspruch an die Baufirma oder den Aussteller des Nachweises, sofern diese dann noch greifbar sind. Ansonsten muss er auf eigene Kosten nachbessern und unter Umständen ein Bußgeld bezahlen. Im Abschnitt Wärmeschutz (→ Seite F-10 des Formularteils) wird zunächst festgelegt, mit welcher der nach dem Gebäudeenergiegesetz (GEG) möglichen Maßnahmen dessen Anforderungen erfüllt werden sollen. Der Anbieter verpflichtet sich damit zu einer Planung und Ausführung, mit der der vorgeschriebene Deckungsbeitrag erreicht wird, zumindest wenn man die in den standardisierten Rechenverfahren enthaltenen Annahmen zugrunde legt.

Der Deckungsbeitrag ist der Anteil erneuerbarer Energie am Gesamtwärmebedarf für Heizung und Warmwasser sowie gegebenenfalls Kälte.

Luftdichtheitsprüfung

Formulare → Seite F-14

Mit der immer besseren Dämmung der Gebäudehülle ergeben sich zwangsläufig Anforderungen an die Luftdichtheit. Eine hohe Luftdichtheit der Bauhülle garantiert weniger Energieverluste und mindert das Risiko von Bauschäden.

Diese Schäden sind häufig auf Wasserdampf aus der Raumluft zurückzuführen, der in Undichtheiten eindringen konnte. Bei der massiven Wand übernimmt der Putz beziehungsweise die Spachtelung die Funktion der Luftdichtung, bei Leichtbauwänden und -dächern eine Dampfbremse. Die Luftdichtheitsschicht oder Dampfbremse ist auf der Warmseite des Dämmstoffes einzubauen. Bei Durchdringungen und gegenüber angrenzenden Bauteilen ist sie luftdicht anzuschließen.

Die Luftdichtheitsschicht verhindert den direkten Luftdurchtritt von innen nach außen und umgekehrt. Die Dampfbremse reduziert obendrein die Diffusion von Wasserdampf so stark, dass sich innerhalb des Bauteils kein Tauwasser bildet. Für diese unterschiedlichen Funktionen wird zweckmäßigerweise ein Material gewählt, das beide Aufgaben übernehmen kann. Bewährt haben sich separat verlegte Schichten, die nicht Bestandteil des Dämmstoffes sind. Verwendet werden vorwiegend Bahnen aus Kunststoff oder armierte Baupappen. Bei einem angrenzenden Bauteil muss der Anschluss grundsätzlich an dessen Luftdichtheitsschicht erfolgen. So ist die Dichtungsschicht der Dachschrägen etwa nicht an die Fußschwelle, sondern an die darunter liegende Wand anzuschließen.

Durchbrüche als Folge von Installationen sind auf das absolut Notwendige zu beschränken. Alle anderen Installationen – Wasser, Elektrizität – sollten raumseitig vor der Luftdichtheitsschicht untergebracht werden (Installationsebene).

Die Dichtungsbahnen werden über geeignete Dichtungsbänder miteinander verbunden. Die Klebestellen an Folien sind möglichst zusätzlich durch Anpressleisten zu sichern. Lose Überlappungen sind nicht zulässig.

Für die Messung wird im Gebäude bei geschlossenen Fenstern und Türen mit Ventilatoren ein konstanter Unterdruck/Überdruck erzeugt. Die abgesaugte/eingeblasene Luftmenge ist gleich groß wie die durch die Leckstellen einströmende/ausströmende Luftmenge. Während des künstlich erzeugten Unterdrucks/Überdrucks können Leckagen mit einem Luftstrommesser gemessen werden. In begründeten Ausnahmefällen erfolgt das auch mittels der Infrarot-Thermografie, um die Leckstellen sichtbar zu machen. Dabei sind jene Stellen sichtbar, die sich wegen der einströmenden Kaltluft abkühlen. Allerdings ist dazu eine minimale Temperaturdifferenz von etwa 10 Grad zwischen innen und außen erforderlich.

HINTERGRUND

Überprüfung der Luftdichtheit

Luftdichtheit beginnt auf dem Zeichenbrett und endet bei der Kontrolle oder bei der Messung. Das Gebäudeenergiegesetz (GEG 2020) stellt im § 13 für Neubauten Anforderungen an die Luftdichtheit. Eine Überprüfung ist leider nicht vorgeschrieben. Lediglich für den Fall, dass eine Überprüfung vorgenommen wird, gibt es Vorgaben. In § 26 des GEG 2020 sind diese folgendermaßen festgelegt:

„(1) Wird die Luftdichtheit eines zu errichtenden Gebäudes vor seiner Fertigstellung nach DIN EN ISO 9972: 2018-12 Anhang NA überprüft, darf die gemessene Netto-Luftwechselrate bei der Ermittlung des Jahres-Primärenergiebedarfs nach § 20 Absatz 1 oder Absatz 2 und nach § 21 Absatz 1 und 2 nach Maßgabe der Absätze 2 bis 5 als Luftwechselrate in Ansatz gebracht werden. Bei der Überprüfung der Luftdichtheit sind die Messungen nach den Absätzen 2 bis 5 sowohl mit Über- als auch mit Unterdruck durchzuführen. Die genannten Höchstwerte sind für beide Fälle einzuhalten.

(2) Der bei einer Bezugsdruckdifferenz von 50 Pascal gemessene Volumenstrom in Kubikmeter pro Stunde darf

1. ohne raumlufttechnische Anlagen höchstens das 3fache des beheizten oder gekühlten Luftvolumens des Gebäudes in Kubikmetern betragen und
2. mit raumlufttechnischen Anlagen höchstens das 1,5fache des beheizten oder gekühlten Luftvolumens des Gebäudes in Kubikmetern betragen.

[...]“

Für Wohngebäude mit Luftvolumen größer als 1500 Kubikmeter gelten andere Werte: Hier wird der Wert auf die Hüllfläche bezogen.

→ **WICHTIG** Die Luftdichtheitsprüfung gilt nur für das Haus, an dem sie durchgeführt wurde. Es genügt also nicht die Prüfung eines Musterhauses, denn bei jeder einzelnen Bauausführung können andere Lecks entstehen.

Diese Prüfung sollte unmittelbar nach der Fertigstellung der luftdichten Gebäudehülle durchgeführt werden, da dann notwendige Abdichtungsarbeiten noch mit vertretbarem Aufwand realisierbar sind. Allerdings passiert es regelmäßig, dass zum Beispiel Elektriker und Installateure durch unsachgemäße Installationen nachträglich die Dichtung zerstören und im Ergebnis das Haus bei der Übergabe nicht mehr die Werte des Luftdichtheitstests hat. Deshalb sollten Sie eine Sichtkontrolle durch einen unabhängigen Sachverständigen nach Abschluss der Installationen veranlassen. Idealerweise sollte ein zweiter Luftdichtheitstest kurz vor dem Einzug erfolgen. Allerdings sind damit zusätzliche Kosten verbunden.

→ **TIPP** Lassen Sie sich für die Durchführung der Luftdichtheitsprüfung ein Angebot machen. Sie sollte zu einem Zeitpunkt durchgeführt werden, zu dem eventuelle Nachbesserungen noch ohne große Probleme machbar sind:
- → Massive Außenwände sind innenseitig verputzt,
- → Leichtbauwände und das Dach sind innenseitig mit der Luftdichtheitsebene versehen,
- → alle Außentüren und Fenster sind eingebaut,
- → Bauteildurchbrüche sind abgedichtet und
- → luftdichte Anschlüsse zwischen verschiedenen Bauteilen sind hergestellt.

Schallschutz

Formulare → Seite F-15

Die DIN 4109-1 stellt Mindestanforderungen an den Schutz gegen Luftschall und Trittschall aus fremden Wohnungen, gegen Geräusche aus Wasserinstallationen und anderen haustechnischen Anlagen sowie gegen Außenlärm. Diese Mindestanforderungen wurden in die Landesbauordnungen übernommen und sind damit rechtsverbindlich.

In der Praxis hat sich gezeigt, dass insbesondere der Mindestschallschutz gegenüber Geräuschen aus Nachbarwohnungen, also auch bei Reihen- und Doppelhäusern, vielfach als unzureichend empfunden wird. Er erfordert ein Maß der gegenseitigen Rücksichtnahme, das man beim Wohnen in den eigenen vier Wänden nicht unbedingt aufbringen möchte. Nach einem Grundsatzurteil des Bundesgerichtshofs entsprach der Mindestschallschutz der alten DIN 4109 aus dem Jahr 1989 nicht mehr dem Stand der Technik (Bundesgerichtshof, Urteil vom 14. Juni 2007-VII/ZR 45/06). Das Mindestschallschutzniveau der aktuellen Norm von 2018 entspricht nahezu dem der Version aus dem Jahr 1989. Einen besseren Schallschutz sollten Sie im Vertrag ausdrücklich vereinbaren.

Um nicht den Schallschutz jedes einzelnen Bauteils mit dem Anbieter aushandeln zu müssen, kann man im Bauvertrag eine „Schallschutzstufe“ nach der Richtlinie VDI 4100:2007-08 vereinbaren. Die Richtlinie VDI 4100 aus dem Jahr 2007 wurde zwar 2012 aktualisiert, die Version aus 2012 stellt jedoch auf nachhallzeitbezogene Kenngrößen des raumbezogenen Schallschutzes ab. Deren Berechnung führt zu einem erhöhten Planungsaufwand. Die neueste VDI 4100 sollte daher nicht verwendet werden.

Zur Auswahl stehen drei unterschiedliche Schallschutzniveaus:

Schallschutzstufe I (SSt 1) soll Belästigungen aus benachbarten Wohnungen im Vergleich zum gesetzlichen Mindestschallschutz (DIN 4109) auf ein erträgliches Maß absenken.

Mit ***Schallschutzstufe II (SSt 2)*** sollen die Bewohner im Allgemeinen Ruhe finden. Sie müssen ihr Verhalten nicht besonders einschränken, um ihre Privatheit zu wahren.

Wahrnehmung der Geräusche aus Nachbarwohnungen
(bei abendlichem Grundgeräuschpegel von 20 dB(A) und Aufenthaltsräumen üblicher Größe)

	Schallschutzstufe I	Schallschutzstufe II	Schallschutzstufe III
Laute Sprache	undeutlich verstehbar	kaum verstehbar	im Allgemeinen nicht verstehbar
Sprache mit angehobener Sprechweise	im Allgemeinen kaum verstehbar	im Allgemeinen nicht verstehbar	nicht verstehbar
Sprache mit normaler Sprechweise	im Allgemeinen nicht verstehbar	nicht verstehbar	nicht hörbar
Sehr laute Musikpartys	sehr deutlich hörbar	deutlich hörbar	noch hörbar
Laute Musik, laut eingestellte Rundfunk- und Fernsehgeräte	deutlich hörbar	noch hörbar	kaum hörbar
Musik in normaler Lautstärke	noch hörbar	kaum hörbar	nicht hörbar
Spielende Kinder	hörbar	noch hörbar	kaum hörbar
Gehgeräusche	im Allgemeinen kaum störend	im Allgemeinen nicht störend	nicht störend
Nutzergeräusche	hörbar	noch hörbar	im Allgemeinen nicht hörbar
Geräusche aus gebäudetechnischen Anlagen	unzumutbare Belästigungen werden im Allgemeinen vermieden	im Allgemeinen nicht störend	nicht oder nur selten störend
Haushaltsgeräte	noch hörbar	kaum hörbar	im Allgemeinen nicht hörbar

Mit ***Schallschutzstufe III (SSt 3)*** finden die Bewohner ein hohes Maß an Ruhe. Auch bei lauter Sprache wird die Privatheit weitgehend gewahrt. Außengeräusche sind kaum wahrnehmbar.
Ebenso kann der „erhöhte Schallschutz" nach der aktuelleren DIN 4109-5:2020-08 vereinbart werden. Er entspricht ungefähr der Schallschutzstufe II der VDI 4100.

Für jede Schallschutzstufe ist in VDI 4100:2007-08 ein Bündel von Einzelanforderungen an den Schutz vor Luftschall, Trittschall und Installationsgeräuschen hinterlegt. Für Doppel- und Reihenhäuser gelten strengere Anforderungen als für Geschosswohnungen, weil man im eigenen Haus ein höheres Maß an Ungestörtheit erwartet. Die Einhaltung dieser Anforderungen ist jederzeit messtechnisch überprüfbar. Die VDI-Richtlinie empfiehlt, den messtechnischen Nachweis bereits im Bauvertrag zu vereinbaren. Die DIN 4109-5 schützt Wohnräume, Schlafräume oder auch Büroräume.

Die Schallschutzstufen der VDI 4100 schützen nur Aufenthaltsräume und Bäder mit einer Grundfläche ab acht Quadratmetern. Soll auch ein Nicht-Aufenthaltsraum geschützt werden (zum Beispiel ein Dach- oder Kellerraum, der später zum Aufenthaltsraum ausgebaut werden soll), so ist er ausdrücklich einzubeziehen. Für einzelne Räume eines Hauses kann ein abweichender, individueller Schallschutz vereinbart werden.

Für den Schallschutz innerhalb der Wohneinheit (Wohnung oder Einfamilienhaus) gibt es keine Mindestanforderungen. Wenn Sie Störungen durch Luft-, Trittschall und Installationsgeräusche zwischen eigenen Räumen begrenzen möchten, können Sie nach VDI 4100 für den Schallschutz im eigenen Bereich zusätzlich die Schallschutzstufe „SSt EB I" oder „SSt EB II" vereinbaren. Das Schutzniveau ist deutlich schwächer als das von „SSt I" oder „SSt II" gegenüber dem Nachbarn. In „offenen" Grundrissen (zum Beispiel Reihenhaus mit Treppe im Wohnraum) ist es meist überhaupt nicht erreichbar. Die DIN 4109-5 formuliert auch Empfehlungen für den eigenen Bereich (EB). Faustregel: Zwischen „lautem" und „schutzbedürftigem" Raum sollten mindestens zwei hintereinanderliegende Türen geschlossen werden können.

→ **TIPP** Individuelle Vereinbarungen über einen erhöhten Schallschutz bedeuten teilweise einen finanziellen Mehraufwand. Deshalb ist es sinnvoll, bereits bei der Grundrissplanung die Räume schalltechnisch günstig anzuordnen. Ungünstig wäre es beispielsweise, die Installationen von Bädern und Küchen in die Trennwand zu einem Schlafraum zu legen.

Um den mindestens erforderlichen Außenlärmschutz festzulegen, berechnet der Gebäudeplaner den auf die Fassade auftreffenden Außenlärm und ordnet ihn einem Lärmpegelbereich zu. Je höher der Lärmpegelbereich, desto besser muss das Luftschalldämmmaß der beschallten Außenwand samt Fenstern, Rollladenkästen und Lüftungsöffnungen sein. Das Schalldämmmaß in Abhängigkeit vom Außenlärmpegel ist in DIN 4109-1:2018-01 als Mindestanforderung baurechtlich vorgeschrieben.

Maßgeblicher Außenlärmpegel in dB(A)	Lärmpegelbereich	Mindest-Luftschalldämmmaß der Außenbauteile R'w, ges in dB(A)
bis 55	I	25
56–60	II	30
61–65	III	35
66–70	IV	40
71–75	V	45
76–80	VI	50
über 80	VII	nach örtlichen Gegebenheiten festzulegen

Quelle: DIN 4109-1:2018-01

Wenn der Anbieter das Haus für ein bestimmtes Grundstück plant, muss er den Außenlärmschutz auf dessen Lärmbelastung abstimmen. Zur Verkehrslärmbelastung können oft die (Straßen-)Bauämter der Kommunen oder Landkreise Auskunft geben. Auf jeden Fall sollten Sie sich danach erkundigen, wie sich eventuelle Verkehrsplanungen auf die künftige Lärmbelastung des Grundstücks auswirken könnten. Diese Werte sollten Sie dann dem Bauvertrag zugrunde legen. Auch die Belastungen durch Bahn- und Fluglärm sollten Sie prüfen.

Die Schallschutzstufen I und II nach VDI 4100:2007-08 stellen keine erhöhten Anforderungen an den Außenlärmschutz. Nur Schallschutzstufe III verlangt einen um 5 dB(A) besseren Schallschutz. Eine Änderung um 10 dB bewirkt subjektiv etwa eine Halbierung/Verdopplung der Lautstärke.
Bereits 1994 erschien eine erste Fassung der VDI 4100 mit schwächeren Anforderungen an die drei Schallschutzstufen. Im Jahr 2000 griff der DIN-Entwurf 4109-10 die Idee der Schallschutzstufen auf, stellte aber gegenüber der damaligen VDI 4100 teilweise abweichende Anforderungen. Die alte VDI und der DIN-Entwurf 4109-10 wurden mit Erscheinen der VDI 4100:2007-08 zurückgezogen. Das schließt aber nicht aus, dass eine Baufirma im individuellen Vertrag auf Schallschutzstufen dieser alten Vorlagen Bezug nimmt. Damit wäre deren niedrigeres Schutzniveau vereinbart.

→ **VORSICHT** Noch schlimmer wäre die gediegen wirkende Formulierung „Schallschutz nach DIN“. Damit wäre ausdrücklich der gesetzliche Mindestschallschutz vereinbart. Selbst wenn mit der tatsächlich geplanten Ausführung ein besserer Schallschutz zu erwarten wäre, könnte sich die Baufirma auf die Vereinbarung des Mindestschallschutzes berufen, falls sie durch Pfusch bei der Ausführung den erreichbaren Schallschutz nicht erreicht.

Brandschutz

Formulare → Seite F-16

In den Landesbauordnungen (LBO) der einzelnen Bundesländer und in den dazugehörigen Verfahrensverordnungen und Technischen Baubestimmungen (VV TB) sind die grundlegenden Anforderungen an den vorbeugenden Brandschutz in Gebäuden festgelegt. Obwohl diese Anforderungen auf einer gemeinsamen Musterbauordnung (MBO) basieren, können sie sich in den Landesbauordnungen unterscheiden.

Für Einfamilienhäuser (Einzel- oder Doppelhäuser sowie Reihenhäuser mit bis zu zwei Geschossen, auch plus Dachgeschoss) sind die Anforderungen allerdings in allen Bundesländern vergleichsweise niedrig, da es sich um Gebäude mit geringen Gefährdungen handelt und die Bewohner das Haus im Brandfall schnell verlassen können.

Gebäudeklassen 1a, b bis 5 laut Musterbauordnung (MBO)

Gebäudeklasse	Gebäude
GK 1	a) freistehende Gebäude mit einer Höhe bis zu 7 m und nicht mehr als zwei Nutzungseinheiten von insgesamt nicht mehr als 400 m² (Brutto-Grundfläche) b) freistehende land- oder forstwirtschaftlich genutzte Gebäude
GK 2	Gebäude mit einer Höhe bis zu 7 m und nicht mehr als zwei Nutzungseinheiten von insgesamt nicht mehr als 400 m² (Brutto-Grundfläche)
GK 3	sonstige Gebäude mit einer Höhe bis zu 7 m
GK 4	Gebäude mit einer Höhe bis zu 13 m und Nutzungseinheiten mit jeweils nicht mehr als 400 m² (Brutto-Grundfläche)
GK 5	sonstige Gebäude einschließlich unterirdischer Gebäude
Höhe im Sinne der Bauordnung ist das Maß der Fußbodenoberkante des höchstgelegenen Geschosses, in dem ein Aufenthaltsraum möglich ist, über der Geländeoberfläche im Mittel. Die Grundflächen der Nutzungseinheiten im Sinne dieses Gesetzes sind die Brutto-Grundflächen; bei der Berechnung der Brutto-Grundflächen bleiben Flächen in Kellergeschossen außer Betracht.	

Die Landesbauordnungen legen unter anderem fest, welche Anforderungen an den Feuerwiderstand von **Bauteilen** gestellt werden, die für die Standsicherheit oder den Raumabschluss in Gebäuden erforderlich sind. Diese Anforderungen ergeben sich aus den Gebäudeklassen (GK 1 bis 5), in die Gebäude entsprechend ihrer Höhe und der Größe ihrer Nutzungseinheiten (zum Beispiel Wohnungen) eingestuft werden. Die Bauordnungen unterscheiden dabei in feuerhemmende, hochfeuerhemmende und feuerbeständige Bauteile.

Als europäische Norm wurde die **DIN EN 13501** eingeführt. Teil 2 der Norm behandelt die Feuerwiderstandsklassen. Die Klassifizierungszeiten der **DIN 4102-2** (30, 60, 90, 120 und 180 Minuten) werden zusätzlich mit den Zeiten 10, 15, 20, 45, 240 und 360 Minuten ergänzt. (→ Tabelle Feuerwiderstandsklassen, Seite F-16)

Neben den Anforderungen an Bauteile stellen die Bauordnungen auch Anforderungen an die **Baustoffe,** aus denen diese Bauteile hergestellt werden. Baustoffe werden nach nationalen und europäischen Regeln in Baustoffklassen eingeteilt. (→ Tabelle Baustoffklassen, Seite F-16)

Während bei feuerhemmenden Bauteilen keine Anforderungen an die verwendeten Baustoffe gestellt werden (brennbare Baustoffe möglich), müssen hochfeuerhemmende und feuerbeständige in der Regel aus nichtbrennbaren Baustoffen hergestellt werden. Im Zuge der vermehrten Forderung, auch in höheren Gebäuden (ab GK 4) nachwachsende, CO2-neutrale Baustoffe (Holzbaustoffe) verwenden zu dürfen, können brennbare Baustoffe unter Einhaltung weiterer Randbedingungen mittlerweile auch für hochfeuerhemmende oder feuerbeständige Bauteile verwendet werden. Diese Bauteile sind dann in der Regel aufwendig mit nichtbrennbaren Baustoffen (Gipsplatten) zu kapseln oder, aus Massivholz hergestellt, auf geringe Flächen von Räumen (Decke oder 25 Prozent der Wände) zu beschränken.

→ **TIPP** An Einfamilienhäuser der Gebäudeklasse 1a bestehen keine Anforderungen an Bauteile oder Baustoffe, Ausnahmen sind eine eventuell vorhandene Kellerdecke sowie Trennwände oder Trenndecken zu einer Kleingarage bis 100 m² (alle mindestens feuerhemmend).

Beispiel: Eine Wand der Feuerwiderstandsklasse F90 nach **DIN 4102** wird nach EN 13501 als REI 90 bezeichnet. Soll diese Wand als Brandwand ausgeführt werden, muss sie die Klassifikation REI 90-M besitzen (Zusatzkriterium Stoßbeanspruchung für die Brandwand).

Beispiel für eine Klassifizierung nach **EN 13501-2:** Die Standsicherheit wird von einer tragenden Wand über eine Dauer von 200 Minuten aufrechterhalten, der Raumabschluss über einen Zeitraum von 110 Minuten und die Wärmedämmung über 44 Minuten. Alle Eigenschaften werden auch unter Stoßbeanspruchung gewährleistet. Die möglichen Klassifizierungen dieses Bauteils lauten: R 180 / RE 90 / REI 30 / REI-M 30.

Neben den Anforderungen an Bauteile und Baustoffe spielen Anforderungen an **Rettungswege** in den Landesbauordnungen eine wichtige Rolle. Grundsätzlich sind für Geschosse mit Aufenthaltsräumen in Gebäuden zwei unabhängige Rettungswege erforderlich. Der erste Rettungsweg muss eine notwendige Treppe sein, die bei Gebäuden mit mehreren Nutzungseinheiten in einem notwendigen Treppenraum (Treppenhaus) untergebracht werden muss. Der zweite Rettungsweg kann über eine zweite notwendige Treppe, aber auch über die Rettungsgeräte der Feuerwehr (Leitern oder Hubrettungswagen), führen.

→ **TIPP** Für zwei- bis dreigeschossige Gebäude sind in der Regel tragbare Leitern der Feuerwehr als Rettungsgeräte ausreichend. Dafür sind keine befestigten Zufahrten oder Aufstellflächen erforderlich. In den Obergeschossen sollte darauf geachtet werden, dass pro Nutzungseinheit mindestens eine Fensteröffnung mit dem erforderlichen lichten Mindestmaß (1,20 m hoch und 0,90 m breit) vorhanden ist.

Rauchwarnmelder (RWM) sind in allen Bundesländern bei Neu-und Umbauten Pflicht. Die Landesbauordnungen (LBO) schreiben vor, dass in Wohnungen Schlafräume und Kinderzimmer sowie Flure, über die Rettungswege von Aufenthaltsräumen führen, jeweils mindestens einen Rauchmelder haben müssen. Die Rauchmelder müssen so eingebaut werden, dass Brandrauch frühzeitig erkannt und gemeldet wird. Insbesondere für mehrgeschossige Einfamilienhäuser bietet sich die Vernetzung der Rauchwarnmelder per Funk als zusätzliche Sicherheitsmaßnahme an.

Die Landesbauordnungen (LBO) der einzelnen Bundesländer regeln unterschiedlich, wer für die Installation und Wartung der Rauchmelder zuständig ist. In den meisten Bundesländern wird dies an den Mieter bzw. Bewohner und an den Eigentümer im selbstgenutzten Wohnraum adressiert.

→ **TIPP** Achten Sie beim Kauf von Rauchmeldern auf das „Q-Label“ als Qualitätszeichen für Rauchwarnmelder. Die Prüfung und Pflege der Rauchmelder soll regelmäßig gemäß Herstellerangaben erfolgen, mindestens jedoch alle zwölf Monate.

Das Gebäude: detaillierte Angaben

Vom Keller oder von der Bodenplatte bis hinauf ins Dach: Viele Details sind notwendig, um Ihr Haus außen wie innen komfortabel und dauerhaft auszustatten, seien es die richtigen Fenster, die Auswahl der Bodenbeläge, der Balkon, die Dachform und -dämmung oder die Haustechnik.

Für den schnellen Einstieg

Ausführung ohne Keller

Formulare → Seite F-19

Auch wenn wegen der örtlichen Bodengegebenheiten auf einen Keller verzichtet wird, soll das Haus dennoch auf trockenen und sicheren Füßen stehen. Verschiedene Maßnahmen sorgen dafür, dass die Bodenplatte weder durch Feuchtigkeit noch durch Wärmebrücken beeinträchtigt wird.

Je nach den gegebenen Bodenverhältnissen wird die Bodenplatte auf einer Grobkiesschicht mit darauf liegender Trennlage (Folie) oder einer Sauberkeitsschicht aus Beton verlegt, um eine gute Ebenheit des Untergrundes zu erzielen. Abhängig von Dicke und Festigkeit der Bodenplatte sind möglicherweise Streifenfundamente erforderlich. Sie sorgen dafür, dass die Lasten des Baukörpers in den Baugrund abgeleitet werden und wirken auch als Frostschürze, die verhindern soll, dass der Boden unter der Bodenplatte gefriert und sie anhebt.

Die Bodenplatte benötigt auf der Oberseite eine Abdichtung gegen Feuchtigkeit nach DIN 18533. Da Beton zwar wasserundurchlässig, aber nicht diffusionsdicht ist, könnte ohne eine wirksame Abdichtung Feuchtigkeit in die Dämmung über der Bodenplatte gelangen und sich mit der Zeit dort ansammeln. Verwendet werden dazu meist Bitumen- oder Kunststoff-Dichtungsbahnen, die sauber mit den Horizontalsperren unter dem Mauerwerk beziehungsweise mit den Blendrahmenunterstücken der Fenster verklebt werden müssen. Der Betonzusatz mit der Bezeichnung „WU-Beton“ (wasserundurchlässiger Beton) allein ist nicht ausreichend.

→ **GUT ZU WISSEN** Der Mauerwerkssockel muss nach DIN 18533 bis zu einer Höhe von 30 Zentimetern über dem späteren Geländeniveau gegen eindringendes Wasser abgedichtet werden. Fehlt die Wandsockelabdichtung oder ist sie unzureichend, kann das Haus später „nasse Füße“ bekommen.

Bei jedem Neubau muss ein sogenannter Fundamenterder eingebaut werden. Dabei handelt es sich um Bandstahl, der als geschlossener Ring in die Fundamente der Außenwände oder der Bodenplatte eingebettet wird. Die im Haus in großer Zahl vorhandenen metallischen Heizungs-, Sanitär- und Elektroinstallationsleitungen sind mit diesem Erder zu verbinden, um gefährliche Berührungsspannungen zu vermeiden.

Für den Anschluss an das öffentliche Kanalnetz muss es für jede Wasserart einen eigenen Revisionsschacht, in der Regel auf dem eigenen Grundstück, geben. Diese Schächte dienen zur Reparatur und Kontrolle der Entwässerungsleitungen. Weitere Kontrollschächte können notwendig werden bei Richtungsänderungen der Leitungen oder als Sammelschacht, wenn mehrere Leitungen zusammenfließen. Kontrollschächte können auch mit Rückstauverschlüssen ausgestattet werden.

→ **WICHTIG** Damit nicht später bei starken Regenfällen das Wasser ins Haus läuft, muss die Mindesthöhe der Bodenplatte in Bezug auf das spätere Geländeniveau beziehungsweise die Höhe der Kanalschächte = Rückstauebene dringend eingehalten werden. Die Oberkante des Fertigfußbodens (OKFFB) sollte mindestens 15 Zentimeter über der Rückstauebene liegen. (Siehe dazu auch im Kapitel „Vermessung und Erdarbeiten“ → Seite 20)

An das Erdreich grenzende Fußböden in Aufenthaltsräumen sollten mit Wärmedämmschichten in Höhe von zehn bis 30 Zentimetern mit Wärmeleitfähigkeitsstufe von 035 bis 040 ausgestattet sein. Bei Fußbodenheizung sollte der Wärmeschutz noch besser sein.

Die Anordnung der Dämmung unterhalb der Bodenplatte vermeidet Wärmebrücken, wenn diese außen liegende Dämmung an die außen liegende Dämmung der Wand anschließt. Die Dämmung wird zwischen eine Kiesfilterschicht oder Sauberkeitsschicht und die Bodenplatte gelegt. Die Wärmedämmplatten müssen aus Schaumglas oder Polystyrol-Extruderschaum bestehen und sind deutlich teurer als konventionelle Wärmedämmung.

Ausführung mit Keller

Formulare → Seite F-21

Wie beim Gebäude selbst gibt es auch beim Keller unterschiedliche Ausbaustufen. Hier kommt aber hinzu, dass der Keller bei einem Angebot „ab Oberkante Kellerdecke“ von einem anderen Anbieter als dem Ihres Hauses gebaut werden kann.

Ausbaustufen und Nutzung des Kellers

Der Keller kann „schlüsselfertig“, als Rohbau- oder als Ausbaukeller ausgeführt sein. Auch bei Kellern gibt es die Möglichkeit, sie mithilfe eines Bausatzes selbst zu errichten.

Bei der Planung unterkellerter Häuser muss eindeutig geklärt werden, ob der Keller oder einzelne Kellerräume zum beheizten Teil des Gebäudes gehören sollen oder nicht. Diese Entscheidung wirkt sich weitreichend auf die Planung von Wärmeschutz und Luftdichtheit aus, aber natürlich auch auf den Heizenergieverbrauch des Hauses und auf die Baukosten des Kellers.

Bei einem unbeheizten Keller müssen Sie Kellerdecke beziehungsweise Erdgeschossfußboden dämmen. Der Kellerabgang muss entweder gegen das Erdgeschoss mit einer dichten Tür abgeschlossen werden, oder es müssen – aus energetischer Sicht deutlich ungünstiger – der Treppenabgang dem beheizten Bereich zugeordnet sowie die Wände und Türen vom Kellerflur zu den Kellerräumen gedämmt werden. Soll der Kellerwohnraum ähnlich beheizt werden, könnten die Dämmung der Kellerdecke und der Abschluss des Treppenabgangs entfallen, und Sie könnten Kelleraußenwände und Kellerfußboden dämmen. Diese Ausführung wird häufig geplant, wenn der Keller als „Ausbaureserve“ verkauft wird und der Bauherr Art und Dauer der tatsächlichen Nutzung noch nicht festlegen will. Sinnvoll ist sie aber nur, wenn der gesamte Keller durchgehend temperiert sein soll.

Wenn ein Kellerraum nur gelegentlich und für wenige Stunden warm sein muss (zum Beispiel Hobbyraum), sollten Sie so planen, als sei der Keller insgesamt unbeheizt (das heißt, Kellerdecke gedämmt, Kellerabgang geschlossen). Für den Nachweis nach dem Gebäudeenergiegesetz zählt der zeitweise beheizte Kellerraum allerdings zum beheizten Gebäudevolumen.

Boden- und Grundwasserverhältnisse

Bevor Sie sich für oder gegen den Bau eines Kellers entscheiden, sollten Sie die Boden- und Grundwasserverhältnisse Ihres Grundstücks kennen. Über diese Gegebenheiten gibt das Bodengutachten Auskunft. Bei ungünstigen Bedingungen kann der Bau eines Kellers schnell das Doppelte des vom Anbieter als Standard angenommenen kosten. Ein Kostenangebot ist nur sinnvoll, wenn es sich auf bekannte und verlässliche Angaben bezieht.

DIN 18533 regelt im Wesentlichen die Einteilung in Wassereinwirkungsklassen

Folgende Wassereinwirkungsklassen werden unterschieden:

Bei **Bodenfeuchte** (Wassereinwirkungsklasse W1-E) handelt es sich um kapillar gebundenes und durch Kapillarkräfte auch entgegen der Schwerkraft transportiertes Wasser (Saugwasser, Haftwasser, Kapillarwasser), mit dem im Baugrund immer zu rechnen ist.

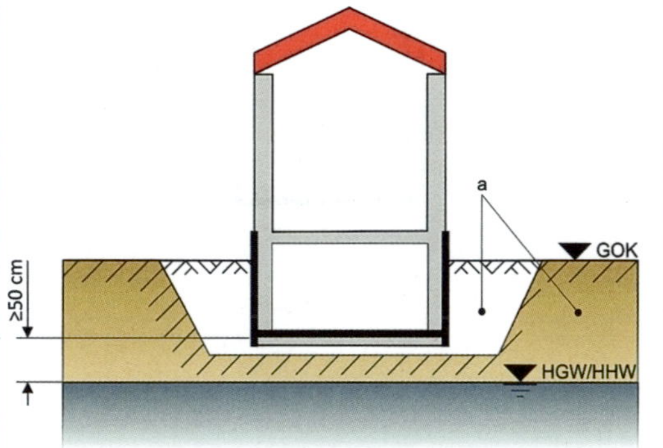

W1.1-E, Situation 2

a = stark wasserdurchlässig

Nicht drückendes Wasser bei stark wasserdurchlässigem Baugrund (Wassereinwirkungsklasse W1.1-E) liegt vor, wenn in tropfbar flüssiger Form anfallendes Wasser von der Oberfläche des Geländes bis zum freien Grundwasserstand absickern und sich auch nicht vorübergehend, z. B. bei starken Niederschlägen, aufstauen kann. Mit dieser Feuchtigkeitsbeanspruchung darf nur gerechnet werden, wenn das Baugelände bis zu einer ausreichenden Tiefe unter der Fundamentsohle und auch das Verfüllmaterial der Arbeitsräume aus stark durchlässigen Böden, z. B. Sand oder Kies, besteht. Dies erfordert bei Böden einen Wasserdurchlässigkeitsbeiwert **$k > 10^{-4}$ m/s** (nach DIN 18130-1). Der Durchlässigkeitsbeiwert ist durch eine Baugrunduntersuchung zu ermitteln.

Eine ausreichende Tiefe der stark durchlässigen Bodenschichten liegt vor, wenn in Abhängigkeit von der Wasserdurchlässigkeit der unterlagerten Bodenschichten und der Menge des in den Arbeitsraum eindringenden Oberflächen- und Sickerwassers eine die erdberührten Bauteile beanspruchende Stauwasserbildung sicher vermieden wird.

Nicht drückendes Wasser durch Dränung (Wassereinwirkungsklasse W1.2-E): Bei wenig durchlässigen Böden mit einem Durchlässigkeitsbeiwert **$k \leq 10^{-4}$ m/s** muss damit gerechnet werden, dass in den Arbeitsraum eindringendes Oberflächen- und Sickerwasser vor den Bauteilen

Fortsetzung →

zeitweise aufstaut und diese als Druckwasser beansprucht. Wird diese Druckwasserbeanspruchung durch eine Dränung nach DIN 4095, deren Funktionsfähigkeit auf Dauer sichergestellt ist, verhindert, so tritt auch bei wenig durchlässigem Baugrund nur nicht stauendes Sickerwasser auf.

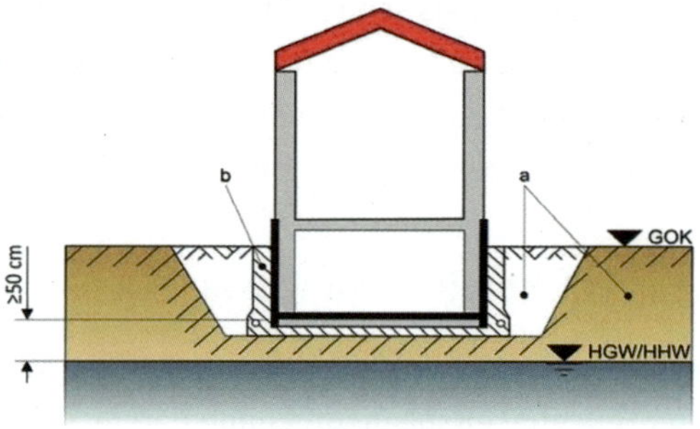

W1.2-E, mit Dränung

a = wenig wasserdurchlässig, b = Dränung

Beanspruchung erdberührter Bauteile durch von außen einwirkendes Druckwasser (Wassereinwirkungsklasse W2.1): Von außen drückendes Wasser kann als Grundwasser, Hochwasser oder Stauwasser einwirken.

Grundwasser im Sinne dieser Norm liegt vor, wenn die Porenräume des Bodens vollständig wassergefüllt sind, sich ein in der Regel großräumig messbarer Wasserspiegel im Boden ausbildet und das Wasser wechselnd oder ständig einen hydrostatischen Druck auf die Abdichtung ausübt. Der **höchste Grundwasserstand (HGW/ Bemessungsgrundwasserstand)** und die mögliche Grundwasserspiegelschwankungsbreite zum niedrigsten **Grundwasserstand (NGW)** können in der Regel durch geotechnische Untersuchungen, insbesondere Baugrunderkundungen vor Ort, und die Auswertung der langjährigen Ganglinien benachbarter Pegel ermittelt werden. Bei der Ermittlung des Bemessungsgrundwasserstands sind ggf. wasserwirtschaftliche Einflussfaktoren und deren Dauer zu berücksichtigen.

Druckwasser mit hoher Einwirkung, Hochwasser (Wassereinwirkungsklasse W2.2) Hochwasser im Sinne dieser Norm liegt vor, wenn aufgrund des Wasserstands oberirdischer Gewässer die erdberührten und die aufgehenden oberirdischen Bauteile zeitweise durch Druckwasser belastet werden. Der **Bemessungshochwasserstand (HHW)** kann in der Regel bei den zuständigen Institutionen erfragt werden.

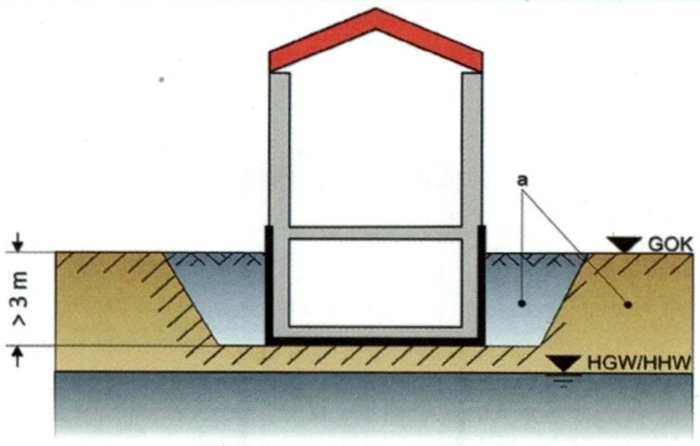

W2.2-E ohne Dränung, Situation 1

a = wenig wasserdurchlässig

→ **TIPP** Ein Bodengutachten muss daher bei der Planung eines Kellers immer vorhanden sein. Dies ist in den Landesbauordnungen so festgelegt. Häufig wird aus finanziellen Gründen darauf verzichtet, was den Bau allerdings nachträglich erheblich verteuern kann.

1. Fall: Abdichtung gegen Bodenfeuchte und nicht stauendes Sickerwasser mit Dränung

Mit dieser Wassereinwirkungsklasse darf nur gerechnet werden, wenn das Baugelände bis zu einer ausreichenden Tiefe unter der Fundamentsohle und auch das Verfüllmaterial der Arbeitsräume aus stark durchlässigem Material, zum Beispiel Sand oder Kies, besteht. Das gilt auch, wenn bei wenig durchlässigen Böden eine Dränung nach DIN 4095 vorhanden ist, deren Funktionsfähigkeit auf Dauer gegeben ist. Die Abdichtung der Kelleraußenwände kann mit Bitumenbahnen oder einer kunststoffmodifizierten Bitumendickbeschichtung (PMBC) erfolgen. Dickbeschichtungen sind pastöse, spachtel- oder spritzfähige Massen aus in Wasser gelöstem Bitumen, das mit Polystyrol oder Fasern versetzt ist. Sie werden auf die Wand gespachtelt oder gespritzt. Die Oberfläche ist mit entsprechendem Anfüllschutz (zum Beispiel mehrlagigen Noppenbahnen) gegen mechanische Beschädigungen zu schützen.

2. Fall: Abdichtung gegen Druckwasser mit mäßiger Einwirkung
Diese Wassereinwirkung ist anzusetzen bei Böden mit geringerer Wasserdurchlässigkeit (bindige Böden) und ohne Dränung, wenn der Bemessungswasserstand mindestens 30 Zentimeter unterhalb des Gründungsniveaus liegt. Das heißt, wenn Bodenart und Geländeform nur Stauwasser erwarten lassen und bei einer Gründungstiefe im Bemessungswasserstand. Für die Abdichtung ist beispielsweise eine kunststoffmodifizierte Bitumendickbeschichtung (PMBC) unter bestimmten Voraussetzungen zugelassen (doppelte Beschichtung mit Verstärkungseinlage). Die Oberfläche ist mit entsprechendem Anfüllschutz gegen mechanische Beschädigungen zu schützen.

3. Fall: Abdichtung gegen Druckwasser, hohe Einwirkung durch Hochwasser
Wenn mit Grund- oder Schichtenwasser zu rechnen ist, wird in der Regel eine „weiße Wanne" erstellt → Seite 60.

Kelleraußenbauteile

Die Bodenplatte des Kellers wird wie auch beim Haus ohne Keller immer aus Beton auf einer Grobkiesschicht mit darauf liegender Trennlage (PE-Folie) oder Sauberkeitsschicht aus Beton hergestellt. Die Streifenfundamente entfallen dagegen in der Regel bei der bewehrten Bodenplatte.

Bei Bodenfeuchtigkeit und drückendem Wasser

Kelleraußenwände können sowohl aus Beton als auch aus Mauerwerk bestehen. Hier kommen verschiedene Materialien und Fertigungstechniken infrage.

Beton: Kellerwände aus Beton werden vor Ort betoniert, wobei die Schalung aus vorgefertigten Betonhohlwänden bestehen kann. Beim Fertigkeller werden die Wände als raumhohe Platten vorgefertigt angeliefert und vor Ort auf der Bodenplatte verankert. Fenster, Türen und Leerrohre für die Haustechnik können schon eingebaut sein.

Hochlochziegel: Sie bestehen aus gebranntem Ton. Porosierte Hochlochziegel haben vertikale Kammern. Der Ton selbst hat eine Vielzahl von winzigen Hohlräumen (Poren). Diese Eigenschaft beeinflusst die Rohdichte der Ziegel und bestimmt deren Wärmeleitfähigkeit (je mehr Poren, desto besser). Als positive Eigenschaften dieses Mauerziegels sind das geringe Gewicht und die gute Wärmedämmung hervorzuheben.

Kalksandsteine: Durch ihre hohe Dichte ist die Schalldämmwirkung dieser Mauersteine besonders gut. Bedingt durch die hohe Wärmeleitfähigkeit muss ein Außenmauerwerk aus Kalksandstein stets durch eine Wärmedämmschicht ergänzt werden, sofern die Kellerräume beheizt werden sollen. Bei einem kalten Keller sollte das Außenmauerwerk zumindest einen halben Meter unter der Erdgeschossdecke gedämmt werden.

Porenbeton: Ähnlich wie beim Leichtziegel haben auch Porenbetonsteine kleine Poren. Je nach Dosierung des Treibmittels Aluminiumpulver besitzen sie eine unterschiedliche Dichte und damit auch Wärmeleitfähigkeit.

Schalungssteine: Neben vorgefertigten Wänden (und Decken) werden auch Schalungssteine angeboten, deren Hohlräume erst auf der Baustelle mit Ortbeton verfüllt werden. Auf diese Weise kann die konventionelle Schalung eingespart werden. Ihr Inneres wird aus großen, senkrechten Kammern gebildet. Beim Bauen werden die trocken versetzt aufeinandergeschichteten Formsteine mit Beton verfüllt. Schalungssteine aus Polystyrol, Holzbeton mit oder ohne Polystyroleinsätzen oder Ähnlichem dienen der Verbesserung der Wärmedämmung der Wände.

Bei den für die senkrechte Abdichtung verwendeten Materialien handelt es sich in der Regel um Bitumen- oder Kunststoff-Dichtungsbahnen oder kunststoffmodifizierte Bitumendickbeschichtung (PMBC). Zementhaltige Dichtungsschlämmen werden in der Regel im Wandsockelbereich verwendet. Lassen Sie sich vom Fachhandel die Technischen Merkblätter über die verschiedenen Dichtungssysteme geben. Daraus ist ersichtlich, für welchen Belastungsfall sie jeweils verwendet werden können.

Nach DIN 18533 können diese Dichtungsschlämmen auch als Horizontalsperre in und unter Wänden verwendet werden. Für die Wassereinwirkungsklasse 1 können diese Dichtungsschlämmen auch als Außenabdichtung verwendet werden. In der Praxis werden oft multifunktionale Dickbeschichtungen verwendet, die bitumenfrei sind. Diese Abdichtungsmaterialien können dann auch an Abdichtungsbänder der Tür- und Fensterelemente angeschlossen werden.

Bei Druckwasser mit hoher Einwirkung

Die weiße Wanne besteht komplett aus Stahlbeton. Ein Betonkeller allein ist jedoch noch lange keine weiße Wanne. Bei einer normalen Betonkonstruktion entsteht beim Abbinden eine Vielzahl von kleinen Rissen. Durch diese Risse kann Was-

HINTERGRUND

Besonderer Schutz mit Risiken

Schwachpunkte bei der weißen Wanne sind die Fugen zwischen der Bodenplatte und den Wänden, zwischen den Wandelementen sowie die Durchlässe für Rohre. Diese Stellen müssen mit speziellen Materialien (Fugenblech, Fugendichtbänder) und besonderen Verfahrensweisen abgedichtet (druckwasserdichte Durchführungen) werden. Die Bauteile (Bodenplatte und Wände) einer weißen Wanne werden in der Regel vor Ort gegossen. Die Schalung der Wände kann dabei aus filigranen Betonplatten bestehen. Aufgrund dieser speziellen Anforderungen ist die weiße Wanne deutlich teurer als ein herkömmlicher Keller. Sollte das Grundwasser nur bis zu einer niedrigen Höhe steigen, kann die Wanne aus Kostengründen nur bis zu dieser maximalen Wasserhöhe (plus Sicherheit) ausgeführt werden und anschließend als herkömmlicher Keller weiter gebaut werden.

Auch „wasserundurchlässiger“ Beton ist nicht völlig wasserdicht. Die durch den Beton nachgelieferte Wassermenge ist nur viel geringer als die Wassermenge, die auf der Raumseite verdunstet, sodass die Oberfläche stets trocken ist. Wenn Sie Ihren Betonkeller dauerhaft zu Wohnzwecken nutzen wollen, sollten Sie ihn von außen mit Dickbeschichtung abdichten lassen, um die von der Wand ausgehende Feuchtebelastung des Raumes zu vermeiden. Diese Abdichtung muss mit einem Anfüllschutz gegen Beschädigungen beim Anfüllen der Baugrube geschützt werden.

ser eindringen. Entscheidend für die Eigenschaften einer weißen Wanne ist die Art der Ausführung: Für diese spezielle Konstruktion muss sehr viel mehr Stahlbewehrung eingebaut werden als im normalen Fall. Man spricht hier von der Rissbreitenbeschränkung. Damit ist gemeint, dass die Breite der Risse auf ein Minimum beschränkt bleibt. Ein spezieller Zusatz im Beton (wasserundurchlässiger oder WU-Beton) macht ihn noch geschmeidiger, damit er sich beim Schütten besser verfestigt.

Wärmedämmung der Kelleraußenbauteile gegen das Erdreich

Wenn Sie den Keller nicht beheizen und nicht als Aufenthaltsraum benutzen, benötigen seine Umfassungswände keine besondere Wärmedämmung. Allerdings müssen Sie dann die Kellerdecke oder den Erdgeschossfußboden sowie den Kellerabgang oder Kellerflur gegen das Erdgeschoss gut dämmen.

Ein beheizter Keller benötigt nicht nur wärmedämmende Außenwände, sondern auch eine gedämmte Bodenplatte. Die Anforderungen werden durch das Gebäudeenergiegesetz geregelt. Die Ergebnisse der Berechnung für das auszuführende Objekt sollten in der Tabelle (→ Seite 41 ff.) in Gegenüberstellung zum Referenzobjekt enthalten sein. Für diese Bauteile gelten somit die gleichen Anforderungen und die gleichen bauphysikalischen Grundsätze wie für die übrigen Bauteile des Hauses. Die Außenwände sind in der Regel auf der Außenseite durch eine „Perimeterdämmung" gedämmt.

Zugelassen als Wärmedämmschichten gegen das Erdreich (Perimeterdämmungen) sind extrudierter Polystyrolschaum und Schaumglas. Diese Platten werden je nach Anforderung vollflächig auf der Kellerwand verklebt. Nach dem Verfüllen des Arbeitsraumes wird der Dämmstoff durch den Erddruck fest an die Wand gepresst.

→ **TIPP** Ausreichend dickes Mauerwerk aus gut dämmenden Steinen kann den erforderlichen Wärmeschutz auch ohne zusätzliche Dämmschicht erreichen (monolithischer Wandaufbau).

Darüber hinaus sollte zum Beispiel ein häufig benutzter Hobbyraum ausreichend warme Umfassungsflächen haben, weil sich an kalten Flächen Feuchtigkeit aus der Raumluft niederschlagen und Schimmel verursachen kann. Der Raum sollte also beheizbar sein, und die Umfassungsflächen sollten sich rasch erwärmen. Die übliche Betonwand mit außenliegender Dämmung ist dafür weniger geeignet, weil Beton, Kalksandstein oder andere schwere Kellerbaumaterialien beim Aufheizen viele Stunden lang Wärme schlucken, ohne sich spürbar zu erwärmen. Abhilfe schafft eine dünne Innendämmung (es genügen fünf bis zehn Millimeter) zusätzlich zur Außendämmung. Sie kann auch an kalten Innenwänden angebracht werden.

Eine Innendämmung der Kellerwände bei fehlender Außendämmung müsste sehr viel dicker sein und ist nur in Ausnahmefällen zu empfehlen. Hier sollten nur kapillaraktive Dämmsysteme verwendet werden. Mauerwerk aus leichten, gut dämmenden Steinen (zum Beispiel Porenbeton) erwärmt sich ebenfalls rasch, wenn es nicht verputzt oder nur dünn verspachtelt ist.

Bei jedem Neubau muss ein sogenannter Fundamenterder eingebaut werden. Dabei handelt es sich um Bandstahl, der als geschlossener Ring in die Fundamente der Außenwände oder der Bodenplatte eingebettet wird. Die im Haus in großer Zahl vorhandenen metallischen Heizungs-, Sanitär- und Elektroinstallationsleitungen sind mit diesem Erder zu verbinden, um gefährliche Berührungsspannungen zu vermeiden.

Die Entwässerungsleitungen für Schmutz- und Regenwasser müssen in vielen Städten und Gemein-

HINTERGRUND

Einsatz eines Ringerders

Bei „weißer Wanne“ (wasserundurchlässiger Beton), „schwarzer Wanne“ (bituminös abgedichtet) oder einer Wanne mit Perimeterdämmung (Wärmedämmung) wird zur zuverlässigen Verbindung mit der Erde ein Ringerder gefordert, der knapp außerhalb des Fundamentbetons angeordnet ist. Dieser Ringerder muss nach DIN 18014 gegen Korrosion geschützt sein (Edelstahl), da er nicht von Beton umschlossen ist.

den getrennt voneinander an die öffentliche Kanalisationsleitung angeschlossen werden, sofern das Regenwasser nicht auf dem eigenen Grundstück versickert.

Für den Anschluss an das öffentliche Kanalnetz muss es für jede Wasserart einen eigenen Revisionsschacht geben, in der Regel auf dem eigenen Grundstück. Diese Schächte dienen zur Kontrolle und Reparatur der Entwässerungsleitungen. Weitere Kontrollschächte können notwendig werden bei Richtungsänderungen der Leitungen oder als Sammelschacht, wenn mehrere Leitungen zusammenfließen. Kontrollschächte können auch mit Rückstauverschlüssen ausgestattet werden.

Dränage

Die Ringdränage ist eine geschlitzte oder gelochte Rohrleitung, die das gesamte Gebäude im Gründungsbereich lückenlos ringförmig umschließt. Sie nimmt das sich ansammelnde und gegebenenfalls das aus vertikalen Sickerschichten oder aus Flächendränagen unter der Bodenplatte zugeleitete Wasser auf. Von dort aus wird es über Auffangschächte in einen Bach, einen Regenwasserkanal oder einen Sickerschacht abgeleitet.

→ **WICHTIG** Klären Sie die Ableitung des Wassers durch den Entwässerungsplan. Außerdem müssen Sie bei der zuständigen Bauaufsicht nachfragen, wohin das Dränagewasser abgeleitet werden darf.

Die Rohrleitungen werden in groben Kies eingebettet. Das gesamte Kiespaket muss vollständig mit einem Filtervliesgewebe ummantelt sein. An Drainagerohre für Gebäude und Bauwerke werden erhöhte Anforderungen gestellt. Sie sollen nach DIN 4095 einem Überdruck von 0,2 Metern Wassersäule standhalten, weshalb steifere Rohre in Form von Stangenware (statt Rollenware) erforderlich sind, zum Beispiel Kunststoffrohre aus PVC (Polyvinylchlorid) hart nach DIN 1187 Form A oder DIN 4262-1. Bei einfachster Geometrie des Gebäudes müssen nach DIN mindestens zwei Kontroll- und Spülschächte eingebaut werden, sodass alle Leitungen und Knickpunkte kontrolliert und gespült werden können. Die DIN empfiehlt darüber hinaus, Spülschächte bei jeder Richtungsänderung einzubauen.

Sogenannte Flächendränagen können notwendig sein, wenn Wasser- und Bodenverhältnisse vorliegen, bei denen das Wasser auch von unten dem Gebäude zuströmen kann. Um Durchfeuchtungsschäden im Kellerbodenbereich zu verhindern, nehmen die unterhalb der Kellersohle angeordneten Flächendränagen das Wasser auf und leiten es der Ringdränage zu. Damit können aufwendigere Dichtungsmaßnahmen im Kellerbodenbereich vermieden werden. Dränplatten werden als zusätzliche vertikale Sickerschicht unmittelbar vor die Außenwand gestellt. Sie bestehen meist aus Polystyrol oder (Polyethylen-) PE-Schaum. Diese Platten dürfen rechnerisch nicht als Wärmedämmung angesetzt werden. Es gibt auch Dränwände aus Steinen oder Betonplatten („trocken versetzte Sickerkörper“).

Bodenaushub und Verfüllung der Baugrube

Der Oberboden sollte in der Regel auf dem Grundstück seitlich gelagert werden. Nach Beendigung der Baumaßnahme muss er wieder auf dem Grundstück verteilt werden (Feinplanum).

Den Kelleraushub benötigen Sie nur dann, wenn das Außengelände später beispielsweise für Terrassen angeschüttet werden soll. Ansonsten sollte die Abfuhr des nicht mehr benötigten Bodenaushubs immer im Preis inbegriffen sein. Sollte Ihnen der Unternehmer dafür etwas berechnen wollen, behalten Sie sich vor, die Leistung nach Kostenvergleichen durch ein anderes Unternehmen ausführen zu lassen. Preise sollten immer vorher und pauschal vereinbart werden – ein Aufmaß der Massen ist nachträglich kaum mehr möglich.

Der Arbeitsraum für den Keller muss angefüllt werden. Hierzu eignet sich nur durchlässiger und verdichtungsfähiger Boden. Auf keinen Fall eignet sich lehmhaltiger Boden, am besten ist Sandboden geeignet. Sofern der vorhandene Boden auf Ihrem eigenen Grundstück diesen Anforderungen nicht genügt, muss er ausgetauscht werden. Da die Kosten dafür recht hoch werden können, sollten sie vor Vertragsabschluss pauschal beziffert werden. Steht die Bodenbeschaffenheit noch nicht fest, können sie mit einem Eventualpreis ausgewiesen werden. Sicherheit gibt hier das Bodengutachten.

Grundwasserhaltung

Wenn sich bei der Gründung des Hauses die Baugrube mit Grund- oder Niederschlagswasser füllt, sind Vorkehrungen zur Wasserhaltung unabdingbar. Zur Trockenlegung empfehlen sich Schmutzwasserpumpen. Sie werden üblicherweise am tiefsten Punkt einer Baugrube platziert, dem sogenannten Pumpensumpf, und verpumpen von dort das Wasser aus der Grube. Diese „offene Wasserhaltung" gilt als Standardmethode, die mit vergleichsweise wenig Aufwand schnelle Ergebnisse hervorbringt. Bei der „geschlossenen Wasserhaltung" läuft die Pumpe außerhalb der Baugrube in einem eigens dafür speziell gebohrten Brunnen, von dem aus der lokale Grundwasserspiegel so weit abgesenkt wird, bis die Grube trocken ist. Für diese Maßnahme muss im Vorfeld eine Genehmigung eingeholt werden.

→ **TIPP** Lassen Sie sich schriftlich zusichern, dass keine weiteren Mehrkosten durch besondere Umstände wie zum Beispiel Lage, Zufahrt, Geländehöhen, Gefälle, Grundwasser, Bodenaushub, Bodenabfuhr, geeignetes Füllmaterial entstehen. Spätestens zum Zeitpunkt der Unterschrift sollten Sie Ihren Unternehmer dazu gebracht haben, Ihr Grundstück genau zu kennen (Besichtigungsprotokoll).

Kellerinnenwände

Bei den Innenwänden unterscheidet man tragende und nicht tragende Wände. Letztere sind lediglich Raumtrennwände ohne statische Aufgaben für die Gesamtkonstruktion. Eine nicht tragende Wand kann daher in einer geringeren Wanddicke ausgeführt werden.

Kellerfußboden

Damit die Feuchtigkeit von der Bodenplatte nicht in den darüber liegenden Estrich oder die aufsteigenden Wände diffundiert, muss die Bodenplatte nach DIN 18533 gegen Feuchtigkeit abgedichtet werden.

Nach dem Gebäudeenergiegesetz müssen nur beheizte Räume eine wärmegedämmte Gebäudehülle erhalten. Befinden sich im Keller keine beheizten

Räume, muss der Kellerfußboden nicht wärmegedämmt sein. In diesem Fall müssen die Kellerdecke und die Umfassungswände des Kellertreppenhauses sowie die Tür vom Keller zum Treppenhaus die Dämmfunktion übernehmen (siehe Kapitel „Wärmeschutz“ → Seite 35). Im beheizten Keller wird die Dämmung des Kellerfußbodens in der Regel oberhalb der Bodenplatte unter dem schwimmenden Estrich eingebaut. Die Dämmung kann jedoch auch unter der Bodenplatte mit einer dafür zugelassenen Dämmung eingebaut werden.

Es gibt verschiedene Arten von Estrichen. Alle nachfolgenden Estricharbeiten werden „nass“ auf der Baustelle eingebracht. Man bezeichnet sie von daher als Nassestrich. Sie können entweder im Verbund mit der Unterkonstruktion (Verbundestrich) oder als schwimmender Estrich mit Trittschall- und Wärmedämmung hergestellt werden. Trockenestriche sind empfindlich gegen Feuchtigkeit und für den Keller nicht geeignet.

Zementestrich wird am häufigsten verwendet und ist besonders für Fußbodenheizung geeignet. Die Dicke des Estrichs muss auf Dämmschichten mindestens 45 Millimeter betragen. Er ist für alle Kleber geeignet und bietet einen guten Schallschutz. Das Austrocknen des Estrichs kann bis zu sechs Wochen dauern.

→ **GUT ZU WISSEN** Je nach Belag darf der Estrich eine bestimmte Restfeuchte nicht überschreiten. Man spricht hier von Belegreife. Diese Prüfung muss besonders bei Holzbelägen von einer Fachperson vorgenommen werden, da es sonst zu ernsten Schäden kommen kann.

Gussasphalt-Estrich ist weitgehend feuchtigkeitsundurchlässig und deshalb auch für Böden mit Kontakt zum Erdreich gut geeignet. Weitere Vorteile sind seine schnelle Begeh- und Belegbarkeit, die geringe Einbauhöhe und seine Rissfreiheit selbst bei größeren Flächen. Wirtschaftlich ist Gussasphalt-Estrich jedoch erst bei größeren Mengen.

Estrich auf Trennlage wird auch als „gleitender Estrich“ bezeichnet. Eine Kunststofffolie oder Bitumenpappe zwischen Unterboden und Estrich stoppt aufsteigende Feuchte. Die Mindestdicken für die Estrichschicht betragen für Zementestrich 35, für Gussasphalt 20 Millimeter.

HINTERGRUND

Wärme- und Schallschutz

Werden an den Fußboden Ansprüche bezüglich des Wärme- und Schallschutzes gestellt, kommt nur die schwimmende Verlegung infrage. Dabei wird zwischen Bodenplatte und Estrich zusätzlich zur Trennschicht aus Kunststofffolie, Bitumenpappe oder Glasvlies eine Dämmschicht aus Mineralfasern, Hartschäumen oder Schüttungen gelegt. Die Dicke des Fußbodenaufbaus richtet sich hier nach der erforderlichen Dicke der Wärmedämmung und der darüber liegenden Estrichplatte.

Decke über Kellergeschoss

Decken werden entweder in Ortbetonbauweise konventionell geschalt oder als Fertigteildecken erstellt. Fertigteildecken werden in der Regel nicht mehr verputzt, sondern lediglich die Plattenstöße verspachtelt und gestrichen oder tapeziert. Diese Bauweise ist preiswerter als der Einsatz reiner Ortbetondecken und hat den zusätzlichen Vorteil, dass die Bauzeit um einige Tage verkürzt werden kann. Fertigteildecken können als Filigrandecken oder als Vollmontagedecken ausgeführt werden. Bei Ersteren handelt es sich um fünf Zentimeter dicke Stahlbetonplatten. Sie dienen als Schalung für den sogenannten Aufbeton, der später eingebracht wird. Vollmontagedecken sind dagegen fertige Stahlbeton-Hohlplattendecken. Sie sind unmittelbar nach dem Verlegen begeh- und belastbar.

Kellerausbau und -ausstattung

Innenputz

Fugenglattstrich nennt man das Glattstreichen der Mauerwerksfugen mit einem Fugeisen oder -holz in einem Arbeitsgang. Für Kellerräume ist diese Oberfläche ausreichend und kostensparend: Ebenfalls sehr günstig ist der Wischputz. Er wird mit einem Quast aufgetragen. Die Struktur der Steine ist danach noch sichtbar.

Spachteln ist der flächige Ausgleich von kleineren Unebenheiten über die gesamte Wand oder Decke. Auch hierbei kann man anschließend auf einen Putz verzichten.

→ **GUT ZU WISSEN** Nicht selten werden Spachtelarbeiten den Malerarbeiten zugeordnet und fallen damit unbeabsichtigt in den Bereich der Eigenleistung.

Kalk- und Gipsputze können vorübergehend erhöhte Luftfeuchte in Wohnräumen gut puffern. Gipsputze werden jedoch bei dauerhafter Durchfeuchtung beschädigt und sollten deshalb nur in dauerhaft trockenen Räumen verwendet werden. Ebenso gut geeignet sind Kalk-Zementputze, sie sind allerdings widerstandsfähiger gegen Feuchtigkeit.

Malerarbeiten

Gut geeignet sind Dispersionsfarben. Sie sind kostengünstig, dazu waschfest und beliebig oft überstreichbar. Sie enthalten in sehr geringen Konzentrationen Weichmacher und Konservierungsstoffe, oft auch kleine Mengen an Lösemitteln. Gesundheitliche Bedenken bestehen im Allgemeinen nicht. Allerdings sollten im Innenbereich keine Farben „für außen" verwendet werden. Sie enthalten weitere, nicht immer unbedenkliche Zusatzstoffe.

Wichtig ist die Überprüfung, ob die Oberflächen sauber, trocken und fest sind. Nicht verputzte Betonoberflächen – gerade bei Decken – müssen ölund fettfrei sein (Schalöl!). Putzmängel müssen vor dem Anstrich unbedingt beseitigt werden. Da diese Arbeiten üblicherweise nicht zu den Nebenleistungen des Anbieters gehören, können Bauzeitverzögerungen oder – bei nicht erfolgter Vorbereitung des Untergrunds – sogar Mängel die Folge sein.

→ **TIPP** Weil der korrekte Untergrund für den Anstrich sehr wichtig ist, sollten Sie mit dem Hausanbieter eine Abnahme der Oberflächen beziehungsweise Untergründe für den Fall vereinbaren, dass die Malerarbeiten in Eigenleistung erbracht werden.

Kellerfenster

Kellerfenster müssen vor Einbruch und dem Eindringen von Tieren schützen (zum Beispiel im reinen Nutzkeller durch Mäusegitter). Neben handelsüblichen Holz-, Kunststoff- und Stahlkellerfenstern gibt es auch Fertigelemente mit umlaufenden Zargen aus Beton oder Glasfaser. Sie werden in der Schalung befestigt und einbetoniert beziehungsweise -gemauert. In beheizten Kellerräumen müssen die Fenster den Anforderungen des Gebäudeenergiegesetzes an Wärmeschutz und Dichtheit genügen (siehe dazu auch im Kapitel „Wärmeschutz", → Seite 35 ff.).

Lichtschächte

Lichtschächte werden in der Regel als Fertigelemente eingesetzt. Sie bestehen meist aus glasfaserverstärktem Kunststoff oder aus dünnwandigem Stahlbeton. Lichtschächte aus Kunststoff können allerdings beim Verfüllen der Baugrube leicht beschädigt werden. Mauerwerks- und Betonlichtschächte sind dagegen erheblich robuster. Außerdem können als Einbruchsschutz zusätzlich Rostabdeckungen angebracht und am oberen Rand – unterhalb des Gitterrostes – sicher angeschraubt werden. Diese Rostsicherung stellt eine vernünftige Ergänzung zum Gitterrost dar, der meist nur mit einer Abhebesicherung am Lichtschacht befestigt wird. Lichtschächte benötigen in der Regel einen Entwässerungsanschluss, zum Beispiel an die Drainage, damit bei Starkregen kein Wasser durch die Kellerfenster nach innen dringt.

→ **WICHTIG** Überprüfen Sie die Lage der Kellerlichtschächte in Bezug auf die Lage der Terrassen, Austritte und Außenanlagen.

Kellertüren

Kelleraußentüren, die nicht beheizte Kellerräume abschließen, benötigen keine besondere Wärmedämmung. Die üblicherweise dafür verwendeten Türen aus Stahlblech genügen darüber hinaus den Anforderungen an die Einbruchhemmung.

Wenn Kellerräume Wohnzwecken dienen und einen eigenen Zugang von Außen haben, sollten die Außentüren den gleichen technischen Ansprüchen genügen, die an Hauseingangstüren gestellt werden. Stahltüren haben in der Regel einen schlechteren Wärmeschutz. Gerade die Zargen sind ungedämmt, Tauwasser kann dort in der kalten Jahreszeit kondensieren und auf Dauer zur Korrosion führen.

Türblätter bestehen je nach Verwendungszweck aus unterschiedlichen Mittellagen. Aus der Kombination der Klimaklassen und der Beanspruchungsgruppen folgen die Zuordnung beziehungsweise Einsatzempfehlungen nach ihrem Verwendungszweck.

HINTERGRUND

Klimaklassen und Beanspruchungsgruppen

Türen trennen häufig Räume mit unterschiedlichen Temperaturen und Luftfeuchtigkeiten (Differenzklima). Trotzdem dürfen sich die Türblätter nicht verziehen. Man ordnet die Türblattkonstruktionen den Klimaklassen I, II oder III mit entsprechenden Einsatzempfehlungen zu. Türen der Klimaklasse I unterliegen normalen, Türen der Klimaklasse III extremen klimatischen Beanspruchungen. Neben den Klimaklassen gibt es auch noch drei Klassen für die mechanische Beanspruchung. Die Beanspruchungsgruppe N bezeichnet eine normale, M eine mittlere und S eine starke Beanspruchung.

→ **TIPP** Für Kellerabgangstüren sollten mindestens Türen der Klimaklasse II und der Beanspruchungsgruppe N oder M verwendet werden.

Zu den Beschlägen im eigentlichen Sinn zählen alle Teile aus Metall oder Kunststoffen, die dazu dienen, bewegliche Bauteile festzumachen, zu verbinden, beweglich zu machen oder zu verschließen. Mit dem Begriff „Türbeschlag“ wird häufig jedoch nur der Türgriff bezeichnet. Er besteht aus Außen- und Innenschild sowie Türdrückern und Drückerstift.

Je nach Hersteller gibt es verschiedene Systeme (zum Beispiel Anschlagdichtung, absenkbare Dichtung, Auflaufdichtung mit Bürste). Weitere Informationen zum Thema Innentüren finden Sie auf Seite 127).

Kelleraußentreppen

Kelleraußentreppen werden in der Regel aus Beton hergestellt, die Umfassungswände aus dem Material der oberen Außenwände. Offene Kelleraußentreppen und die Anschlüsse an die Kelleraußenwände sind anfällig gegen Wasser, sie müssen sehr sorgfältig abgedichtet werden. Aus diesem Grund ist eine geschlossene Treppe der offenen vorzuziehen. Eine offene Treppe sollte mindestens eine Überdachung haben.

→ **WICHTIG** Die Entwässerung der Kelleraußentreppe darf auf keinen Fall fehlen. Das Regenwasser muss durch einen Abfluss am unteren Treppenende abfließen können.

Um zu verhindern, dass bei starken Regenfällen das Abwasser aus dem Kanal in diesen Abfluss oder die übrigen Hausleitungen zurückgedrückt wird, kommen Rückstauverschlüsse zum Einsatz. Diese öffnen sich nur in Richtung des abfließenden Wassers und müssen regelmäßig gewartet werden.

Kellerinnentreppen

Kellerinnentreppen können entweder wie die Treppe im Erd- oder Dachgeschoss ausgeführt oder aus Stahlbeton hergestellt werden (siehe auch Kapitel „Treppen" → Seite 91). Abweichende Ausführung oder Beläge muss der Unternehmer mit Ihnen abstimmen.

Allgemeine Elektroinstallation im Keller

Die unter Elektroinstallation zusammengefassten Leistungen umfassen alle Arbeiten ab dem Hausanschlusskasten bis einschließlich der Steckdosen, der Auslässe für die Beleuchtung und der jeweiligen Schalter und Steckdosen.

Die Sicherungen für die einzelnen Stromkreise befinden sich im Verteilerschrank. Er sollte grundsätzlich mit Reserveplätzen ausgestattet und darüber hinaus so bemessen sein, dass eine spätere Erweiterung der Elektroanlage ohne Weiteres möglich ist. In der Regel beherbergt der Verteilerschrank auch den Zähler des Versorgungsunternehmens. Die Anzahl der Zählerfelder richtet sich nach der geplanten Zahl der Abnehmer im Haus. Für den Fall einer späteren Abtrennung einer Einliegerwohnung oder Erweiterung des Hauses ist ein freies Zählerfeld vorgeschrieben. Auch eine Wärmepumpe oder eine Photovoltaikanlage benötigen ein eigenes Zählerfeld.

Im nicht bewohnten Keller reichen zwei Stromkreise aus, einer für Licht und einer für die Steckdosen. Außerdem sollte immer dann ein eigener Stromkreis vorgesehen werden, wenn längerfristig ein Elektrogerät mit mehr als zwei Kilowatt Anschlussleistung betrieben werden soll. Hinzu kommen die Stromkreise für Waschmaschine, Trockner oder Spülmaschine. Ein Drehstromanschluss wird nur benötigt für einen Elektroherd, einen elektrischen Durchlauferhitzer zur Warmwasserbereitung und für besondere elektrische Geräte mit einer hohen Anschlussleistung, wie zum Beispiel einen Brennofen oder die Sauna.

→ **TIPP** Planen Sie die Installation zusammen mit einem erfahrenen Elektroinstallateur so, dass sie Ihren Gewohnheiten und Nutzungsvorstellungen entspricht.

Die wirtschaftlichste Lösung im Keller sind Aufputz-Leitungen. Unterputz-Leitungen sind vor allem in Wohnräumen üblich. Sie müssen nach einem genauen Plan horizontal und vertikal, dürfen dagegen nie diagonal verlegt werden. Die Lage der Schalter und Steckdosen lassen später den ungefähren Verlauf der Leitungen erkennen.

→ **TIPP** Lassen Sie sich für spätere Arbeiten den Werkplan des Elektrikers aushändigen. Gegebenenfalls vereinbaren Sie das bereits mit dem Anbieter.

Für Leitungen in Leerrohren wird zuerst das Installationsrohr in vorher ausgefrästen Schlitzen verlegt und nach Abschluss der Putzarbeiten die Leitungen eingezogen. Diese Installationsart hat den Vorteil, dass zusätzliche Kabel für Sonderwünsche oder aufgrund von Nutzungsänderungen ohne aufwendige Stemm-, Putz- und gegebenenfalls Tapezierarbeiten verlegt werden können. Bei der Stegleitung sind die einzelnen Adern mit einem Gummisteg zusammengefasst. Sie ist flach und wird auf der Rohwand befestigt. Anschließend muss sie auf ihrem gesamten Verlauf mit Putz bedeckt sein. Die Verlegung ist nur in trockenen Räumen in oder unter Putz gestattet. In Feuchträumen wird meist die Mantelleitung verwendet. Im Gegensatz zur Stegleitung hat sie einen zusätzlichen Kunststoffmantel als mechanischen Schutz. Sie kann auf, in oder unter Putz verlegt werden. (Siehe auch Kapitel „Elektroarbeiten – Rohinstallation“ → Seite 93)

→ **GUT ZU WISSEN** Berücksichtigen Sie bereits bei der Planung die Installationsschächte beim Massivbau und Aussparungen in Wänden und Decken, damit später keine aufwendigen Stemmarbeiten notwendig werden. Da die Arbeiten für die Rohinstallation meist nach Fertigstellung des Rohbaus erfolgen, sollten Sie die Anordnung von Steckdosen, Lichtschaltern und Lichtauslässen frühzeitig planen.

Sanitärinstallation im Keller

Für Entwässerungsleitungen kommen verschiedene Materialien infrage. Steinzeugrohre haben eine hohe Lebensdauer. Kunststoffrohre aus Polypropylen (PP) oder Hart-PVC sind bedeutend preiswerter als Steinzeugrohre. Ihre Schalldämmung und die Haltbarkeit sind dagegen weniger gut. Gussrohre sind langlebig und haben eine gute Schalldämmung.

Liegen die Entwässerungsleitungen des Hauses unter dem Niveau des Übergabepunktes zur Straße, muss das Schmutzwasser mithilfe einer Hebeanlage auf Höhe des Abwasserkanals gepumpt werden. Andernfalls könnte das Abwasser nicht abfließen. Achtung: Hebeanlagen für fäkalienhaltiges Wasser (aus WCs) sind aufwendiger und teurer als solche für fäkalienfreies Schmutzwasser (Waschmaschinen, Duschen). Um zu verhindern, dass zum Beispiel bei plötzlichen starken Regengüssen das Abwasser wieder in die Hausleitungen zurückgedrückt wird, kommen Rückstauverschlüsse zum Einsatz. Diese öffnen sich nur in Richtung des abfließenden Wassers. Auch hier wird unterschieden zwischen Rückstauverschlüssen bei fäkalienhaltigem und fäkalienfreiem Schmutzwasser.

→ **TIPP** Wenn Sie den Keller als Wohnraum nutzen oder zumindest einige Räume heizen wollen, sollten Sie Art und Umfang der Heizflächen vom Unternehmer benennen lassen.

Erd-, Ober- und Dachgeschoss

Formulare → Seite F-31

Massive oder leichte Bauweise? Welche Luftdichtheit benötigt das Energiekonzept? Welche Materialien werden für Außen und Innenwände, Dach und Böden verwendet? Beim Aufbau des Hauses und der unterschiedlichen Geschosse muss vieles bedacht werden.

Außenwände

Konstruktion

Eine Außenwand kann einschalig oder mehrschalig aufgebaut sein. Für die Herstellung von Außenwänden gibt es viele unterschiedliche Materialien. Grundsätzlich steht der massiven die leichte Bauweise gegenüber. Die Bezeichnungen „massiv" und „leicht" stehen dabei für die Eigenschaft der tragenden Konstruktion. Damit also ein Haus das Attribut „massiv" verdient, muss zumindest die tragende Außenwand immer aus einem massiven Wandbaustoff bestehen. Dabei kann die Fassade durchaus aus Holz sein. Umgekehrt kann ein Holzhaus in Leichtbauweise eine massive Klinkerfassade besitzen – nach außen hin unterscheidet es sich nicht von einem Massivhaus.

Eine einschalige oder monolithische Außenwand besteht aus nur einem Baustoff, der auf beiden Seiten verputzt sein kann. Bei zwei- oder mehrschaligen Außenwänden werden die Funktionen Konstruktion/Wärmedämmung/Fassade auf die verschiedenen Bestandteile der Außenwand verteilt. Ein Beispiel dafür ist die massive Außenwand mit Kerndämmung und Ziegelverblendschale. Eine monolithische Außenwand von 36,5 Zentimeter Dicke reicht in der Regel für den Wärmeschutz der Außenwand aus. Platzsparender ist dagegen ein 17,5 Zentimeter dickes Hintermauerwerk mit einer zusätzlichen Wärmedämmschicht.

Außenwände müssen in jedem Fall luftdicht sein. Gemauerte Wände sind erst luftdicht, wenn sie auf der Innenseite vollflächig verputzt oder verspachtelt sind. Dabei ist darauf zu achten, dass der Putz sauber an die nächste luftdichte Ebene angeschlossen wird. Das bedeutet zum Beispiel, dass der Putz bis auf die Rohbetondecke und hinter Vorwandinstallationen geführt wird, oder dass Fensterbrüstungen und Fensterlaibungen einen Glattstrich erhalten. Auch Steckdosen und Schalter sollten dauerhaft luftdicht eingebaut werden. Bauschaum reicht dafür nicht aus, es gibt spezielle luftdichte Dosen.

Alle Außenwände müssen hinsichtlich Tauwasser sicher konstruiert sein. Hier gibt es verschiedene Möglichkeiten. Für die Sicherheit der Konstruktion

> HINTERGRUND
>
> **Luftdichtheit bei Leichtbauweise**
>
> Die Luftdichtheit von Häusern in Leichtbauweise muss noch wesentlich sorgfältiger geplant und ausgeführt werden. Die luftdichte Schicht kann mittels Holzwerkstoffplatten, armierten Baupappen oder Kunststofffolien hergestellt werden. In der Regel stellt diese Ebene dann auch die Dampfbremse dar. Alle Fugen müssen luftdicht verklebt werden, besonders die Anschlüsse zu anderen Bauteilen bedürfen größtmöglicher Sorgfalt.

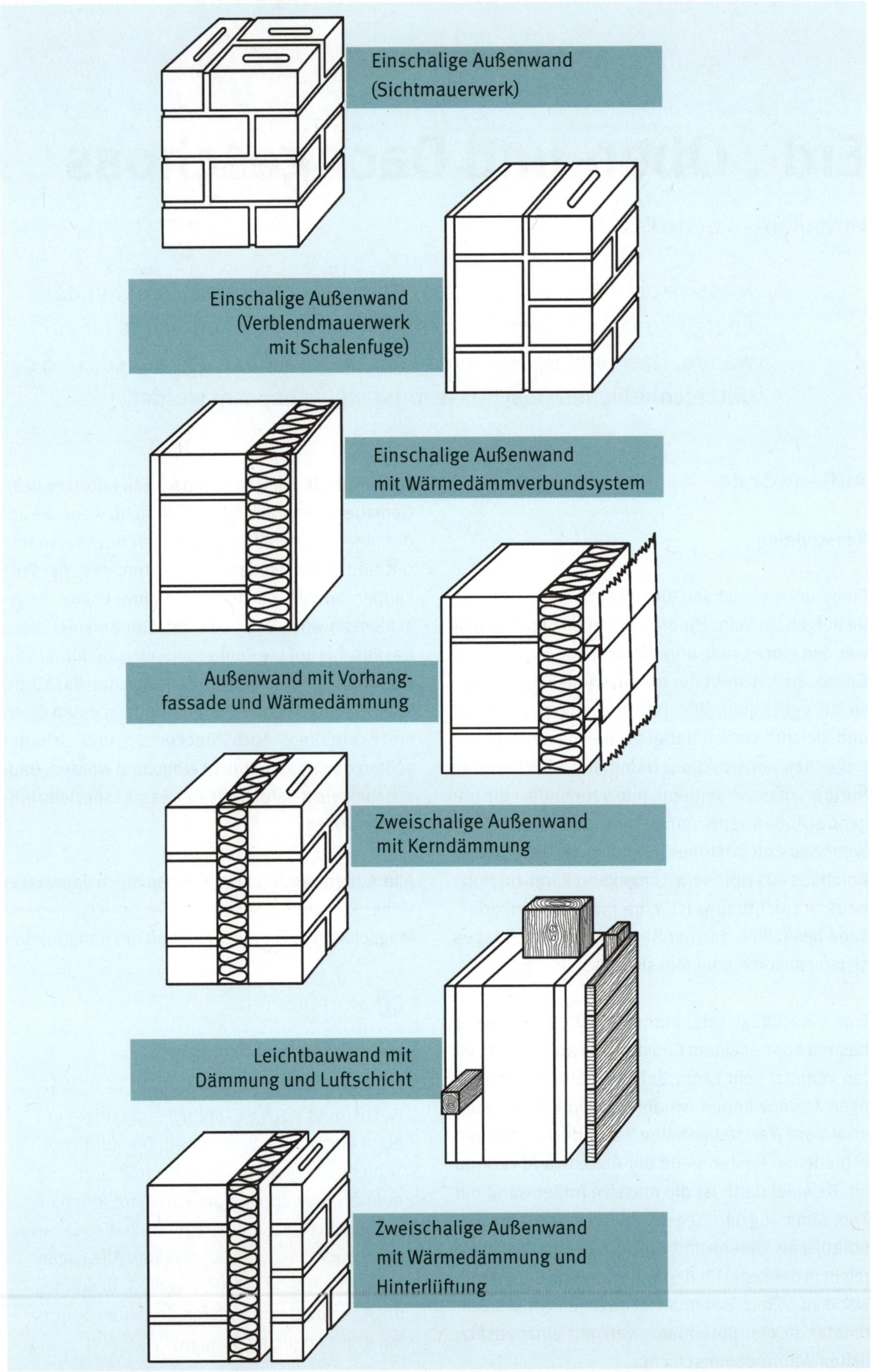
Einschalige Außenwand (Sichtmauerwerk)
Einschalige Außenwand (Verblendmauerwerk mit Schalenfuge)
Einschalige Außenwand mit Wärmedämmverbundsystem
Außenwand mit Vorhang-fassade und Wärmedämmung
Zweischalige Außenwand mit Kerndämmung
Leichtbauwand mit Dämmung und Luftschicht
Zweischalige Außenwand mit Wärmedämmung und Hinterlüftung

ist der Planer verantwortlich. Die Anforderungen werden durch das Gebäudeenergiegesetz geregelt. Die Ergebnisse der Berechnung für das auszuführende Objekt sollten in der Tabelle (→ Seiten 41 bis 44) in Gegenüberstellung zum Referenzobjekt enthalten sein. Diese wird oft in Verbindung mit der Statik erstellt und muss vor Baubeginn vorliegen.

Materialien für massive Außenwände

Porosierte Hochlochziegel: Sie bestehen aus gebranntem Ton und haben vertikale Kammern. Der Ton selbst hat eine Vielzahl von winzigen Hohlräumen (Poren). Diese Eigenschaft beeinflusst die Rohdichte der Ziegel und bestimmt deren Wärmeleitfähigkeit (je mehr Poren, desto besser). Als positive Eigenschaften dieses Mauersteins sind das geringe Gewicht und die gute Wärmedämmung hervorzuheben. Zur Verbesserung der Wärme- und Schalldämmeigenschaften gibt es porosierte Ziegel, deren vertikale Kammern mit entsprechenden Dämmstoffen, zum Beispiel Perlite, gefüllt sind.

Kalksandsteine: Kalk und Sand werden im Verhältnis 1:12 gemischt. Der Branntkalk löscht unter Wasserverbrauch zu Kalkhydrat ab. Mit Pressen werden Steinrohlinge unter geringem Energieaufwand bei Temperaturen von etwa 200° Celsius unter Wasserdampfdruck – je nach Steinformat etwa vier bis acht Stunden – geformt. Nach dem Härten sind die Kalksandsteine gebrauchsfertig. Bedingt durch die schlechte Wärmedämmeigenschaft muss ein Außenmauerwerk aus Kalksandstein stets durch eine zusätzliche Wärmedämmschicht ergänzt werden. Eine Lage Wärmedämmsteine zwischen Außenwand und Bodenplatte reduziert die Wärmebrückenwirkung. Schwere Kalksandsteinwände sind als schalldämmende Innenwände gut geeignet.

Porenbeton: Ähnlich wie Leichtziegel haben Porenbetonsteine kleine Poren. Je nach Dosierung des Treibmittels Aluminiumpulver besitzen sie eine unterschiedliche Dichte und Wärmeleitfähigkeit.
Leichtbetonsteine: Ausgangsmaterialien sind Zement und verschiedene Leichtzuschläge wie Naturbims, Blähglimmer, Blähton usw. Das Vermauern geschieht – wie bei den Leichtziegeln – mit Leichtmörtel.

Leichtbetonelemente: Bei diesen Bauelementen handelt es sich um eine sehr rationelle Fertigungsweise: Die fertigen Wände werden auf der Baustelle mit einem Kran aufgestellt. Um einen hinreichend hohen Wärmeschutz dieser raumhohen Platten zu erreichen, müssen sie zusätzlich durch eine separate Wärmedämmschicht ergänzt werden.

Ziegelfertigelemente: Auch mit im Werk vorgefertigten und auf der Baustelle aufgestellten Ziegelwänden lässt sich ein Haus schnell erstellen. Besonderer Vorteil ist hier die trockene Bauweise und ein guter Wärmeschutz.

Schalungssteine: Ihr Inneres wird aus großen, senkrechten Kammern gebildet. Beim Bauen werden die trocken versetzt aufeinandergeschichteten Formsteine mit Beton verfüllt. Schalungssteine aus Polystyrol, Holzbeton mit oder ohne Polystyroleinsätzen dienen der Verbesserung der Wärmedämmung der Wände.

→ **TIPP** Neben den unterschiedlichen Eigenschaften der Baustoffe gibt es für jeden Einzelnen unterschiedliche Formate und Mauertechniken. Welche Kombination dabei zur Anwendung kommt, sollten Sie zusammen mit dem Unternehmer diskutieren. So können Sie möglicherweise Kostenvorteile der jeweiligen Firmen in Anspruch nehmen.

Als Synonyme für Häuser in **Leichtbauweise** stehen die Begriffe „Holzhaus“ oder „Fertighaus“. Diese Bezeichnungen sind nicht immer ganz eindeutig und korrekt. Tatsächlich bestehen die Außenwände von Fertighäusern in der Regel aus vorgefertigten Holztafeln (Tafelbauweise). Diese Holztafeln werden aus Holzständern und Holzwerkstoffplatten hergestellt. Der Zwischenraum zwischen den Holzständern ist mit Dämmung ausgefüllt und wird, sofern nicht eine zusätzliche Installationsebene vorgesehen ist, für die Verlegung der haustechnischen Leitungen verwendet. Innenseitig wird die Holztafel mit Gipsbauplatten oder Holzwerkstoffplatten bekleidet. Für die Gestaltung der Außenfassade stehen sämtliche Möglichkeiten zur Verfügung.

Auf die Bedeutung der Luftdichtheit und der Dampfbremse eines Gebäudes wurde bereits in dem Kapitel „Luftdichtheitsprüfung" → Seite 45 ff. hingewiesen. Eine getrennte Installationsebene auf der Wandinnenseite ist nicht zwingend notwendig, bietet aber die Sicherheit, dass die luftdichte Hülle des Hauses durch spätere Installationen (zum Beispiel Wanddosen für Schalter und Steckdosen) nicht verletzt wird. Die Installationsebene sollte eine Tiefe von mindestens 50 Millimetern haben.

Für die Beplankung der Wände werden entweder **Holzwerkstoffe** oder **Gipsleichtbauplatten** eingesetzt. Bei den Holzwerkstoffplatten – hier vor allem bei den Spanplatten – werden Kleber beziehungsweise chemische Verbindungen als Bindemittel eingesetzt, die auch nach dem Abbinden gesundheitsschädliche Stoffe, besonders Formaldehyd abgeben können. Entsprechend der Menge dieser Ausdünstungen werden die Spanplatten in drei Emissionsklassen eingeteilt: Für den Innenausbau dürfen unbeschichtet nur noch E1-Platten verwendet werden. Platten der Emissionsklassen E2 und E3 mit höheren Gehalten an Formaldehyd dürfen nur dann eingesetzt werden, wenn eine Beschichtung die Formaldehydabgabe auf den Richtwert von 0,1 ppm (= Milliliter pro Kubikmeter Innenraumluft) absenkt. Noch einmal um die Hälfte niedriger angesetzt ist der Grenzwert für Spanplatten mit dem Umweltzeichen „Blauer Engel". Darüber hinaus gibt es formaldehydfreie Spanplatten. Es werden unterschiedliche Produkte angeboten. Einige gebräuchliche Produkte sind zum Beispiel:

Spanplatte, kunstharzgebunden: Holzspäne werden mit Bindemittel benetzt und verpresst. Die Stärke der Platten bewegt sich zwischen sechs und 50 Millimeter. Es sind verschiedene Härten und Oberflächenbeschichtungen aus Furnieren oder Kunstharz erhältlich.

Spanplatte, mineralisch gebunden: Es gibt sie als magnesit- oder zementgebundene Platten, die sogar feuerhemmend sind.

OSB-Platten: Die Platten werden aus großflächigen, parallel zur Plattenoberfläche liegenden Langspänen aufgebaut. Die Langspäne verlaufen in den Deckschichten parallel und in der Mittelschicht quer zur Fertigungsrichtung. Dadurch weisen die OSB-Platten in Längs- und Querrichtung unterschiedliche Eigenschaften auf.

Mehrschichtplatte: Vier bis zehn Millimeter starke und 80 Millimeter breite Bretter aus Fichte, Kiefer, Eiche oder Erle werden in drei oder fünf Schichten kreuzweise übereinander geleimt, sodass äußerlich das Bild einer Massivholzplatte mit 12 bis 30 Millimetern Stärke entsteht.

Holzweich- und Holzhartfaserplatten: Aus Sägewerksresthölzern werden die Holzfasern herausgelöst und mit dem holzeigenen Harz zu lockeren Faserplatten verklebt. Für Hartfaserplatten wird dasselbe Material hoch verdichtet. Diese Platten gibt es in den Stärken drei bis acht Millimeter und acht bis 20 Millimeter.

Auch bei den **Gipsleichtbauplatten** gibt es verschiedene Ausführungen:

Gipsbauplatten: Dabei handelt es sich um zehn bis 20 Millimeter starke, durch beidseitige Kartonbeschichtung stabilisierte Gipsplatten. Spezielle Feuchtraum- und Brandschutzplatten benötigen zusätzlich eine Kunstharzimprägnierung beziehungsweise ein Glasfasergewebe.

Gipsfaserplatten: Das sind 10; 12,5; 15 oder 18 Millimeter starke Platten aus mit Papierzellstoff durchmischtem Naturgips, die ohne zusätzliche Beschichtung stabil sind. Sie sind schwerer als Gipsbauplatten, lassen sich wie Holzwerkstoffe verarbeiten und sind auch für Feuchträume sowie als Brandschutzplatte geeignet.

Gips-Holzspanplatten: Sie sind wie Gipsfaserplatten beschaffen, haben aber Holzspäne statt Zellulose als Zuschlagstoff.

Charakteristisch für Häuser in **Blockbauweise** sind Außenwände aus horizontal geschichteten massiven Blockbalken, in der Regel aus Nadelhölzern. Neben einschaligen Vollholzkonstruktionen (selten) gibt es auch mehrschichtige Wandaufbauten mit Kern- oder Innendämmung. Zum Blockbau wird auch der Bohlenbau gerechnet, eine Mischkonstruktion aus horizontal geschichteten Bohlen und senkrechten Stützen. Die entsprechenden Wände werden mit Dämmung, Dampfbremse und Innenverkleidung vorgefertigt. Diese Bauweise ist aber eher eine Randerscheinung.

Wärmedämmung der Außenwand

Die Funktion der Wärmedämmung wird bei monolithischer Bauweise vom Mauerwerk übernommen. Häufig wird die Außenwand aber auch mit einer separaten Dämmschicht ergänzt. Bei massiver Bauweise sitzt die Wärmedämmschicht zwischen Innen- und Verblendmauerwerk beziehungsweise vorgehängter Fassade. Besteht die Fassade aus Verblendmauerwerk, wird die Wärmedämmung entweder hinterlüftet oder als Kerndämmung ohne Luftschicht ausgeführt. Neuere Erkenntnisse sprechen für die Kerndämmung ohne Luftschicht, sie ist bauphysikalisch unbedenklich und wenig schadensanfällig. Entscheidend ist hier wie auch bei einer hinterlüfteten Fassade die fachgerechte Ausführung.

→ **WICHTIG** Bei der Ausführung sollte besonderes Augenmerk auf die Wandsockelabdichtung nach DIN 18533 gerichtet werden. Hier müssen spezielle Dichtschlämmen und Putze zum Einsatz kommen, die ein Eindringen von Wasser im Sockelbereich verhindern.

Seit vielen Jahren erfolgreich in der Praxis eingeführt ist das Wärmedämmverbundsystem. Hier bildet die Wärmedämmung ein System mit dem Putz, welcher als dünne Schicht zusammen mit einem Armierungsgewebe aufgezogen wird. Dieses System ist seit den 70er-Jahren erprobt und inzwischen sehr weit verbreitet.

Alle Systeme bestehen aus folgenden Komponenten:

- Befestigung auf der Tragwand (kleben, kleben und zusätzlich dübeln, mechanisch befestigen)
- Wärmedämmung
- Armierungsschicht
- Außenputz

Die kostengünstigste Befestigungsart ist das Kleben mit einem auf den Untergrund abgestimmten Klebemörtel. Bei ebenen Untergründen und generell bei sehr dünnen Wärmedämmplatten erfolgt eine vollflächige Verklebung: Der Kleber wird über eine Zahntraufel ganzflächig aufgetragen und mit der gezahnten Seite abgezogen. Bei Untergründen mit Unebenheiten erfolgt eine Punkt-Rand-Verklebung. Dazu wird der Kleber linienförmig auf den Plattenkanten aufgezogen und zusätzlich mit mindestens sechs Klebebatzen auf der Plattenfläche ergänzt. Als Wärmedämmstoffe werden vor allem nicht brennbare Materialien wie Steinwolle und Mineralwolle, aber auch Polystyrol-Hartschaum und Korkplatten verwendet.

Die zwischen 1,5 und 5,0 Millimeter dicke Armierungsmasse ist für die Qualität des gesamten Dämmsystems von entscheidender Bedeutung. Sie dient der Egalisierung des Haftgrundes, der Einbettung der Gewebearmierung und zur Vorbereitung des Putzgrundes. Verwendet werden mineralisch gebundene oder organisch kunstharzvergütete Armierungsmassen, die auf den Oberputz abgestimmt sein müssen. Die Gewebeeinlage besteht in der Regel aus Glasfasergewebe, das im äußeren Bereich der Armierungsmasse satt einliegen muss.

Fassade

Die sichtbare Oberfläche ist die Visitenkarte des Hauses. Neben den optischen Anforderungen übernimmt die Fassade den Schutz gegen Witterungseinflüsse. Diese Anforderungen müssen sowohl aus gestalterischer als auch aus technischer Sicht klar definiert werden. Wie auch bei anderen Baustoffen gibt es hier eine Reihe von Alternativen:

Mineralischer Putz für Außenwände besteht aus Sand und einem mineralischen Bindemittel, meist Kalk und Zement. Bei Kunstharzputz werden der Sandmischung feine Kunstharzpartikel als Bindemittel beigefügt. In Hausangeboten wird dafür häufig der Begriff „Kratz- oder Edelputz" verwendet. Es handelt sich dabei um ein Fertigprodukt aus mineralischen Bindemitteln und Zusatzstoffen, das auf der Baustelle nur noch mit Wasser angerührt werden muss. In der Regel müssen neue Putze nicht mehr gestrichen werden. Soll die Putzoberfläche farbig erscheinen, ist es besser, einen durchgefärbten Putz zu verwenden. Bei dunklen Farbtönen ist darauf häufig noch ein Egalisierungsanstrich notwendig, weil diese Putze „wolkig" auftrocknen können.

Sofern Putz- und Betonflächen gestrichen werden sollen, können verschiedene Anstrichsysteme eingesetzt werden, die auf ihren jeweiligen Zweck abgestimmt werden müssen.

Außenwandbekleidungen oder Vorhangfassaden können mit Holzschalung, Holzschindeln, Ziegeln, Zinkblech oder auch Schiefer ausgeführt werden. Häufig werden diese Materialien bei Dachgauben verwendet. Seltener im Wohnungsbau sind Glas- oder Kunststofffassaden.

→ **TIPP** Bestimmte Hölzer wie Douglasie oder Lärche müssen nicht behandelt werden. Ihr hoher Harzanteil sorgt dafür, dass sie nicht zu stark verwittern. Die mit den Jahren auftretende graue Patina hat ihren eigenen Reiz.

Die meisten Hölzer müssen jedoch gestrichen werden, um ein frühzeitiges Vergrauen zu vermeiden. Hierfür bieten sich Lasuren und deckende Anstriche an. Bei Lasuren sollten Sie darauf achten, dass sie genügend Pigmente enthalten, um das Holz vor der UV-Strahlung der Sonne zu schützen. Sie sollten jedoch auch nicht zu dunkel sein, damit sich die Bauteile nicht zu stark aufheizen.

Für den Anstrich eignen sich folgende Systeme:

Dickschichtlasuren bilden auf der Holzoberfläche einen lackartigen Film. Sie mindern das Quellen und Schwinden des Holzes und eignen sich deshalb vor allem zum Wetterschutz von sogenannten maßhaltigen Bauteilen, wie Fenster und Türen.

Deckende Anstriche sind hoch- und seidenglänzende Lacke. Sie eignen sich für alle Aufgaben und gestalterischen Varianten und haben den Vorteil, dass sie seltener aufgefrischt werden müssen als Lasuren.

Dünnschichtlasuren dringen in die Holzoberfläche ein und wirken imprägnierend. Sie müssen spätestens etwa alle zwei Jahre erneuert werden. Im Außenbereich sind sie daher nicht zu empfehlen.

Um die Umwelt weniger zu belasten, sollten Sie nach Möglichkeit Acryllasuren und Acryllacke auf wässriger Basis mit nur geringem Lösemittelanteil einsetzen lassen. Für besonders umwelt- und gesundheitsverträgliche Produkte wird der „Blaue Umweltengel“ vergeben.

Holzschutzgrundierungen enthalten chemische Wirkstoffe gegen schädliche Insekten und Pilzbefall (Biozide und Fungizide). Sie werden zur Imprägnierung vor dem eigentlichen Anstrich eingesetzt und dringen aufgrund ihrer Dünnflüssigkeit in das Holz ein. Der Schlussanstrich sollte dann mit einem biozidfreien Anstrich erfolgen. Soweit es sich nicht um Türen oder Fenster handelt, brauchen Holzaußenflächen bei konstruktiv richtigem Einbau keine besondere Schutzimprägnierung.
Eine andere Form der Außenwandbekleidung ist die Vormauerschale mit **Verblendsteinen.** Ob hinterlüftet oder mit Kerndämmung ist derzeit Auffassungssache, möglich sind beide Varianten.

Als **Verblendsteine für die Vormauerschale** sind folgende Materialien geeignet:

HINTERGRUND

Konstruktiver Holzschutz

Grundsätzlich ist der **konstruktive Holzschutz** dem chemischen Holzschutz vorzuziehen. Auf chemischen Holzschutz können Sie verzichten, wenn eine Dauerbelastung von Holz im Außenbereich – vor allem durch Nässeeinwirkung – verhindert oder doch zumindest stark eingeschränkt wird. Zu diesen konstruktiven Maßnahmen gehören die Wahl von hochwertigen Hölzern, möglichst weit überkragende Dächer, die Schlagregen vom Holz fernhalten, sowie das Einhalten eines Abstandes von 30 Zentimetern zwischen Holz und Erdreich.

Vormauerziegel ist ein aus Ton gebrannter Stein, der kein oder nur wenig Wasser aufnehmen kann. Dadurch können im Winter keine Schäden durch eingedrungenes gefrierendes Wasser auftreten.

Klinker ist aus dem gleichen Material wie Ziegel. Er wird jedoch bei höheren Temperaturen gebrannt, wodurch er dichter und härter wird. Dieser Stein ist ebenfalls frostbeständig.

Beim **Kalksandstein** gibt es zwei frostbeständige Produkte: Vormauerstein (KSVm) und Verblenderstein (KSVb). Der Verblender(stein) hat eine größere Festigkeit und ein kleineres Wasseraufnahmevermögen.

Eine **Natursteinfassade** besteht aus dünnen Platten, die entweder vor die Tragkonstruktion gehängt werden und hinterlüftet sind oder auf das Mauerwerk mit Klebemörtel aufgesetzt werden. Bei den Natursteinen gibt es im Gegensatz zu den künstlichen Steinen keine streng vorgegebenen Formate. Das Material bietet insgesamt sehr viel mehr Gestaltungsmöglichkeiten. Neben Granit sind Sandstein oder Jura besonders bekannt und beliebt. Diese Materialien sind deutlich teurer als die industriell gefertigten Steine.

Wohnungs- und Gebäudetrennwände

Bei den Wohnungs- und Gebäudetrennwänden handelt es sich um die Wände zwischen zwei Häusern oder verschiedenen Wohnungen. Im Gegensatz zu Innenwänden im Einfamilienhaus müssen bei Wohnungs- und Gebäudetrennwänden die Anforderungen des Schallschutzes eingehalten werden. In der Regel werden diese Trennwände deshalb zweischalig mit einer dazwischen liegenden mineralischen Faserdämmmatte von mindestens drei Zentimeter Dicke ausgeführt. Je dicker die Matte, desto weniger wahrscheinlich ist die Entstehung von Schallbrücken aus Mörtel oder Beton. Die Wandschalen sollen ein möglichst hohes Flächengewicht aufweisen und werden deshalb häufig aus anderem Material errichtet als die Außenwände. Die schalltechnische Fuge in der Gebäudetrennwand sollte auch durch Bodenplatte und Fundamente gehen. Andernfalls würde zum Beispiel bei nicht unterkellerten Reihenhäusern der volle Schallschutz erst zwischen den Obergeschossräumen erreicht. Bei Doppel- und Reihenhäusern ist mindestens die Vereinbarung des erhöhten Schallschutzes nach DIN 4109-5:2020-08, besser noch der Schallschutzstufe II oder III nach VDI 4100:2007-08 (August) dringend zu empfehlen. Sie soll dem Auftraggeber auch eine klarere Anspruchsgrundlage bei mangelhafter Ausführung verschaffen. (Siehe Kapitel „Schallschutz“ → Seite 47 ff.)

Innenwände im Erd-, Ober- und Dachgeschoss

Bei den Innenwänden unterscheidet man tragende und nicht tragende Wände. Natürlich können alle bei der Außenwand schon genannten Wandbaustoffe für Innenwände verwendet werden, soweit es die Statik zulässt (siehe Abschnitt „Außenwände“ → Seite 69 ff.). Bei einschaligen Innenwänden sind schwere Materialien hinsichtlich des Schallschutzes den leichteren überlegen. Leichtbauwände sind mit Span- oder Gipsbauplatten beplankte Holz- oder Metallkonstruktionen, die bei entsprechender Ausführung geringes Gewicht und hohen Schallschutz vereinen können.

Decken

Decken werden entweder in Ortbetonbauweise konventionell geschalt oder als Fertigteildecken erstellt. Fertigteildecken brauchen nicht mehr verputzt, sondern lediglich die Plattenstöße verspachtelt und gestrichen oder tapeziert zu werden. Diese Bauweise ist preiswerter als der Einsatz reiner Ortbetondecken und hat den zusätzlichen Vorteil, dass die Bauzeit um einige Tage verkürzt werden kann. Fertigteildecken können als Filigrandecken oder als Vollmontagedecken ausgeführt werden. Bei Ersteren handelt es sich um fünf Zentimeter dicke Stahlbetonplatten. Sie dienen als Schalung für den sogenannten Aufbeton, der später eingebracht wird. Vollmontagedecken sind dagegen fertige Stahlbeton-Hohlplattendecken. Sie sind unmittelbar nach dem Verlegen begeh- und belastbar.

Nach wie vor werden auch Holzbalkendecken eingesetzt, vor allem bei Fertighäusern in Leichtbaukonstruktion oder als Kehlbalkendecke im Massivbau. Eine im Vergleich zu massiven Decken gleichwertige Schalldämmung ist bei ihnen allerdings nur mit erhöhtem Aufwand zu erreichen.

Die Decke über dem obersten Wohngeschoss ist in der Regel die Kehlbalkenebene des Daches oder der Boden für den Spitzboden. Sofern der Spitzboden nicht zu Wohnzwecken genutzt wird, bildet die Decke die wärmedämmende und luftdichte Hülle des Hauses. Wenn der Spitzboden ungenutzt bleibt, wird die Decke einfach nur mit Dämmmaterial ausgelegt. Eine begehbare Fläche wird in diesem Fall nicht hergestellt, sofern es nicht ausdrücklich vereinbart ist.

→ **TIPP** Achten Sie darauf, dass der Spitzboden ausdrücklich begehbar, das heißt mit einer Schalung für den Fußboden ausgestattet ist, vor allem, wenn Sie diesen Bereich als Lagerraum oder als Zuwegung zur Reinigungsöffnung des Schornsteins für den Schornsteinfeger nutzen wollen.

Estrich

Estriche sind glatte und begehbare Fußbodenschichten auf tragfähigem Untergrund. Sie bilden die Oberfläche des Fußbodens oder die Unterlage für weitere Fußbodenbeläge. Beim „schwimmenden Estrich" vermindert die Trittschalldämmung die Weiterleitung der beim Begehen entstehenden Schallwellen vom Estrich in Betondecke und angrenzende Wände. Als Trittschalldämmmaterial werden meist speziell gefertigte Mineralfaser- oder gewalkte Polystyrolschaumplatten eingesetzt. Die Dicke der Trittschalldämmung richtet sich nach Gewicht und Belastung des Estrichs. Sie ist weich-elastisch und lässt sich zum Beispiel bei einer Dicke von 35 Millimetern um bis zu fünf Millimeter zusammendrücken.

→ **GUT ZU WISSEN** Estriche auf der Bodenplatte zum Erdreich (Erdgeschoss oder Keller) benötigen eine Wärmedämmung, die häufig unter dem Estrich eingebaut wird. Damit die Feuchtigkeit der Bodenplatte nicht in die Wärmedämmung eindringt, muss die Bodenplatte nach DIN 18533 gegen Feuchtigkeit abgedichtet werden.

Es gibt verschiedene Estricharten: Trockenestrich besteht aus fertigen Platten wie zum Beispiel Gipsbau- oder Gipszelluloseplatten, die mit Nut und Feder ausgestattet sind und eine glatte und feste Oberfläche bilden. Der Vorteil des Trockenestrichs besteht darin, dass keine Trocknungszeiten zu berücksichtigen sind. Der Nachteil besteht in der geringeren Masse der Platten gegenüber dem Zementestrich und damit einem schlechteren Schallschutz. Trockenestrich sollte immer schwimmend verlegt werden, das heißt auf einer Trittschalldämmung.

Alle nachfolgenden Estricharbeiten werden „nass" auf der Baustelle eingebracht. Man bezeichnet sie von daher als Nassestrich. Sie können entweder im Verbund mit der Unterkonstruktion (Verbundestrich) oder als schwimmender Estrich mit Trittschall- und Wärmedämmung hergestellt werden.

Zementestrich: Diese Estrichart wird am häufigsten verwendet und ist wie der Anhydritestrich besonders für Fußbodenheizung geeignet. Die Dicke des Estrichs ist in der Regel 50 Millimeter. Er ist für alle Kleber geeignet und bietet einen guten Schallschutz. Das Austrocknen des Estrichs kann bis zu sechs Wochen dauern. Je nach Belag darf er eine bestimmte Restfeuchte nicht überschreiten. Man spricht hier von Belegreife. Diese Prüfung muss besonders bei Parkett oder Laminat von einer Fachperson vorgenommen werden.

Anhydrit-/Calciumsulfatestrich: Calciumsulfatestrich besteht aus den Komponenten Anhydrit, Sand bzw. Kies, eventuell Zusatzstoffen und Wasser. Er trocknet schneller als Zementestrich. Bei längerer Feuchtigkeitseinwirkung nimmt er allerdings Schaden. Dieser Estrich eignet sich nicht für Nassräume und Keller. Unterschieden wird bei dieser Estrichart zwischen dem konventionellen Anhydritestrich, der erdfeucht wie der Zementestrich eingebracht wird und dem Fließestrich, der gegossen wird. Sollen Teppichboden oder Fliesen auf Fließestrich verlegt werden, muss er in der Regel noch einmal abgeschliffen werden, da sich auf der Estrichoberfläche nach dem Vergießen eine Sinterschicht ausbildet, die den Verbund mit dem Untergrund verhindert.

Gussasphaltestrich: Er ist weitgehend feuchtigkeitsundurchlässig und deshalb auch für Böden mit Kontakt zum Erdreich gut geeignet. Weitere Vorteile sind seine schnelle Begeh- und Belegbarkeit, die geringe Einbauhöhe und seine Rissfreiheit selbst bei größeren Flächen. Wirtschaftlich ist Gussasphaltestrich jedoch erst bei größeren Mengen.

Balkone und Dachterrassen

Balkone an Wohnhäusern sind grundsätzlich schadensanfällig, dies gilt sowohl für den Bau als auch für die Instandhaltung. Neben den vielen technischen Problemen ist der Nutzwert eines Balkons häufig durch eine zu geringe Größe oder durch die Lage (zum Beispiel vor dem Schlafzimmer) eingeschränkt.

→ **VORSICHT** Bei der Planung und Ausführung sollten Sie besonderen Wert auf die Vermeidung von sogenannten Wärmebrücken legen. (Wärmebrücken sind Stellen, an denen die Wärme des Hauses über Wärme leitende Bauteile abfließt). Eine typische Wärmebrücke ist beispielsweise eine auskragende (das heißt von innen nach außen durchlaufende) Balkonplatte aus Stahlbeton. Sie kann vermieden werden, indem Balkon- und Deckenplatte durch Dämmstreifen thermisch getrennt werden. Hierfür gibt es Spezialelemente mit durchlaufender Bewehrung und vorgefertigter Dämmung auf dem Markt.

Vorgesetzte Balkonkonstruktionen bestehen aus Holz oder Stahl. Sie werden vor die Hauswand gestellt oder gehängt. Diese Variante bietet sich insbesondere für eine spätere Nachrüstung an.

Der Spritzwasserbereich des Balkons muss ausreichend abgedichtet sein und der Balkonboden aus einer dichten, Wasser abführenden Schicht mit Gefälle bestehen. Stehendes Wasser auf dem Balkon ist eine häufige Ursache für Gebäudeschäden.

Geeignete Beläge sind Holzlattenroste oder großformatige Platten auf Stelzlagern oder Split. Fliesen sind nicht empfehlenswert.

An den Schwellen von Balkon- und Terrassentüren muss nach DIN 18531 die Abdichtung von anschließenden waagrechten Bauteilen 15 Zentimeter hochgezogen und gesichert werden, um das Eindringen von Schnee, Spritz- oder kurzfristig angestautem Wasser zu verhindern. Messpunkte sind hierbei die Oberkante des Plattenbelages, nicht die der wasserführenden Schicht, und der Falzbereich des Türrahmens. Sonderlösungen sind bei wettergeschützter Lage der Tür oder Abwasserrinnen mit Gitterrosten vor der Tür möglich und im barrierefreien Bauen nach DIN 18040-2 erforderlich.

Dach

Dachkonstruktion

In aller Regel wird das Dach von Zimmerleuten als Holzkonstruktion errichtet. Die Ausführung als Massivdach (Beton-, Leichtbeton- oder Ziegelelemente) ist bei Satteldächern die Ausnahme, bei Flachdächern die Regel. Bei den geneigten Dächern gibt es verschiedene Formen (siehe auch Kapitel „Dach“ → Seite 31 f.):

→ **Satteldach:** Zwei Dachschrägen stehen sich gegenüber, es gibt jeweils zwei Trauf- und zwei Giebelseiten.

→ Wird das Dach durch vier gleichmäßige Schrägen gebildet, nennt man es **Zeltdach**.

→ Stehen Teilflächen des Satteldaches fast senkrecht, nennt man es **Mansarddach**.

→ **Pultdach:** Eine einzelne Dachschräge bedeckt das Dach oder ist höhenversetzt gegen andere Dachflächen.

→ **Walmdach:** Je zwei gegenüberliegende gleichmäßige Dachschrägen bedecken das Haus, es gibt nur Trauf- und keine Giebelseiten. Eine oben leicht angeschnittene Giebelwand nennt man **Krüppelwalm** – also ein verkümmerter Walm.

Die Art der Dachkonstruktion erhält spätestens dann besondere Bedeutung, wenn das Dach ausgebaut werden soll. Bei Satteldächern unterscheidet man grundsätzlich zwischen Sparren- beziehungsweise Kehlbalkendach, dem Pfettendach und dem Binderdach.

Das Sparren- und Pfettendach bildet einen weitgehend stützenfreien Dachraum, sodass der Grundriss nicht beeinträchtigt wird. Beim Sparrendach werden die Lasten von den Außenwänden aufgenommen. Beim Pfettendach werden sie über Längsträger (Pfetten) auf tragende Bauteile sowohl auf die Außen- als auch zum Teil auf die Innenwände des Gebäudes abgeleitet. Dazu sind möglicherweise Stützen notwendig, die eine freie Grundrissgestaltung einschränken können. Pfettendächer sind bei größeren Gebäudebreiten wirtschaftlicher. Bei Binderdächern sind die Sparren durch kostengünstigere und weniger voluminöse Brettschichthölzer oder Holzlamellen ersetzt. Es gibt sie in einer nicht begehbaren und einer begehbaren Variante, dem Studiobinder. Die nicht begehbare Variante ist mit Stützen und Streben voll gestellt und bietet keinen Platz für Stellfläche.

Dachgauben sind eine relativ aufwendige Angelegenheit, da sie viele Anschlussdetails haben können. Welche Form sie haben sollen, ist weitgehend Geschmackssache. Sie sollten sich harmonisch in das Erscheinungsbild des gesamten Hauses und in die umgebende Bebauung einfügen. Der Bebauungsplan kann unter Umständen zur Gestaltung von Dachgauben genaue Vorgaben machen.

→ **TIPP** Sollten Sie Wert auf die Gestaltung besonderer Details legen, ist es wichtig, diese möglichst genau zu beschreiben. Sie können auch im Vertragstext auf ein Musterhaus oder eines in Ihrer Nachbarschaft hinweisen. Zudem sollten Aufbau und Wärmedämmung der Gaubenseitenwände exakt festgelegt sein.

Die Dachkonstruktion muss vor Pilz- und Insektenbefall geschützt werden. Hierbei ist der konstruktive Holzschutz dem chemischen vorzuziehen. Auf eine chemische Behandlung kann verzichtet werden, wenn die Hölzer des Dachstuhls zu drei Seiten offen und kontrollierbar bleiben (Beispiel: sichtbare Dachkonstruktion) oder wenn sie allseitig geschlossen verkleidet werden. Der wichtigste Schutz besteht in der Trockenhaltung des Holzes. Der Schutz des Holzes vor Niederschlägen und Staunässe sowie nachrangig vor UV-Strahlung und Betauung wird konstruktiver Holzschutz genannt.

Weitere chemische Holzschutzmittel sollten nur unter besonderen Ausnahmeumständen angewendet werden, die jeweils im Einzelfall zu überprüfen sind. Im Innenbereich sind chemische Holzschutzmittel vollständig tabu.

→ **TIPP** Achten Sie beim Dachüberstand und allen weiteren Holzteilen im Außenbereich darauf, wer den Anstrich übernimmt. Häufig werden die Anstricharbeiten den Malerarbeiten zugeordnet, und diese sind in vielen Fällen Eigenleistung. Um einen optimalen Holzschutz zu erreichen, sollte der Anstrich deckend sein, das heißt ein Voranstrich und zwei Endanstriche. Der Grund- und – bei farbigen Anstrichen – auch der Deckanstrich sollten vor dem Einbau erfolgen, da sonst unschöne Arbeitsfugen entstehen.

Dachdeckung

Die gebräuchlichsten Deckmaterialien für Steildächer sind Betondachsteine und Tondachziegel. Auch Metall- und Schieferbedeckungen, Rohr- oder Schilfdeckungen sind möglich, müssen sich jedoch in die jeweilige Umgebung einfügen (vielerorts wird das Material durch den Bebauungsplan oder eine Gestaltungssatzung vorgeschrieben). Betondachsteine sind für den Laien optisch nicht von Tondachziegeln zu unterscheiden, Formen und Farben ähneln sich. Tondachziegel sind in der Regel etwas teurer, haben dafür aber eine längere Lebensdauer und bieten durch ihre Patina ein lebendiges Erscheinungsbild.

Der Ortgang bildet den seitlichen Abschluss des Daches an der Giebelseite. Er wird mit speziell geformten Dachziegeln beziehungsweise Dachsteinen von oben und mit Holzbrettern von unten verkleidet. Die Traufe kann mit einem Dachkasten aus Holz verkleidet oder auch offen sein, sodass die Sparren und die darüber liegende Schalung zu sehen sind.

→ **TIPP** Achten Sie bei Tonziegeldächern darauf, dass besonders geformte Dachsteine wie zum Beispiel Dunstrohre aus dem gleichen Material mit im Preis enthalten sind. Diese Sondersteine sind deutlich teurer als die Kunststoffausführungen.

Die „Fachregeln für Dachdeckungen mit Dachziegeln und Dachsteinen" schreiben seit 2011 neue Regeln zur Sturmsicherung von Dächern vor. Wie und in welchen Abständen gesichert werden muss, hängt neben der geografischen Lage, der Höhe, der Größe, der Form und dem Standort des Gebäudes, auch von der Dachform und der Neigung des Daches ab. Die Fachregeln gehen dabei weit über das bisherige Regelwerk hinaus. Selbst für niedrige und kleine Gebäude in relativ sturmsicherer Lage sind jetzt Sturmsicherungen zwingend vorgeschrieben. Diese neuen Anforderungen der Sturmsicherung werden vermutlich nicht immer voll umgesetzt, da sie sehr zeitaufwendig sind und damit auch teuer werden.

→ **WICHTIG** Als Hauseigentümer müssen Sie bei der Dachdeckung auf eine fachgerechte Ausführung der Sturmsicherung achten, da im Schadensfall eventuell der Versicherungsschutz nicht greifen könnte.

Unterdach/Unterspannbahn

Das Unterdach wird direkt auf die Sparren aufgebracht und hat die Aufgabe, die Dachkonstruktion vor Feuchtigkeit durch eine defekte Dacheindeckung, Tauwasser oder Flugschnee zu schützen. Dafür werden entweder bituminierte Pappen auf einer Holzschalung oder spezielle Kunststofffolien (sogenannte Unterspannbahnen) beziehungsweise wasserdampfdurchlässige, feuchtestabile Pappen (Bio-Bau-Papiere) verwendet. Alle Systeme sind wasserdampfdurchlässig. Eine etwas stabilere Ausführung ist das „Harzer Dach". Hier ist die wasserführende Schicht auf einer Holzschalung aufgebracht. Eine weitere Alternative dazu sind bituminierte Holzweichfaserplatten, die gleichzeitig den Wärme- und Schallschutz des Dachaufbaus verbessern.

Soweit es sich um ein Flachdach handelt, muss es entsprechend DIN 18531 und der Flachdachrichtlinie abgedichtet werden. Als Materialien kommen dafür besondere Bitumenschweißbahnen oder Folien aus Kunststoffen infrage. Ein guter Beitrag zur Ökologie und zum optischen Erscheinungsbild des Hauses ist das Gründach. Hier ist besonders der Grad der Vegetation zu vereinbaren, also eine extensive oder intensive Begrünung. Das Gründach kann auch unter besonderen Umständen geneigte Dächer zieren.

Dachdämmung

Bei ausgebauten und den meisten ausbaufähigen Dachgeschossen werden die Wärmedämmschichten zwischen, über oder unter den Sparren angeordnet. Bei der Aufsparrendämmung wird die Dämmung auf einer Schalung oberhalb der Sparren montiert. Die Oberfläche der Dämmung bildet die zweite wasserführende Schicht. Die Aufsparrendämmung hat im Gegensatz zur Zwischensparrendämmung den Vorteil, dass sie wärmebrückenfrei ist (die Sparren gelten als leichte Wärmebrücken,

1 Hobeldielen
2 Unterlattung oder Gipsfaserplatte
3 Dampfbremse oder Luftdichtheitsschicht
4 Rauhspundschalung
5 Zellulose-Einblasdämmung
6 Sparren
7 Holzfaserdämmplatte, 19 mm
8 Konterlattung Unterlüftung
9 Dachlattung
10 Dachziegel

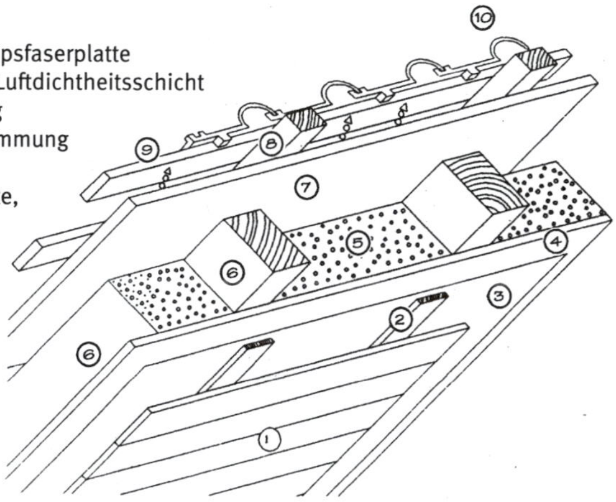

Ausgebautes Dach mit Sparrenvolldämmung

1 Sparren, sichtbar
2 Sichtschalung
3 Dampfbremse oder Luftdichtheitsschicht
4 Holzweichfaserdämmplatten
5 Holzfaserdämmplatte mit Fremdfeder, 19 mm
6 Konterlattung
7 Unterlüftung
8 Dachlattung
9 Ziegeldeckung

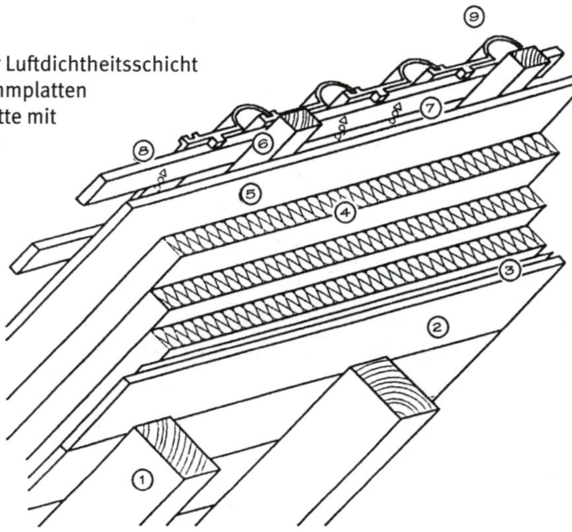

Ausgebautes Dach mit Dämmung über dem Sparren

1 Dampfsperre
2 Dämmung
3 Abdichtungsbahn
4 Schutzlage
5 Dränschicht
6 Filterschicht
7 Vegetationsschicht
8 Begrünung
9 Betonrandstein
10 Schutzstreifen aus Kies
11 Verbundblech
12 Dachrandabdeckung

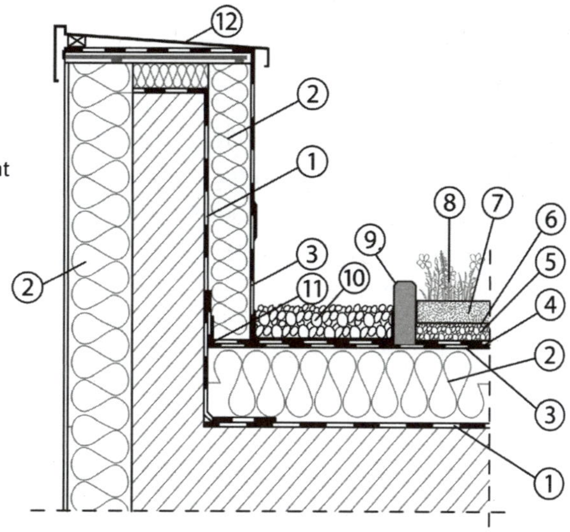

Flachdach mit Dämmung

sind aber zu akzeptieren, sofern sie in die Gesamtberechnung des Energieausweises eingehen).

Zwischensparren- und Aufsparrendämmung können kombiniert werden, ebenso kann durch eine Kombination von Zwischensparren- und Untersparrendämmung die Wärmebrückenwirkung der Sparren vermindert werden.

Bei Passivhäusern sind aufgrund der erforderlichen Dämmstoffdicke meist Kombinationen aus Dämmung unter und zwischen den Sparren beziehungsweise über und zwischen den Sparren üblich.

Dampfbremse

Die Innenseite der Wärmedämmschicht muss mit einer Dampfbremse luftdicht hergestellt werden, damit kein Wasserdampf in die Dämmschicht eindringen und dort kondensieren kann.

Raumseitige Innenverkleidung

Für die Beplankung der Dachschrägen werden entweder Holzwerkstoffe oder Gipsbauplatten eingesetzt.

Als Materialien werden angeboten:

Mehrschichtplatte: Vier bis zehn Millimeter starke und 80 Millimeter breite Bretter aus Fichte, Kiefer, Eiche oder Erle werden in drei oder fünf Schichten kreuzweise übereinander geleimt, sodass äußerlich das Bild einer Massivholzplatte mit 12 bis 30 Millimetern Stärke entsteht.

Spanplatte, kunstharzgebunden: Holzspäne werden mit Bindemittel benetzt und verpresst. Die Stärke der Platten bewegt sich zwischen 6 und 50 Millimetern. Es sind verschiedene Härten und Oberflächenbeschichtungen aus Furnieren oder Kunstharz erhältlich. Zu empfehlen sind Spanplatten mit dem Umweltzeichen „Blauer Engel“. So stellen Sie sicher, dass keine gesundheitsschädigenden Stoffe abgegeben werden.

Spanplatte, mineralisch gebunden: Es gibt sie als gips- oder zementgebundene Platten, die sogar feuerhemmend sind.

Holzweich- und Holzhartfaserplatten: Aus Sägewerksresthölzern werden die Holzfasern herausgelöst und mit dem holzeigenen Harz zu lockeren Faserplatten verklebt. Für Hartfaserplatten wird dasselbe Material hoch verdichtet. Diese Platten gibt es in den Stärken 3 bis 8 und 8 bis 20 Millimeter.

OSB-Platten: Die Platten werden aus großflächigen, parallel zur Plattenoberfläche liegenden Langspänen aufgebaut. Die Langspäne verlaufen in den Deckschichten parallel und in der Mittelschicht quer zur Fertigungsrichtung. Dadurch weisen die OSB-Platten in Längs- und Querrichtung unterschiedliche Eigenschaften auf.

Gipsbauplatten: Dabei handelt es sich um 10 bis 20 Millimeter starke, durch beidseitige Kartonbeschichtung stabilisierte Gipsplatten. Spezielle Feuchtraum- und Brandschutzplatten benötigen zusätzlich eine Kunstharzimprägnierung beziehungsweise ein Glasfasergewebe.

Gipsfaserplatten: Das sind 10; 12,5; 15 oder 18 Millimeter starke Platten aus mit Papierzellstoff durchmischtem Naturgips, die ohne zusätzliche Beschichtung stabil sind. Sie sind schwerer als Gipsbauplatten, lassen sich wie Holzwerkstoffe verarbeiten und sind auch für Feuchträume und als Brandschutzplatte geeignet.

Gips-Holzspanplatten: Sie sind wie Gipsfaserplatten beschaffen, haben aber Holzspäne statt Zellulose als Zuschlagstoff.

Dachzubehör

Schneefanggitter schützen nicht nur Passanten vor abrutschenden Schneemassen, sie entlasten auch die Regenrinnen.

Sicherheitstritte, Dachausstieg und Sicherheits-Laufrost sind für den Schornsteinfeger notwendig, wenn er auf das Dach steigen muss (in der Regel nur bei Feuerstätten mit festen Brennstoffen notwendig). Die Ausführung und Lage sollten Sie deshalb mit ihm besprechen, um spätere Probleme zu vermeiden. Eine einfachere Variante sind Leiterhaken. Sie dienen dem Einhängen von Leitern, sodass das Dach begangen werden kann.

Dachentwässerung und Dachanschlüsse

Dachrinnen und Fallrohre dienen der Entwässerung des Daches. Der Anschluss der Fallrohre an die Entwässerung erfolgt über ein stabiles Standrohr.

Bei Winkelbauten oder Dachgauben müssen die Kehlen (Übergänge zwischen den Dachflächen) sorgfältig abgedichtet werden, damit hier kein Wasser eindringen kann.

Die genannten sowie alle sonstigen Dachan- und -abschlüsse können aus Zink, verzinktem Stahl, Kupfer, Edelstahl oder Kunststoff hergestellt sein. Am Dach dürfen keine unterschiedlichen Metalle verwendet werden, da sie sonst durch Korrosion zerstört werden können.

→ **TIPP** Häufig wird laut Vertrag die Entwässerung nur bis zum Standrohr oder bis zur Kellerdecke geführt. Sobald Regenrinne und Fallrohr montiert sind, sollte aber auch der Anschluss an die Grundleitung erfolgen!

Blitzschutz

Eine der Hauptursachen für Überspannungen sind Blitzeinschläge. In Deutschland werden pro Jahr etwa eine Million Blitzeinschläge registriert. Besonders wichtige oder gefährdete Gebäude werden daher entsprechend den Landesbauordnungen mit Blitzschutzsystemen ausgerüstet. Dazu gehören der äußere Blitzschutz mit seinen Fangleitungen, Ableitern und Fundamenterdern sowie der innere Blitz- und Überspannungsschutz. Der innere Blitzschutz umfasst alle Maßnahmen gegen die Auswirkungen des Blitzstroms. Dazu gehören hauptsächlich der Potentialausgleich und der Überspannungsschutz. Der innere Blitzschutz wehrt auch Gefahren ab, die dadurch entstehen, dass Blitzeinschläge in der Umgebung zu Überspannungen im Gebäude führen und er verhindert das Eindringen solcher Überspannungen von außen, beispielsweise über das Strom- oder Telefonnetz ins Gebäude. Der äußere Blitzschutz soll das Gebäude und die darin befindlichen Menschen und Geräte vor Schäden bewahren, wenn ein direkter Blitzeinschlag ins Gebäude droht.

Wie der Blitzschutz aufgebaut werden muss, ist in den Blitzschutznormen DIN EN 62305 und VDE 0185-305:2006 beschrieben. Hier ist festgelegt, dass ein äußerer Blitzschutz mit der Erdung und dem Potentialausgleich des Gebäudes verbunden werden muss. Im Falle eines Einschlags von angenommenen 10.000 Volt wird etwa eine Hälfte in das Erdreich abgeleitet, die andere Hälfte kurzzeitig über den Potentialausgleich in das Haus geleitet. Der innere Blitzschutz wehrt Gefahren ab, wenn Blitzeinschläge in der Umgebung zu Überspannungen im Gebäude führen und er verhindert das Eindringen solcher Überspannungen von außen, beispielsweise über das Strom- oder Telefonnetz ins Gebäude. Der äußere Blitzschutz soll das Gebäude und die darin befindlichen Menschen und Geräte vor Schäden bewahren, wenn ein direkter Blitzeinschlag ins Gebäude droht.

Die Blitzschutzsysteme sollen bauliche Anlagen vor Brand oder mechanischer Zerstörung und Personen vor Verletzung oder gar Tod bewahren. Blitzschutzeinrichtungen werden in Schutzklassen I bis IV definiert. Da es keinen hundertprozentigen Schutz vor Blitzeinschlägen gibt, wird in der höchsten Schutzklasse I von einer neunundneunzigprozentigen Sicherheit ausgegangen.

Die Ableitungen verbinden die Fangeinrichtung mit dem Fundamenterder. Die Ableitung zur Erde sollte so kurz wie möglich verlegt werden. Zur Sicherheit und zur Verteilung des Stromes sollten mehrere Strompfade zur Erde installiert werden.

Da das Erdermaterial besonders durch Korrosion beansprucht wird, besteht es meist aus feuerverzinktem Stahl und wird an der Anschlussstelle über dem Erdboden noch mal gesondert geschützt.

Der innere Blitzschutz besteht aus dem Potentialausgleich und dem Überspannungs- und Überstromableiter (oder Kombiableiter). Der Potentialausgleich ist gesetzlich vorgeschrieben, kann aber durch Verschleiß und Korrosion seine Funktion verlieren. Ein funktionierender Potentialausgleich ist lebenswichtig und immer auch eine notwendige Voraussetzung für den Überspannungsschutz. Ein äußerer Blitzschutz erfordert zwingend auch einen inneren Blitzschutz, weil sonst Überspannungen ins Haus geholt werden, die zu Schäden und Gefahren führen. Umgekehrt muss beim Vorhandensein eines inneren Blitzschutzes nicht zwingend ein äußerer Blitzschutz installiert werden.

Die VDE 0185 schreibt an jedem Übergang von einer Blitzschutzzone zur nächsten einen Überspannungsschutz vor. Je nach Übergang sind die Schutzstufen I (Grobschutz), II (Mittelschutz) und III (Feinschutz) definiert.

Am Grobschutz wird die Überspannung auf etwa 4 kV reduziert. Der Mittelschutz reduziert die Überspannung auf 2,5 kV und der Feinschutz auf 1,5 kV. Diese 1,5 kV werden vielfach selbst abgebaut. In vielen Fällen kann auf den Mittelschutz verzichtet werden, sofern der Grobschutz die Überspannung bereits auf 2,5 kV reduziert.

Eine Photovoltaikanlage (auch wenn sie für später geplant ist) ist in das Blitzschutzkonzept des Hauses einzubeziehen. Das gilt sowohl für den äußeren Blitzschutz (insbesondere bei auf einem Flachdach aufgeständerten Anlagen) als auch für den inneren Blitzschutz, denn bei einer nicht korrekten Einbindung der Photovoltaikinstallation ins Blitzschutzkonzept ist dessen Funktion und Sicherheit beeinträchtigt.

Fenster

Dachflächenfenster

Wenn eine (ausreichende) Belichtung eines Raumes im Dachgeschoss über ein Giebelfenster beziehungsweise ein Gaubenfenster nicht möglich ist, kann ein Dachflächenfenster eingebaut werden. In Bezug auf Material und Verglasung existieren die gleichen Möglichkeiten wie bei einem herkömmlichen Fenster.

Die Öffnungsarten reichen vom einfachen Schwenkmechanismus, bei dem der Schwerpunkt mittig oder oben liegt (Schwingflügel), bis zum seitlichen Schieben oder Klappen auf die Dachfläche (Schiebeflügel, Klappflügel). Bei den letztgenannten Varianten sollten Sie darauf achten, dass sich die Fenster gut reinigen lassen.

Sonnenschutz der Dachflächenfenster

Da das Licht in einem günstigeren Winkel einfällt, ist der Gewinn an Helligkeit bei Dachflächenfenstern wesentlich höher als bei stehender Verglasung (Giebel, Gaube). Damit nimmt aber auch die

Sonneneinstrahlung zu, was im Sommer zu einer unangenehmen Aufheizung der Räume führen kann. Vor allem Dachflächenfenster mit Süd-, Ost- oder Westorientierung bringen solche thermischen Probleme mit sich. Einen guten Schutz vor der Sonne bieten Außenrollläden. Innen liegende Jalousien sind eine gute Ergänzung, für den alleinigen Sonnenschutz reichen sie aber nicht aus. Alternativen sind außen liegende Sonnenschutzmarkisen und Multifunktionsscheiben mit Hitzeschutz.

Fenster und Fenstertüren im Erd- und Obergeschoss

Je nachdem, ob das Haus in einer ruhigen Wohngegend oder an einer viel befahrenen Straße gebaut wird, müssen alle seine Außenbauteile gemeinsam ein bestimmtes Schalldämmmaß erfüllen. Fenster und ihre Anschlüsse zum Mauerwerk sind für störenden Außenlärm besonders durchlässig. Deshalb ist es wichtig, dass ihre Schallschutzklasse dem Lärmpegelbereich der Wohngegend entspricht. Welcher das ist, können Sie bei Ihrem zuständigen Straßenverkehrsamt erfahren. Fenster werden den Lärmpegelbereichen entsprechend sechs verschiedenen Schallschutzklassen zugeordnet. An viel befahrenen Straßen sollten sie mindestens der Schallschutzklasse 3 entsprechen (etwa 50 dB) → Seite 46 ff.

Der Wärmedurchgangskoeffizient U von Fenstern und Außentüren muss bestimmten Anforderungen genügen. Die Anforderungen werden durch das Gebäudeenergiegesetz geregelt. Die Ergebnisse der Berechnung für das auszuführende Objekt sollten in der Tabelle (→ Seiten 41 bis 44) in Gegenüberstellung zum Referenzobjekt enthalten sein. Je kleiner der U-Wert, desto geringer der Energieverlust.

Fenstereinbau

Auf keinen Fall ist es ausreichend, wenn Fenster beim Fenstereinbau nur durch Ausschäumen in der Wand fixiert werden. Die Befestigung muss unbedingt mithilfe von Dübeln, Schrauben, Winkeln oder Konsolen entsprechend den Richtlinien für den Fenstereinbau erfolgen, um die notwendige Stabilität zu gewährleisten.

→ **VORSICHT** Auch für die Fugenverfüllung sind Montageschäume wegen der schnellen Verarbeitbarkeit ein bei Handwerkern beliebtes Material. Diese Schäume sind nicht unumstritten, was ihre Haltbarkeit und Gesundheitsverträglichkeit angeht. Alternative Füllmaterialien sind zum Beispiel Mineralwolle oder die im konventionellen Hausbau kaum eingesetzten Alternativen Schafwolle, Hanf, Jute oder Baumwolle. Die Fugenverfüllung dient allerdings immer nur zur Verbesserung der Wärme- und Schalldämmung, eine dauerhafte Luftdichtung kann dadurch nicht erreicht werden.

Die Anschlussfuge muss nach dem Ausfüllen auf der Innenseite ringsum durch spezielle Bauabdichtungsfolien luftdicht verschlossen und nach außen gegen Regen und UV-Strahlung durch vorkomprimierte Dichtbänder oder Dichtstoffe geschützt werden. Bauabdichtungsfolien bestehen aus wechselseitig selbstklebenden Aluminium- oder Butylkautschukbändern mit verschiedenen Oberflächen. Diese können vliesbeschichtet sein zum Überputzen innen, oder gegebenenfalls aluminiumbeschichtet zur UV-Beständigkeit beim Einsatz außen. Sie werden an der Rückseite des Fensterrahmens angeklebt, über die Dämmfuge geführt und ebenfalls auf dem Mauerwerk angeklebt.

→ **GUT ZU WISSEN** Eine Variante des luftdichten Einbaus von Fenstern und Türen ist die RAL-Montage, die nur durch einen Fensterbaubetrieb, der das RAL-Gütezeichen Montage trägt, ausgeführt werden darf.

Material der Fensterrahmen und -flügel

Es stehen Fensterrahmen aus Kunststoff, Holz und Aluminium sowie als Kombination von Aluminium und Holz zur Auswahl. Als Kunststoffrahmen werden fast ausschließlich PVC-Rahmen angeboten, obwohl es inzwischen auch andere umweltverträglichere Kunststoffrahmenmaterialien gibt. Rahmen mit dem RAL-Gütezeichen bieten hinsichtlich Bauphysik, Wirtschaftlichkeit und Wartung eine Sicherheit für gute Qualität.

Holz bietet als altbewährtes Material für den Fensterbau eine Reihe von Vorteilen. Holzrahmen haben einen breiten Spielraum bei der Formgestaltung, gute Wärmedämmeigenschaften, eine geringe Wärmeausdehnung und sind gut zu bearbeiten. Verwendet werden meistens Eichen-, Kiefern-, Fichten- oder Tropenhölzer. Bei der Verwendung von Tropenhölzern sollten Sie darauf achten, dass Hölzer aus zertifiziertem Anbau (zum Beispiel FSC-Zertifikat) zum Einsatz kommen. Holzfenster haben bei guter Pflege und regelmäßiger Wartung eine lange Lebensdauer. Der Einsatz von Aluminium-Deckprofilen auf der Außenseite (Holz-Aluminium-Fenster) kann den Instandhaltungsaufwand deutlich vermindern.

Die Stärken von Kunststoff (meist PVC) liegen in seinem vergleichsweise günstigen Preis und in seiner besonderen Pflegeleichtigkeit. Lediglich die Beschläge müssen gewartet werden, das regelmäßige Streichen entfällt. PVC-Fenster haben dem Holz vergleichbare Wärmedämmeigenschaften. Nachteilig ist dagegen ihre hohe Wärmeausdehnung, die breitere Dehnungsfugen um die Rahmen herum notwendig macht und damit ein größeres Risiko von Undichtigkeiten mit sich bringt. Die Profile bieten nur wenige Variationsmöglichkeiten. PVC ist ein aus ökologischer Sicht nicht unbedenklicher Werkstoff, weil zu seiner Herstellung und Entsorgung sehr viel Energie eingesetzt werden muss. Bei seiner Beseitigung in der Müllverbrennungsanlage entstehen große Mengen an Salzsäure. Im Fall von Wohnungsbränden werden zusätzlich hochgiftige Dioxine gebildet. Die Möglichkeiten des Recyclings werden leider noch nicht ausreichend genutzt.

Die Vorteile von Aluminiumfenstern liegen in ihrer hohen mechanischen Festigkeit und im geringen Pflegeaufwand. Sie sind in nahezu allen Farben erhältlich (eloxiert oder lackiert). Ein Schutzanstrich ist nicht notwendig. Nachteilig ist die hohe Wärmeleitfähigkeit des reinen Aluminiums. Heutige Aluminiumfenster sind deshalb besonders wärmegedämmt. Sie sind teurer als Holz- oder Kunststofffenster. Wegen des hohen Energieeinsatzes bei der Herstellung ist Aluminium unter Umweltgesichtspunkten nicht die erste Wahl.

Öffnungsrichtung und Öffnungsart

Mit der Öffnungsart der Fenster wird festgelegt, wie der Raum belüftet und die Fenster gereinigt werden können. Kostengünstige fest verglaste Fenster können verwendet werden, wenn über andere Fenster oder Türen eine Belüftung möglich ist und das Fenster von außen im Erdgeschoss oder vom Balkon aus gereinigt werden kann.

Üblich sind heute sogenannte Dreh-Kipp-Beschläge, mit denen Fenster und Fenstertüren sowohl komplett geöffnet als auch gekippt werden können. Damit ist sowohl die Stoßlüftung als auch die zeitweise Kipplüftung möglich.

→ **TIPP** Achten Sie besonders bei bodentiefen Fenstern auf die Funktionen: Eine Festverglasung könnte Ihnen den Weg in den Garten versperren. Ebenso sind Mittelpfosten bei zweiflügligen Fenstern ungeeignet, weil sie die Sicht einschränken. Hier eignet sich eine Stulptür besser oder mehrteilige Schiebe-Faltelemente. Wenn Sie sich besonders große Flächen wünschen, können Terrassentüren zudem als Hebeschiebetüren gefertigt werden. Auch eine schwellenarme oder schwellenfreie Ausführung ist möglich.

Oberflächenbehandlung

Von den zur Verfügung stehenden Rahmenmaterialien besteht lediglich bei Holzrahmen die Notwendigkeit einer Oberflächenbehandlung – soweit es sich nicht um Tropenhölzer handelt. Unter den Anstrichmitteln gibt es eine größere Auswahl umweltschonender Lacke und Lasuren. Die umweltschonendste Variante sind einheimische Hölzer mit umweltverträglicher Oberflächenbehandlung, zum Beispiel Lacke und Lasuren mit dem „Blauen Engel“. Üblicherweise wird auch Aluminium als Material für Fensterrahmen und -flügel beschichtet. Man unterscheidet hierbei zwischen einbrennlackierten und farbbeschichteten Oberflächen, wobei die ersteren qualitativ hochwertiger und langlebiger sind.

Verglasung

Eine Wärmeschutzverglasung besteht aus zwei oder drei Glasscheiben, die am Rand staub-, luft- und feuchtigkeitsdicht miteinander verbunden sind. Die raumseitige Glasscheibe ist im Scheibenzwischenraum mit einer hauchdünnen, nicht sichtbaren Edelmetallbeschichtung versehen. Sie lässt die Sonnenstrahlung herein und unterdrückt die Wärmestrahlung von der inneren zur äußeren Scheibe. Der Scheibenzwischenraum kann zusätzlich mit trockener Luft oder einem speziellen Gas (Argon oder Krypton) gefüllt sein.

Über den vorgeschriebenen Wärmeschutz hinaus können Fensterverglasungen weitere Funktionen erfüllen:

Sonnenschutzglas schwächt durch mehr oder weniger intensive Tönung den sichtbaren Anteil der Sonnenstrahlung ab. Gleichzeitig unterdrückt eine Metallbeschichtung im Scheibenzwischenraum die Wärmestrahlung von der äußeren auf die innere Scheibe. Das führt zu dem – gewünschten – Effekt, dass bei hoher Sonneneinstrahlung im Sommer das Aufheizen der betreffenden Räume gemindert wird. Bei geringer Sonneneinstrahlung werden jedoch die solaren Energiegewinne genauso gemindert, was zu einem höherem Heizenergieverbrauch führt. Ein weiterer Nachteil solcher Verglasungen besteht in der Abschwächung des Tageslichtes.

Schallschutzglas ist ein gegen Schallübertragung besonders gedämmtes Isolierglas aus zwei oder drei Scheiben meist unterschiedlicher Glasdicke und einem größeren mit Schwergas gefüllten Scheibenzwischenraum. Durch Metallbeschichtung der Scheiben lassen sich Schallschutz und Wärmeschutz kombinieren.

Alle leicht erreichbaren Fenster sollten mit einbruchhemmender Verriegelung und Verglasung nach DIN EN 1627 ausgerüstet sein. Einbruchhemmende Fenster werden in sieben Widerstandsklassen (Resistance Classes) RC 1N–RC 6 eingeteilt, wobei RC 6 für die höchste Widerstandsklasse steht. Empfehlenswert sind Fenster ab der Widerstandsklasse RC 2. RC-2-Fenster sollen nach DIN den Einbruch um mehr als drei Minuten verzögern. RC-3-Fenster sollen einem mit Werkzeugen ausgestatteten Einbrecher fünf Minuten lang widerstehen. RC-4-Fenster sind mit durchbruchhemmendem Glas ausgestattet und sollen nach der DIN erfahrenen Einbrechern mit noch besserem Werkzeug den Weg für mindestens zehn Minuten versperren.

Diese Fenster werden einer praxisgerechten Einbruchprüfung unterzogen. So ist sichergestellt, dass es in der Gesamtkonstruktion (Rahmen, Beschlag, Verglasung) keinen Schwachpunkt gibt. Es handelt sich damit um ein Fensterelement „aus einem Guss“. Gleichwertig sind Fenster, die nach der bisherigen, bis September 2011 gültigen Vornorm, der DIN V ENV 1627 geprüft wurden. In der Widerstandsklasse RC 2 N wird auf die Sicherheitsverglasung verzichtet (nur empfehlenswert, wenn kein direkter Angriff auf die Verglasung zu erwarten ist).

Die Klasse RC 1 N kann als Grundsicherung für Fenster bei erhöhtem Einbau eingesetzt werden, wenn mangels Standfläche (zum Beispiel Balkon) eine Aufstiegshilfe erforderlich ist. (Einsatzmöglichkeiten sollten im Rahmen einer (kriminal-)polizeilichen Beratung geklärt werden.) Die Zuordnung der einzelnen Widerstandsklassen ist mit nachfolgender Tabelle annähernd möglich:

„neue“ DIN EN 1627	„alte“ DIN V ENV 1627
RC 1 N	
RC 2 N	WK 2 (ohne Sicherheitsverglasung)
RC 2	WK 2
RC 3	WK 3
RC 4	WK 4
RC 5	WK 5
RC 6	WK 6

im privaten Bereich üblicherweise ausreichend

Übliche Isolierverglasungen haben keine einbruchhemmende Wirkung. Schutz bieten einbruchhemmende Verglasungen (Panzerglas oder Verbund-Sicherheitsglas) nach der DIN EN 356. Sie werden mit dem Buchstaben P, einer aufsteigenden Nummer sowie einem zusätzlichen Kennbuchstaben bezeichnet (zum Beispiel P3A). Der Kennbuchstabe A steht für durchwurfhemmende Verglasung und der Kennbuchstabe B für eine durchbruchhemmende Verglasung.

Sicherheitsglas soll einbruchhemmend wirken, vor Verletzungen durch Glasscherben schützen und nötigenfalls auch die Ausbreitung von Bränden verzögern. Einscheibensicherheitsglas (ESG) wird dort angewendet, wo an die Sicherheit und Haltbarkeit hohe Ansprüche gestellt werden, wie zum Beispiel bei Ganzglastüren oder Verglasungen im Dachbereich. Einscheibensicherheitsglas kann Bestandteil einer Wärme- oder Schallschutzverglasung sein.

Beschläge

Als Beschläge werden heute fast nur noch Einhand-Drehkipp-Beschläge mit verdeckt liegender Mechanik angewandt, die sehr einfach zu handhaben sind: Durch Drehen eines Fenstergriffs in unterschiedliche Richtungen lässt sich das Fenster entweder drehen, kippen, öffnen oder schließen.

Fenstersprossen

Fenstersprossen können entweder aufgeklebt oder als Glas teilende Sprossen ausgebildet sein. Darüber hinaus werden vorgesetzte und innen liegende Sprossen angeboten. Glas teilende und innen liegende Sprossen verschlechtern Wärme- und Schallschutz erheblich. Welche Variante Sie bevorzugen, ist weitgehend Geschmackssache – sofern Sie nicht gleich ganz darauf verzichten.

Fensterbänke

Innenfensterbänke decken die Brüstung ab. Ihre Tiefe ist auch davon abhängig, ob das Fenster in der Mitte des Mauerquerschnittes oder außenbündig montiert wird. Dies kann sich auf die Nutzbarkeit als Blumenfenster auswirken. Die Fensterbank kann aus Holz, Naturstein, Kunststein (dekorativer Betonwerkstein), gegebenenfalls auch aus Kunststoff bestehen oder gefliest sein. Vor dem Einbau der Fensterbank sollte auf jeden Fall, nicht nur im Bereich des Fensters, sondern vollflächig, ein Glattstrich auf der Brüstung und gegebenenfalls an den Laibungen erfolgen.

Außenfensterbänke haben vor allem die Aufgabe, das darunter liegende Mauerwerk vor dem vom Fenster ablaufenden Wasser zu schützen. Als Materialien sind Klinkerplatten, Kunststein, Kunststoffe und Zink oder Aluminium möglich. Bei Metallen sollten Sie allerdings an die Geräuschentwicklung bei Regen denken. Damit Außenlärm allgemein nicht über die Fensterbänke in die Wand übertragen wird, müssen sie akustisch entkoppelt befestigt werden. Dazu wird zwischen Fensterbank und Mauerwerk ein Dämmstreifen gelegt, der eine starre und damit Schall leitende Verbindung verhindert.

Rollläden, Klappläden, Sonnenschutz

Rollläden dienen dem Sicht-, Sonnen- und bedingt dem Einbruchschutz. Kritische Punkte hinsichtlich der Wärmeverluste sind die in der Wand integrierten Rollladenkästen. Sie müssen zur Vermeidung von Wärmebrücken gut wärmegedämmt ausgeführt und luftdicht eingebaut werden. Vor die Wand gesetzte Rollläden mit Kurbel- oder elektrischer Bedienung bieten hier eine energiesparende Alternative.

Außenjalousien sorgen mit ihren verstellbaren Lamellen, Markisen durch eine oder mehrere Stoffbahnen für Sonnen- und Sichtschutz. Die dekorativen **Klapp- oder Schiebeläden** haben ihrer Stabilität wegen eine zusätzliche Schutzfunktion. Ein echter Einbruchschutz wird durch Rollläden aus Kunststoff nicht gewährleistet. selbst dann nicht, wenn sie abschließbar sind. Zudem signalisieren tagsüber herabgelassene Rollläden die Abwesenheit der Bewohner.

Die Einteilung einbruchhemmender Rollläden in Widerstandsklassen (Resistance Classes) (RC) erfolgt nach der Zeit, die ein Einbrecher zu ihrer Überwindung benötigt. Empfehlenswert sind Rollläden ab Widerstandsklasse RC 2. Gleichwertig sind Rollläden, die nach der bisherigen, bis September 2011 gültigen Vornorm, der DIN V ENV 1627, geprüft wurden. Nach dieser Vornorm hießen die Klassen „WK", der Zahlenwert ist gleich.

Widerstandsklasse	Belastung	Widerstandszeit
RC 1	3 kN	–
RC 2	3 kN	3 Minuten
RC 3	6 kN	5 Minuten
RC 4	10 kN	10 Minuten
RC 5	15 kN	15 Minuten
RC 6	15 kN	20 Minuten

Bei größeren Fensterbreiten oder wenn aus Gründen des Einbruchschutzes massive Rollläden gewählt wurden, kann die manuelle Bedienung mit einem Aufzugsgurt oder etwa einer Handkurbel mühselig werden. In diesen Fällen bieten sich elektrisch bedienbare Rollläden an. Dabei werden kleine Elektromotoren in die Welle oder den Gurtwicklerkasten eingebaut. Komfortabel ist die Einbindung ins hauseigene WLAN-Netzwerk für die automatisch oder manuell gesteuerte Betätigung auch bei Abwesenheit.

→ **TIPP** Zur Sicherung des zweiten Rettungswegs nach Landesbauordnung muss bei elektrischer Steuerung in jeder Etage mindestens ein Rollladen auch manuell bedient werden können.

Außentüren im Erd- und Obergeschoss

Das Gebäudeenergiegesetz (GEG 2020) stellt spezielle Anforderungen an den Wärmedurchgang von Außentüren. Die Ergebnisse der Berechnungen für das auszuführende Objekt sollten in der Tabelle (→ Seiten 41 bis 44) in Gegenüberstellung zum Referenzobjekt enthalten sein (siehe auch Kapitel „Wärmeschutz“ → Seite 35 ff.). Allerdings sind dort nur die Mindestanforderungen geregelt, es gilt jedoch: Je schlechter die wärmeschützenden Eigenschaften von Türen und Fenstern sind, desto besser müssen die der anderen Bauteile sein. Ausreichend niedrige **U-Werte** haben wärmegedämmte Holz- und Kunststofftüren.

Spezielle Schallschutztüren haben einen Vollkern und zusätzlich Dichtungen im Anschlag und am Boden. Der Schalldämmwert wird im Kapitel „Schallschutz“ → Seite 47 ff. erläutert

Haustür

Gemäß ihrer einbruchhemmenden Wirkung werden Wohnungs- und Haustüren sowie Kelleraußentüren analog zu den Fenstern in Widerstandsklassen von RC 1N bis RC 6 eingeteilt. Die Türen sind im Handel entsprechend gekennzeichnet, zum Beispiel als Tür DIN EN 1627 RC 2 (Tür der Widerstandsklasse 2):

Widerstandsklasse RC 2 bezeichnet einen für drei Minuten ausreichenden Schutz gegen Einbrecher ohne Werkzeuge (Gelegenheitstäter), die eine Tür lediglich mit Einsatz körperlicher Gewalt durchstoßen wollen.

Widerstandsklasse RC 3 genügt fünf Minuten lang dem Schutz gegen Eindringlinge, die eine Tür zusätzlich mit einfachen Hebelwerkzeugen (zum Beispiel Schraubendreher) aufzubrechen versuchen.

Widerstandsklasse RC 4 schützt zehn Minuten vor erfahrenen Einbrechern, die eine Tür mit dem Einsatz von Hebel- und Schlagwerkzeugen (zum Beispiel Brecheisen, Kuhfuß) aufzubrechen versuchen. Diese Türen werden einer praxisgerechten Einbruchprüfung unterzogen So ist sichergestellt, dass es in der Gesamtkonstruktion (Türblatt, Zarge, Schloss und Beschlag) keinen Schwachpunkt gibt. Es handelt sich damit um ein Türelement „aus einem Guss“. Gleichwertig sind Türen, die nach der bisherigen, bis September 2011 gültigen Vornorm, der DIN V ENV 1627, geprüft wurden. Die Zuordnung der einzelnen Widerstandsklassen ist mit nebenstehender Tabelle annähernd möglich.

„neue“ DIN EN 1627	„alte“ DIN V ENV 1627
RC 2	WK 2
RC 3	WK 3
RC 4	WK 4
RC 5	WK 5
RC 6	WK 6

(farbig hinterlegt:) im privaten Bereich üblicherweise ausreichend

→ **TIPP** In der Regel ist für Wohnungsabschlusstüren die Widerstandsklasse RC 2 ausreichend. RC-3-Türen verfügen zusätzlich über eine bessere Schalldämmung.
Wichtig ist die Formulierung zur Widerstandsklasse: Lassen Sie sich nicht auf Aussagen wie „angelehnt an RC 2“ ein. Die Widerstandsklasse muss in Bezug auf die DIN EN 1627 festgeschrieben sein.

Material

Als Materialien können nur Holz und Aluminium uneingeschränkt eingesetzt werden. Dabei ist es empfehlenswert, die Gestaltung der Tür auf das Material und die Farbe der Fenster abzustimmen. Kunststoffe können für größere Türflächen nur mit Verstärkung eingesetzt werden, da die Steifigkeit eines Kunststoffprofils allein zu gering ist. Daher werden meist nur einflügelige Hauseingangstüren aus Kunststoff eingesetzt (üblicherweise aus PVC).

Oberflächenbehandlung

Unter den Anstrichmitteln für Holz gibt es eine größere Auswahl umweltschonender Lacke und Lasuren. Die umweltschonendste Variante sind einheimische Hölzer mit umweltverträglicher Oberflächenbehandlung, zum Beispiel Lacke und Lasuren mit dem „Blauen Engel".

Aluminium als Material für Türen wird in der Regel beschichtet. Man unterscheidet zwischen einbrennlackierten und farbbeschichteten Oberflächen, wobei die ersteren qualitativ hochwertiger und langlebiger sind.

Kunststofftüren benötigen keinerlei Oberflächenbehandlung.

Verglasung/Lichtausschnitt

Was die Verglasung von Außentüren betrifft, so gilt für sie im Wesentlichen das Gleiche wie für Fenster. Die entsprechenden Erläuterungen finden Sie deshalb im Kapitel „Fenster" → Seite 84 ff.

Die Form des Lichtausschnitts ist dagegen Geschmackssache. Er sollte sich allerdings, wie die Gestaltung der Außentür insgesamt, harmonisch in das Äußere des Hauses einfügen.

Beschläge

Zu den Beschlägen zählen alle Teile aus Metall oder Kunststoffen, die dazu dienen, bewegliche Bauteile festzumachen, zu verbinden, beweglich zu machen oder zu verschließen. Mit dem Begriff „Türbeschlag" wird häufig jedoch fälschlicherweise nur der Türgriff bezeichnet. Er besteht aus Außen- und Innenschild sowie Türdrückern und Drückerstift.

Zubehör

Der bei Türen erforderliche Bodenabstand kann durch Bodendichtungen wirksam gegen Zugluft abgedichtet werden. Je nach Hersteller gibt es verschiedene Systeme (zum Beispiel Anschlagdichtungen, absenkbare Dichtungen, Auflaufdichtungen mit Bürste).

→ **TIPP** Bei der Hauseingangstür entscheidet für die meisten Bauherren in erster Linie die Optik. Um vor Vertragsunterschrift genau festzulegen, welche Haustür eingebaut wird, sollte ein Foto oder eine Zeichnung als Referenz für die gewünschte Gestaltung und Ausführung herangezogen und ein Preisrahmen vereinbart werden.

Treppen

Hauseingangstreppe

Die Trittstufen der Hauseingangstreppe werden meist mit Fliesen, Naturwerkstein oder Betonwerkstein belegt. Bei dem zuletzt genannten handelt es sich um kleinere Natursteine, die mit Zement zu Platten zusammengefügt sind.

Die am häufigsten verwendeten Naturwerksteine sind Granite, Schiefer, Quarzid und Kalksteine, wie zum Beispiel Juramarmor, Travertin, Solnhofener, Marmor. Handelsüblich werden alle polierbaren Kalksteine als „Marmor" bezeichnet.

Beläge für die Hauseingangstreppe müssen frostsicher sein, wie auch für Balkone oder andere Freiplätze.

Der Verschleiß, dem Bodenbeläge ausgesetzt sind, wird durch Sand- und andere Schmutzpartikel an den Schuhsohlen verursacht. Die Böden im Eingangs- und Flurbereich sind dadurch besonders betroffen. (Im Kapitel „Fliesen- und Natursteinbeläge“ auf Seite 114 ff. finden Sie weitere Hinweise zum Thema „Abriebgruppen“)

→ **TIPP** Fliesen und Platten, die auch nach Schneefall begangen werden, sollten möglichst rau sein. Glatte Fliesenbeläge mit einer Schneeauflage sind beispielsweise ähnlich glatt wie eine Eisfläche!

Erd- und Obergeschosstreppe

Wenn die Treppenstufen entweder in Holz eingestemmt oder in Eisenträger verschraubt, also zwischen die seitlichen Wangen gespannt sind, spricht man von eingestemmten Trittstufen. Einmal eingebaut, können sich diese Holzstufen nicht mehr verziehen. Aufgesattelte Trittstufen ruhen dagegen auf der stufenförmig ausgeschnittenen Wange oder einer Stahlkonstruktion.

Sollen Fliesen oder Natursteinplatten den Stufenbelag bilden, wird man auf eine massive Stahlbetontreppe zurückgreifen. Es sind aber auch Holz, Teppichboden und alle anderen Beläge wie bei den Stahl-, Holz- oder Stahl-Holztreppen möglich.

Die Steigung entspricht der Höhe einer einzelnen Treppenstufe. Sie sollte nicht größer als 19 Zentimeter sein. Die nutzbare Treppenlaufbreite sollte mindestens 90 Zentimeter betragen und durch die Geländerkonstruktion nicht eingeschränkt werden.

Neben Treppen mit geradem oder gewendeltem Lauf gibt es auch Raumspar- und Einschubtreppen, vor allem zum Spitzboden, aber auch als Nebentreppen.

Handläufe können aus Metall, Kunststoff oder Holz sein. Klären Sie auch, ob die Oberflächen der Treppe und der Tragkonstruktion endbehandelt sind.

Treppe zum Spitzboden/Nebentreppe

Raumspartreppen ermöglichen aufgrund ihrer besonderen Stufenform ein großes Steigungsverhältnis. Sie liegen im Raumbedarf und in Bezug auf Komfort und Sicherheit zwischen einer normalen Geschosstreppe und einer Einschubtreppe. Für kleine Kinder und ältere Menschen können sie konstruktionsbedingt zu Hindernissen werden.

Bei noch größerem Platzmangel werden Einschubtreppen eingebaut. Man klappt oder schiebt sie mittels einer Stange in den Spitzboden. Bei einer wärmegedämmten Geschossdecke sollte auch eine wärmegedämmte und luftdichte Luke (Kastendeckel der Einschubtreppe) eingebaut werden.

→ **TIPP** Um eine ausreichende Schalldämmung zu erreichen, müssen die Treppenkonstruktion und das Stufenauflager entsprechend schallentkoppelt geplant und ausgeführt werden.

Haustechnik

Formulare → Seite F-47

Die Haustechnik ist wichtig für die Versorgung der Bewohner mit Wasser, Strom und Wärme. Ob es um den Hausanschluss ans öffentliche Netz oder über eine eventuelle Stromerzeugung mittels einer Photovoltaikanlage geht, um die Heizungsinstallation plus Warmwassererzeugung und die Sanitärinstallationen, ob eine Lüftungsanlage eingeplant werden soll, hier sollte vieles im Vorfeld bedacht werden.

Elektroarbeiten – Rohinstallation

Der Hausanschluss ist die Schnittstelle zwischen dem Stromnetz des Versorgers und der Hausinstallation. Seine Absicherung bestimmt die maximal entnehmbare elektrische Leistung. Die Elektroarbeiten umfassen normalerweise die komplette Stark- und Schwachstrominstallation ab dem Hausanschluss.

Der Verteilerschrank sollte grundsätzlich so bemessen sein, dass eine spätere Erweiterung der Elektroanlage möglich ist. Mehrere Zählerplätze und zusätzliche Stromkreise können zum Beispiel erforderlich werden, wenn Sie später eine Photovoltaikanlage betreiben oder eine Einliegerwohnung abtrennen wollen.

Leitungen: Aufputz-Leitungen sind kostengünstig zu verlegen und werden daher in untergeordneten Räumen eingesetzt. Wände mit Aufputz-Leitungen sind allerdings später nur mit größerem Zeit- und Arbeitsaufwand zu tapezieren und zu streichen.

Unterputz-Leitungen sind in Wohnräumen üblich. Sie müssen nach einem genauen Plan horizontal und vertikal, dürfen aber niemals diagonal verlegt werden. Die Lage der Schalter und Steckdosen lassen später den ungefähren Verlauf der Leitungen erkennen.

Für Leitungen in Leerrohren wird zuerst das Installationsrohr beim Massivbau in vorher ausgefrästen Schlitzen verlegt und nach Abschluss der Putzar-

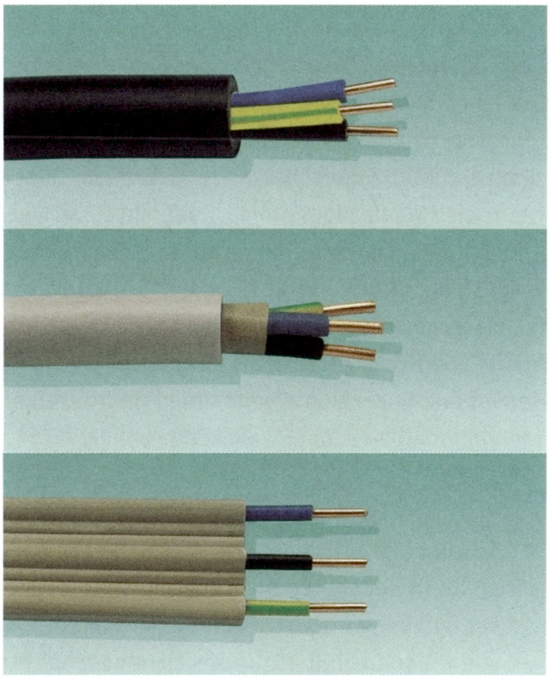

Erdkabel, Mantelleitung, Stegleitung (von oben nach unten)

beiten die Leitungen eingezogen. Diese Installationsart hat den Vorteil, dass zusätzliche Kabel für Sonderwünsche oder aufgrund von Nutzungsänderungen ohne aufwendige Stemm-, Putz- und gegebenenfalls Tapezierarbeiten verlegt werden können. Wegen möglicher Weiterentwicklungen bei Telefon-, Daten- und Nachrichtentechnik oder zur Beschallung sind Leerrohre für entsprechende Schwachstromleitungen eine Überlegung wert.

Bei der Stegleitung sind die einzelnen Adern mit einem Kautschuksteg zusammengefasst. Sie ist flach und wird auf der Rohwand befestigt. Anschließend muss sie auf ihrem gesamten Verlauf mit Putz bedeckt sein. Die Verlegung ist nur in trockenen Räumen in oder unter Putz gestattet. Stegleitungen werden nur noch selten verwendet. In Feuchträumen wird meist die runde Mantelleitung verwendet. Im Gegensatz zur Stegleitung hat sie einen zusätzlichen Kunststoffmantel als mechanischen Schutz. Sie kann auf oder unter Putz verlegt werden.

Mit einem sogenannten Bus-System (zum Beispiel EIB, **E**uropäisches **I**nstallations-**B**us-System) können alle elektrischen Vorgänge automatisiert werden. Beispielsweise können damit elektrisch betriebene Rollläden von einer einzigen Stelle aus betätigt oder so programmiert werden, dass sie sich zu bestimmten Zeiten öffnen oder schließen, selbst wenn die Hausbewohner im Urlaub sind. Der Verkabelungsaufwand für die gesamte Elektroinstallation kann durch ein Bus-System drastisch gesenkt werden. Dem stehen allerdings hohe Kosten für die Elektronik gegenüber, sodass Bus-Systeme derzeit fast nur in den Eigenheimen finanzstarker Technikfanatiker zum Einsatz kommen.

→ **TIPP** Deckenlichtauslässe werden meist schon beim Betonieren der Decke hergestellt. Daher sollten Sie ihre Lage sehr frühzeitig festlegen. Überlegen Sie sich auch, von welchen Stellen aus das Licht geschaltet werden soll. Die Lage der Steckdosen usw. sollten Sie bis Fertigstellung des Rohbaus durchgeplant haben. Für die Küche sollte der Elektriker einen Einrichtungsplan, zum Beispiel des Küchenanbieters, erhalten. Lassen Sie sich für spätere Arbeiten den Werk- und Schaltplan des Elek trikers aushändigen. Gegebenenfalls vereinbaren Sie das bereits mit dem Anbieter des Hauses.

Stromerzeugung mit Photovoltaikanlage

In manchen Hausangeboten ist eine Photovoltaikanlage als fester oder wählbarer Bestandteil enthalten. Wenn Sie sich dafür interessieren, empfehlen wir Ihnen, sich eine detaillierte technische Beschreibung der vorgesehenen Anlage geben zu lassen und damit fachlichen Rat einzuholen – zum Beispiel bei der Energieberatung der Verbraucherzentralen, beim Solarenergie-Förderverein Deutschland und der Deutschen Gesellschaft für Sonnenenergie.

Der Strom aus einer Photovoltaikanlage wird vorrangig im Haus genutzt und Überschuss gegen Einspeisevergütung (EEG) ins Netz eingespeist. Auf die EEG-Vergütung besteht ein gesetzlicher Anspruch, auch ohne Einspeisevertrag. Dazu müssen bestimmte technische Anforderungen erfüllt werden und einmalige und regelmäßige Meldepflichten erfüllt werden: Mit Inbetriebnahme die Anmeldung im Marktstammdatenregister (durch Sie, den Betreiber) und die Anmeldung beim Netzbetreiber (durch den Installationsbetrieb) sowie die jährliche Meldung der Summen von Einspeisung und ggf. Eigenverbrauch. Wenn der Netzbetreiber auch Messstellenbetreiber (der Stromzähler) ist, liegen ihm diese jährlichen Daten in der Regel vor.

Solarstrom wird immer häufiger auch genutzt, um das Elektrofahrrad oder -auto zu laden und der Überschuss kann auch einen Teil der Heizwärme liefern, am besten in Kombination mit einer elektrischen Wärmepumpe. Wie sinnvoll das im konkreten Fall ist, sollte im Rahmen einer Beratung für das Energiekonzept des Gebäudes bewertet werden.

Bei Planung und Kauf einer Photovoltaikanlage sollten Sie mehrere Angebote vergleichen. Die Preise unterscheiden sich erheblich. Die Verbraucherzentrale Nordrhein-Westfalen hat als Richtschnur einen Preisindex veröffentlicht und empfiehlt, die Anlage nicht zu klein auszulegen. Größere Anlagenleistungen sind in Anschaffung und Betrieb vergleichsweise kostengünstiger und die Einspeisevergütung des Überschusses verbessert dann die Wirtschaftlichkeit insgesamt.

Anstelle eines Kaufs bieten überregionale Anbieter und lokale Energieversorger häufig Miet- oder Pachtangebote an. Diese nehmen Ihnen zwar Aufwand und Risiken des Anlagenkaufs ab, binden Sie aber mit vertraglichen Monatsraten bis zu 20 Jahren und sind insgesamt deutlich teurer als der Kauf.

Batteriespeicher für Photovoltaikanlagen in Privathaushalten ermöglichen Ihnen, einen deutlich größeren Anteil des Solarstroms selbst zu nutzen. Trotzdem rechnen sich diese Speicher aufgrund des hohen Preises und der begrenzten Lebensdauer in der Regel noch nicht. Solare Stromerzeugung in einer Photovoltaikanlage wird im Gebäudeenergiegesetz (GEG 2020) als Erfüllung der Anforderungen zur Nutzung erneuerbarer Energie unter bestimmten Voraussetzungen anerkannt. Außerdem wird ein Teil des erzeugten Stromes bei der Berechnung des Primärenergiebedarfs des Gebäudes nach § 23 GEG angerechnet und so der Standard eines Effizienzhauses leichter erreicht.

→ **TIPP** Falls Sie eine Photovoltaikanlage nachträglich installieren lassen wollen, sollte dies bei der statischen Belastbarkeit der Dachkonstruktion mit berücksichtigt werden, insbesondere bei Flachdächern. Auch eine Kombination der Photovoltaik mit Gründächern ist möglich. Achten Sie bei der Gestaltung der Dachflächen nach Süden, Osten oder Westen darauf, Fenster und Gauben so anzuordnen, dass möglichst große zusammenhängende Flächen für die Solaranlage entstehen.

Ebenfalls sinnvoll:
- → Leerrohre vom Dach in den Anschlussraum für die Solaranlage
- → Vorbereitung der Erdung des Montagegestells der Solarmodule außen oder innen an den Potentialausgleich
- → Vorbereiten des Zählerplatzes für die Installation eines intelligenten Messsystems für Prosumeranwendungen (Photovoltaik, Batteriespeicher, Ladestation für das E-Auto)
- → Denken Sie auch gleich an ein ausreichend dimensioniertes Kabel für den Anschluss einer Ladestation für das Elektroauto in der Garage oder am Carport.
- → Berücksichten Sie im Haustechnikraum Platz für einen Batteriespeicher und den Photovoltaik-Wechselrichter.

Heizungsinstallation

Raumtemperatur

Wer eine Heizung neu errichtet oder erneuert, muss die notwendige Größe der Heizung vorher errechnen. Grundlage ist die europaweit gültige Norm EN 12831. Der Wärmebedarf eines Hauses oder Raumes ist eine sich stündlich verändernde Größe. Sie hängt ab von äußeren Klimabedingungen wie Außentemperatur, Bewölkung, Windstärke, Niederschlag, Sonneneinstrahlung und der im Haus erwünschten Temperatur. Um Ihr Haus bei niedriger Außentemperatur immer gleichmäßig angenehm zu temperieren, muss Ihre Heizquelle stets so viel Wärme nachliefern, wie durch Wände und Fenster wieder abfließt: die Heizlast. Auch bei der kältesten Außentemperatur, die in den letzten 20 Jahren zehnmal andauernd über zwei Tage erreicht wurde, muss die Heizungsanlage die sogenannte „Auslegungstemperatur“ erreichen. Dies sind üblicherweise Raumtemperaturen von 20 °C in Wohnräumen und 24 °C im Bad. Abweichende Raumtemperaturen sind ausdrücklich zu vereinbaren.

Primärenergie

Die Entscheidung für einen Energieträger wirkt sich direkt auf die Technik der Heizanlage und auf die künftigen Energiekosten aus. Zusätzlich verpflichtet das Gebäudeenergiegesetz (GEG 2020) zur Nutzung bestimmter Anteile erneuerbarer Energie (siehe Erläuterungen auf Seite 43). Beachten Sie auch die Zukunftsfähigkeit: Da in zunehmendem Maße erneuerbare Energien eingesetzt werden müssen und dies am schnellsten im Stromsektor erfolgt, haben Wärmepumpen die besten Aussichten.

Brennstofflager: Zur Lagerung von **Heizöl** ist ein entsprechender Tank im Keller oder – vor Temperaturen unter 8 °C geschützt – außerhalb des Gebäudes erforderlich. Das Öl wird in doppelwandigen Stahl- oder glasfaserverstärkten Kunststofftanks (GFK) beziehungsweise in Beton-/Kunststoffkugeltanks gelagert. Einwandige Kellertanks müssen grundsätzlich in Auffangräumen aus Stahlbeton oder verputztem Mauerwerk aufgestellt werden. Alternativ dazu ist die Aufstellung sogenannter Batterietanks möglich. Dabei handelt es sich um einen oder mehrere Einzelbehälter mit jeweils 1.000, 1.500 oder 2.000 Litern Inhalt. Sie bestehen aus glasfaserverstärktem Kunststoff, Polyäthylen (PE) oder Polyamid (PA). Nicht glasfaserverstärkte Tanks dürfen nur in Auffangräumen aufgestellt werden. Auffangräume müssen dicht sein, dürfen keine Fugen und Bodenabläufe haben und sind aus Stahlbeton oder Mauerwerk zu errichten. Im letzten Fall muss der Boden mit einem Zementestrich und das Mauerwerk mit einem Zementputz versehen sein. Die Dichtheit wird durch eine spezielle Beschichtung erreicht. In Kellerräumen kann der Auffangraum durch einen speziellen mehrlagigen Schutzanstrich oder durch Auskleiden der Auffangwanne mit dicht verschweißten Kunststoffbahnen abgedichtet werden.

→ **WICHTIG** Vor der Entscheidung für Heizöl ist bei der Baubehörde nachzufragen, ob am Gebäudestandort gegen die Lagerung von Heizöl Bedenken bestehen (Grundwasserschutz).

Weiterhin ist zu bedenken, dass sich bei Heizöl auf Grund des hohen Emissionsfaktors die CO_2-Bepreisung besonders stark auswirkt. So soll eine Lenkungswirkung hin zu den erneuerbaren Energien geschehen, weil die Nutzung von fossilen Energieträgern aus Klimaschutzgründen ein Auslaufmodell ist. Im Gebäudeenergiegesetz (GEG 2020) gibt es für bestehende Anlagen ab 2026 Auflagen, um den Weiterbetrieb zu gestatten. In der Bundesförderung für effiziente Gebäude ab dem 1.7.2021 ist eine Förderung für Neubauten ausgeschlossen, wenn sie ganz oder teilweise mit Heizöl beheizt werden.

Brennwertgeräte können aus **Erdgas** besonders viel zusätzliche Wärme herausholen. Deshalb muss eine neue Erdgasheizung immer als Brennwertheizung ausgeführt werden. Auch hier verschlechtert die CO_2-Bepreisung die Wirtschaftlichkeit. Es gibt allerdings Bestrebungen, zunehmend „grünes“ Gas in die Leitungen einzuspeisen.

Damit werden Gase bezeichnet, die aus erneuerbarer Energie gewonnen werden, beispielsweise Biogas oder Power-to-Gas. Bei Power-to-Gas wird überschüssiger Wind- oder Sonnenstrom durch Elektrolyseanlagen in Wasserstoff und dann weiter in Methan (entspricht Erdgas) umgewandelt.

Wer plant, seine Heizung mit **Flüssiggas** zu betreiben, sollte rechtzeitig die unterschiedlichen Möglichkeiten der Beschaffung einer Tankanlage abwägen. So kann solch ein Behältnis gemietet oder gekauft werden und auch ein Mietkauf ist möglich. Wer das Geld für einen Kauf nicht aufbringen kann, wird die auf lange Sicht teurere Variante der Miete wählen müssen. Eine Alternative dazu ist der Mietkauf, bei dem von vornherein festgelegt wird, dass der Kauf nach beispielsweise fünf Jahren unter Anrechnung der bis dahin gezahlten Gelder erfolgt.

Wesentlich wichtiger ist aber die Sicherung der flexiblen Einkaufsmöglichkeiten des Flüssiggases selbst, da die Preisunterschiede der Anbieter enorm sind. Marktbeobachtungen der Verbraucherzentralen zeigen, dass diese Unterschiede teilweise mehr als das Doppelte betragen. Vorsicht: Tankmietverträge enthalten oft das Alleinbelieferungsrecht eines Flüssiggashändlers. Noch ungünstiger sind Verträge, bei denen der Händler bestimmt, zu welchem Zeitpunkt und zu welchem Preis er den Tank auffüllt. Auch Flüssiggas hat einen recht hohen Emissionsfaktor, sodass die CO_2-Bepreisung die Wirtschaftlichkeit verschlechtert.

Flüssiggastanks werden prinzipiell außerhalb des Gebäudes, unter- oder oberirdisch, untergebracht. Die gängigsten Behältergrößen für Flüssiggas sind 2.700, 4.800 und 6.700 Liter.

→ **TIPP** Wenn Sie Flüssiggas als Heizenergie nutzen, können Sie den Liefervertrag vor Vertragsschluss von einem Berater Ihrer Verbraucherzentrale prüfen lassen. So können Sie gegebenenfalls verhindern, dass Sie sich unnötig eng an einen bestimmten Lieferanten binden.

Am Markt ist Erdgas mit unterschiedlichen Anteilen von Biogas erhältlich. Nach dem Gebäudeenergiegesetz (GEG 2020) gibt es die Möglichkeit, den Wärmebedarf teilweise mit Biogas zu decken. Das kann beim Neubau aber nicht einfach dadurch geschehen, dass man im Heizkessel Erdgas mit 30 Prozent Biogasanteil verfeuert. Denn wegen des hohen Bedarfs an Biogas in der Stromerzeugung erlaubt das GEG die Verwendung von Biogas mit einem Anteil von 30 Prozent nur in einem Blockheizkraftwerk (mit Gasmotor), das neben Wärme auch Strom liefert. Bei der Nutzung im Brennwertkessel müssen dann allerdings 50 Prozent des Wärmebedarfs gedeckt werden. Der Betreiber muss durch Bescheinigungen des Gaslieferanten nachweisen, dass er tatsächlich Biogas genutzt hat.

Erneuerbare Energie kann ökologisch bedenklich sein. Beispielsweise, wenn tropische Wälder abgeholzt und Kleinbauern vertrieben werden, um zusätzliche Anbaufläche für Ölpalmen zu gewinnen. Deshalb schreibt das GEG vor, dass nur solches **Bioöl** genutzt werden darf, das nach einem in der Nachhaltigkeitsverordnung festgelegten Verfahren auf Unbedenklichkeit geprüft und zertifiziert ist. Solches Öl dürfte deutlich teurer sein, als das in Zukunft auf dem Markt angebotene Standard-Bioöl. Der Betreiber muss durch Bescheinigungen des Öllieferanten nachweisen, dass er tatsächlich zertifiziertes Bioöl genutzt hat. Außerdem darf das wertvolle Bioöl nur in einem Öl-Brennwertkessel (oder in einem Blockheizkraftwerk mit Dieselmotor) genutzt werden, wenn der Einsatz von Bioöl zur Erfüllung der Anforderungen nach GEG zur Nutzung erneuerbarer Energie anerkannt werden soll.

In kleinen Feuerungsanlagen (bis 50 kW) dürfen nur naturbelassenes Stückholz, Hackschnitzel oder Holzpellets verbrannt werden. **Hackschnitzel und Holzpellets** erlauben einen vollautomatischen Heizungsbetrieb; automatische Kleinkessel und Öfen sind jedoch überwiegend für Pellets erhältlich. Pellets sind meist sechs Millimeter starke und 10 bis 30 Millimeter lange, aus Holzabfällen gepresste Zylinder. Sie werden in Säcken geliefert oder mit Tankwagen in Behälter gefüllt, aus denen sie über eine Schnecke oder per Gebläse direkt zum Kessel befördert werden. Die Fördermenge richtet sich nach dem aktuellen Wärmebedarf. Diese vollautomatischen Holzfeuerungen lassen sich gut mit Solaranlagen kombinieren, die in den Sommermonaten die Warmwasserbereitung übernehmen. Zurzeit sind die Pellet-Anlagen allerdings noch teurer als Brennwertkessel.

Feuchtigkeit beeinträchtigt den Heizwert von Holz deutlich, weil die Verdampfung des Wassers Energie kostet. Holz aus dem Wald sollte drei Jahre trocknen – entsprechend muss das Holzlager den dreifachen Jahresbedarf fassen.

Wenn Sie die Möglichkeit zum Anschluss an eine Fernwärmeversorgung haben, kann dies eine sinnvolle Alternative sein. Insbesondere, wenn die **Fernwärme** aus industrieller Abwärme oder erneuerbaren Energien gewonnen wird, sind der Primärenergie- und Emissionsfaktor gering. Dadurch sinkt der bauliche Aufwand, um ein gut gefördertes **Effizienzhaus** (→ Seite 35 f.) zu erreichen und die CO_2-Bepreisung der Wärmeenergie ist nicht hoch. Auch entfallen Wartungs- und Schornsteinfegerkosten und die Investition für die Wärmeübergabestation ist niedrig.

Achten Sie allerdings auf die Vertragsbedingungen und lassen Sie sich dazu zum Beispiel von der Verbraucherzentrale beraten.

Die Sonne strahlt gerade im Winter am wenigsten. Deswegen kann ein **Solarkollektor** allenfalls in der Übergangszeit einen gewissen Beitrag zur Heizung leisten. Der Aufwand für Kollektoren, Speicher, die Einbindung der solaren Unterstützung in die Heizungsanlage und für den sommerlichen Überhitzungsschutz ist relativ hoch.
Dagegen kann eine gute Solaranlage die Brauchwassererwärmung im Sommerhalbjahr weitgehend übernehmen. Eine besonders hohe Ausnutzung lässt sich erreichen, wenn man die Warmwassernutzung an das Sonnenangebot anpasst und auf die Nacherwärmung durch den Heizkessel verzichtet.

Umweltwärme, auch die sogenannte oberflächennahe Geothermie, ist in Luft, Wasser oder Erdreich gespeicherte Sonnenenergie, die mithilfe einer Wärmepumpe auf ein nutzbares Temperaturniveau angehoben werden muss. Das ergibt nur Sinn, wenn man den Einsatz von Strom für den Antrieb der Wärmepumpe minimiert. Luft als Wärmequelle ist leicht und preisgünstig zu nutzen. Sie hat aber den Nachteil, dass sie gerade dann am wenigsten Wärme liefert, wenn die Heizung am meisten braucht. Der Ventilator des im Freien aufgestellten Wärmetauschers kann zu Lärmbelästigung führen. Grundwasser und Erdreich sind nur durch Bohrungen zu erschließen, haben jedoch in einigen Metern Tiefe auch in Kälteperioden annähernd gleiche Temperatur. Durch die Wärmeentnahme sinkt die Temperatur der Wärmequelle. Das kann den Nachbarn beeinträchtigen, wenn er ebenfalls Umweltwärme nutzen will. Eine Wärmepumpe arbeitet mit besonders gutem Wirkungsgrad, wenn die Vorlauftemperatur der Heizung niedrig ist. Dies gilt insbesondere für Fußbodenheizungen oder großflächig ausgelegte Heizkörper.

Heizstrom ist teuer und in den letzten Jahren stark im Preis gestiegen. Die Elektroheizung kommt daher nur für Passivhäuser mit tatsächlich sehr geringem Heizenergiebedarf infrage.

Technisch ist es auch im mitteleuropäischen Klima möglich, im Sommer den Ertrag von Sonnenkollektoren in einem sehr großen Speicher einzulagern, um das Haus im Winter überwiegend oder vollständig daraus zu beheizen. Die Planung eines solchen Hauses erfordert Spezialwissen und umfangreiche Erfahrung. Mehr dazu unter www.sonnenhaus-institut.de

→ **GUT ZU WISSEN** Das Ziel eines ganzjährig warmen Hauses, weitgehend ohne Zukauf von Heizenergie, lässt sich allerdings auch mit einem guten Passivhaus erreichen – mit geringerem technischem und finanziellem Aufwand und mit größerer Freiheit in der Anordnung der Räume.

In jedem Haus leistet die Sonneneinstrahlung durch die Fenster einen Beitrag zur Raumheizung, der nur in engen Grenzen gesteigert werden kann. Darüber hinaus wird oft eine solare Brauchwasseranlage so erweitert, dass sie (vorwiegend in den Übergangsmonaten) günstigenfalls bis zu 20 Prozent des Jahresheizwärmebedarfs abdecken kann. Das erfordert eine drei- bis viermal größere Kollektorfläche, einen großen Solarspeicher für die Heizung und eine gut funktionierende Einbindung in die Heizanlage. Der im Sommer sehr hohe, aber nicht nutzbare Energieüberschuss muss gefahr- und schadlos abgeführt werden. Eine sorgfältige, auf das konkrete Objekt abgestimmte Planung ist zu empfehlen. Um die Anforderungen des Gebäudeenergiegesetzes (GEG 2020) zu erfüllen, reicht zumeist eine solare Brauchwasseranlage.

Wärmeerzeuger

Brennwertkessel erzielen hohe Wirkungsgrade. Sie können sowohl mit Gas als auch mit Öl betrieben werden. Das im Betrieb von Brennwertkesseln anfallende Kondensat ist immer sauer. Allgemein gilt, dass bei Erdgasverbrennung pH-Werte von ca. 3,5 – 5,5 und bei Heizölverbrennung pH-Werte von ca. 1,5 – 3,5 entstehen. Bei Gas- und Öl-Brennwertkesseln (mit schwefelarmem Heizöl) bis 25 kW Nennwärmeleistung ist so wenig Kondensat zu erwarten, dass Schädigungen ausgeschlossen werden. Trotzdem ist festgelegt, dass sämtliche Abwasserleitungen im Hause säurefest sein müssen.

Die Nennleistung eines Wärmeerzeugers gibt sein maximales Leistungsvermögen in Kilowatt an. Sie richtet sich nach dem für den kältesten Tag errechneten Heizleistungsbedarf des Hauses unter Berücksichtigung des zusätzlichen Leistungsbedarfs für die Warmwasserbereitung. Die Brennerleistung kann innerhalb des Nennleistungsbereichs eingestellt werden.

Wandhängende Heizkessel sind platzsparend und eignen sich zum Einbau im Dachgeschoss. Dadurch können die Baukosten für Heizraum und Schornstein eingespart werden. Oft kommt man auch mit kürzeren Rohrlängen für die Warmwasserversorgung aus und kann auf die energiefressende Zirkulationseinrichtung verzichten.

→ **TIPP** Beim Einbau der Heizung im Dachgeschoss sollten Sie auf ausreichenden Schallschutz gegenüber Schlafräumen achten. Auch die Statik der Decke im Dachgeschoss oder Spitzboden muss für den Warmwasserspeicher tragfähig genug sein. Zudem sollte die Versorgungsleitung vom Gas-Hausanschluss bis zur Heizungsanlage im Leistungsumfang des Unternehmers enthalten sein.

Wenn die Heizungsanlage die Verbrennungsluft aus dem Aufstellraum ansaugt, wird die Betriebsweise als raumluftabhängig bezeichnet. Raumluftunabhängig ist sie, wenn die Luft aus dem Freien über ein Rohr zum Brenner herangeführt wird. Wegen der Luftdichtheit der Gebäudehülle und der oft von Lüftungsanlagen beeinflussten Druckverhältnisse sind raumluftunabhängige Anlagen sinnvoller. Sie werden heute meist an ein Luft-Abgas-System (LAS) angeschlossen.

Der **Jahresnutzungsgrad** gibt die Energieausnutzung der Heizanlage an unter Berücksichtigung aller bei Betrieb und Betriebsbereitschaft auftretenden Verluste. Er ist nicht zu verwechseln mit dem meist deutlich höheren **Kesselwirkungsgrad**, der lediglich die Verluste im Volllastbetrieb berücksichtigt.

Der **Normnutzungsgrad** beschreibt die Energieausnutzung unter genormten, nicht unbedingt auch in der vorhandenen Heizanlage gegebenen Betriebsbedingungen. Er dient dem Vergleich verschiedener Wärmeerzeuger.

Nach dem Gebäudeenergiegesetz werden – für die Erfüllung der Anforderungen zur Nutzung von erneuerbarer Energie – als Brennstoff für einen Heizkessel nur Holz, Biogas oder Bioöl anerkannt. Bioöl darf nur in einem Brennwertkessel verbrannt werden. Die traditionelle Holzverbrennung war mit hoher Schadstoffbelastung verbunden, weil man die Verbrennung drosselte. Dagegen versucht man heute, Stückholz mit ausreichend Luft und mit voller Leistung zu verbrennen. In einem Holzvergaserkessel werden die brennbaren Gase besonders gut mit Luft gemischt und verbrennen restlos und schadstoffarm. Dabei wird in kurzer Zeit viel Energie frei, die in einem Pufferspeicher aufgenommen werden muss.

Bei den kleinen Pellets hat der Brennstoff ausreichend Kontakt zur Luft, Durch die automatische Dosierung und Zündung der Pellets lässt sich die Feuerungsleistung auch ohne Pufferspeicher gut an den Bedarf anpassen.

Eine **Wärmepumpe** macht Wärme von niedriger Temperatur nutzbar, wie sie zum Beispiel im Grundwasser, Erdreich, in der Außenluft oder in der Abluft von Lüftungsanlagen vorliegt. Die Wärmepumpe hebt sie mithilfe von (elektrischer) Zusatzenergie auf ein höheres Temperaturniveau an. Das erreicht man – ähnlich wie bei einem Kühlschrank – mit einem Kältemittelkreislauf. Nur dass hier der Verdampfer (Eisfach) außen liegt und der Umwelt Wärme entzieht, während der Verflüssiger (Abwärmegitter) seine Wärme an die Hausheizung abgibt.

Dieser Vorgang benötigt umso weniger Strom, je geringer der Temperaturunterschied zwischen Wärmequelle und Heizwasser ist. Deshalb ist eine Wärmequelle mit relativ hoher Temperatur wie Grundwasser (+10 °C) günstiger als Erdsonde (+6 °C) oder Außenluft (-7 °C). Die Heizung sollte am kältesten Tag mit höchstens 35 °C Heizwassertemperatur auskommen. Eine so niedrige Vorlauftemperatur ist praktisch nur mit einer entsprechend ausgelegten Fußboden-, Wand- oder Deckenheizung zu erreichen – im gesamten Haus, auch im Obergeschoss und in beheizbaren Kellerräumen!

Der für den Stromverbrauch der Wärmepumpe entscheidende Temperaturunterschied hängt sehr von der Auslegung von Wärmequelle, Wärmepumpe und Heizsystem ab. Planungs- und Ausführungsfehler wirken sich dementsprechend aus. Beispielsweise müssen für jeden Raum der Wärmebedarf und die Heizflächen genau berechnet und die Heizwasserströme durch einen hydraulischen Abgleich eingestellt werden → Seite 102.

Für größere Einfamilienhäuser, Mehrfamilienhäuser oder Hausgruppen können sich auch **Blockheizkraftwerke** lohnen. Sie nutzen das Prinzip der Kraft-Wärme-Kopplung: Die bei der Stromerzeugung anfallende Abwärme wird über Nahwärmeleitungen zur Gebäudeheizung und Warmwassererzeugung genutzt. Bei den privaten Blockheizkraftwerken treibt der wärmeerzeugende Brennstoff, meist Gas, Pellets oder Öl, auch einen Generator an, der Strom zur Einspeisung ins häusliche oder öffentliche Netz erzeugt. Da die Energieversorger den eingespeisten Strom oft unzureichend vergüten, rechnet sich der Einsatz kleinerer Anlagen selten wirtschaftlich. Sinnvoll ist deswegen ein möglichst hoher Eigenstromverbrauch. Zunehmend kommen kleine Brennstoffzellenheizanlagen auf den Markt. Diese werden auch im Neubau gut gefördert. (→ „Ratgeber Heizung“, www.verbraucherzentrale-ratgeber.de)

Um die Anforderungen des Gebäudeenergiegesetzes (GEG) mit einem Blockheizkraftwerk (BHKW) zu erfüllen, gibt es zwei Möglichkeiten:

HINTERGRUND

Jahresarbeitszahl – Kennwert für Wärmepumpen

Die Effizienz einer Wärmepumpenanlage wird ausgedrückt in der Jahresarbeitszahl (JAZ), die das Verhältnis von erzeugter Wärme zu Stromaufnahme wiedergibt. Werden beispielsweise im Jahresmittel mit 1 kWh Strom 4 kWh Heizwärme gewonnen, so beträgt die Jahresarbeitszahl 4,0.

In der Baubeschreibung wird eine Jahresarbeitszahl (JAZ) zugesichert, die der Planer aus den seiner Planung zugrundeliegenden Betriebsbedingungen errechnet → Seite F-51). Sollte die Anlage diese JAZ nicht erreichen, kann es zu deutlich höherem Stromverbrauch kommen. Um die JAZ überhaupt nachweisen zu können, muss die Anlage mit einem Wärmemengen- und einem Stromzähler ausgestattet sein. Einige Förderprogramme und das Gebäudeenergiegesetz (GEG 2020) fordern diese Messausstattung.

Die fortlaufende Beobachtung der Jahresarbeitszahl ist auch hilfreich, um Betriebsstörungen wie zum Beispiel eine Vereisung der Erdsonden rechtzeitig zu bemerken. Dort, wo die Messausstattung nicht zwingend vorgeschrieben ist, sollte man daher wenigstens die Anschlüsse für den zeitweisen Einbau von Messgeräten schaffen.

Eine Wärmepumpe sollte mindestens die JAZ nach folgender Tabelle erbringen, die im Formular der Baubeschreibung (→ Seite F-51) einzutragen ist:

Bauart der Wärmepumpe		Jahresarbeitszahl (JAZ)		Messausstattung
		Nur Heizung	Heizung und Warmwasser	
Elektrisch angetrieben	Luft / Wasser	3,5	3,3	Wärme- und Stromzähler
	Luft / Luft	3,5	3,3	
	Sole / Wasser	4,0	3,8	Wärme- und Stromzähler, außer bei Heizvorlauftemp. max. 35 °C
	Wasser / Wasser	4,0	3,8	
Fossil angetrieben		1,2	1,2	

Der Auftraggeber erhält ein Exemplar der Planungsberechnungen.Schließlich bestätigt der Auftragnehmer die Übereinstimmung von Ausführung und Planung.

Der im Handbuch Baubeschreibung ausgewiesene Jahresstrombedarf ist nur als Orientierungswert zu verstehen. Der im Betrieb gemessene Stromverbrauch kann davon abweichen, sofern das tatsächliche Nutzerverhalten (Raumtemperaturen, Warmwasserverbrauch) sich von den Annahmen der Planung unterscheidet.

Um im Reklamationsfall die Einhaltung der Jahresarbeitszahl zu überprüfen, sollte ein Sachverständiger zunächst die Berechnung kontrollieren, die tatsächlichen Betriebsbedingungen überprüfen und zu den gemessenen Werten in Beziehung setzen.

- entweder betreibt man das BHKW mit „Bio-Erdgas“, für dessen Bezug 30 Prozent Biogas ins Erdgasnetz eingespeist werden,
- Oder man bezieht Wärme aus einem „hocheffizienten“ BHKW. Das kann fossil angetrieben sein, benötigt aber weniger Primärenergie, als wenn man Strom und Wärme in getrennten Anlagen erzeugt hätte.

Der Anschluss an ein Wärmenetz kann die Anforderungen des GEG erfüllen, vorausgesetzt, die Wärme stammt

- zu einem „wesentlichen“ Anteil aus erneuerbaren Energien,
- zu mindestens 50 Prozent aus Anlagen zur Nutzung von beispielsweise industrieller Abwärme,
- zu mindestens 50 Prozent aus Kraft-Wärme-Kopplungsanlagen oder
- zu mindestens 50 Prozent aus einer Kombination der in den ersten drei Punkten genannten Maßnahmen.

Abgasanlage

Abgase von Feuerstätten für flüssige oder gasförmige Brennstoffe dürfen über Abgasleitungen abgeführt werden. Wenn diese Leitungen Geschosse überbrücken (die Heizzentrale also nicht im Dachgeschoss steht), ist ihre Unterbringung in eigenen Schächten vorgeschrieben (Siehe auch Kapitel „Dach“, Abschnitt „Dachzubehör“ → Seite 83).

Abgase von Feuerstätten für feste Brennstoffe müssen in Schornsteine eingeleitet werden. Ein für den Trockenbetrieb ausgelegter Schornstein besteht aus einem Innenrohr, einer Dämmschicht und einer Außenhülle. Dadurch wird sichergestellt, dass sich die Abgase nicht zu stark abkühlen (und damit keinen eigenen Auftrieb mehr haben oder sogar kondensieren) sondern sicher und schadlos über das Dach abgeführt werden. Für den Nassbetrieb geeignete Schornsteine sind feuchtigkeitsunempfindlich und hinterlüftet. Sie werden eingesetzt, wenn die Kondensation der Abgase entweder nicht vermeidbar oder sogar gewünscht ist, wie zum Beispiel bei einer Brennwertheizung.

HINTERGRUND

Hydraulischer Abgleich

Der hydraulische Abgleich stellt die gleichmäßige Durchströmung aller Heizflächen und damit die ausreichende Beheizung der Räume bei der vorgesehenen Heizwassertemperatur sicher. Dazu wird an jedem Heizkörperventil und bei jeder Unterverteilung einer Flächenheizung eine Einstellschraube auf einen vorher errechneten Wert justiert. Der hydraulische Abgleich ist zwar vorgeschrieben, wird aber dennoch oft vergessen. Deshalb sollte man auf eine schriftliche Bestätigung Wert legen. Förderprogramme verlangen fast immer einen Nachweis des hydraulischen Abgleichs.

Um die Wärmeverluste der **Rohrleitungen** zu begrenzen, schreibt das Gebäudeenergiegesetz eine Mindestdicke an Wärmedämmung vor. Sie bezieht sich auf eine Wärmeleitfähigkeit des Dämmstoffes von 0,035 W/mK und ist vom Querschnitt der Rohrleitung (Nennweite) abhängig.

Weitere Informationen finden Sie im „Ratgeber Heizung“, (erhältlich im Shop: www.ratgeber-verbraucherzentrale.de)

→ **WICHTIG** Der Schornsteinkopf muss passend zur Dacheindeckung verkleidet, abgedichtet und eventuell abgedeckt sein. Zudem benötigt der Schornsteinfeger im Verlauf des Schornsteins meist eine oder mehrere geeignete Reinigungsöffnungen.

Pufferspeicher können erforderlich sein, wenn Wärmeerzeuger zeitweise mehr Wärme liefern als abgenommen wird. Das kann der Fall sein bei Holzkesseln, Wärmepumpen, Blockheizkraftwerken und bei der solaren Heizungsunterstützung. Vorgeschrieben sind Pufferspeicher im Zusammenhang mit handbeschickten Feststoffkesseln (zum Beispiel Stückholzkessel) über 15 kW. Zur Vermeidung des besonders umweltbelastenden Schwelbrandes dürfen solche Kessel nur mit Volllast betrieben werden. Der Pufferspeicher muss daher den Energieinhalt eines mit Holz vollgefüllten Kessels aufnehmen können.

Wärmeverteilung und Heizflächen

Heizungsanlagen mit entweder Heizkörpern oder Fußbodenheizung kommen mit einem Heizkreis aus. Wird teils mit Fußbodenheizung, teils mit Heizkörpern geheizt, sind meist zwei Heizkreise mit je einer eigenen Regelung erforderlich.
Die Auslegungs-Vor- und Rücklauftemperaturen benötigt die Heizfläche, um am kältesten Tag ihre maximale Heizleistung abzugeben. Je niedriger dabei die Vorlauftemperatur bleibt, desto niedriger kann auch die Kesseltemperatur eines Brennwertkessels sein. Eine niedrige Kesseltemperatur wirkt sich günstig auf den Jahresnutzungsgrad aus. Eine niedrige Rücklauftemperatur begünstigt zusätzlich die Nutzung eines Brennwertkessels oder einer Wärmepumpe. Gerade bei niedrigen Temperaturen arbeiten diese am wirtschaftlichsten. Eine wichtige Voraussetzung dafür ist, dass sich zwischen Kesselwasser und Heizungsvorlauf kein Mischer oder Wärmetauscher befindet, wie es häufig bei Fußbodenheizungen der Fall ist. Heizungsanlagen mit niedrigeren Auslegungstemperaturen erfordern allerdings größere und damit teurere Heizflächen.

Für die Wärmeverteilung kommen meist Kupferleitungen zum Einsatz. Es werden aber auch Edelstahl- oder Kunststoffleitungen aus Polyethylen (PE) oder Verbundstoffen verwendet.

Plattenheizkörper sind die heute am häufigsten verwendete Heizkörperart. Sie bestehen aus glattem oder profiliertem Stahlblech mit gelegentlich zur Erhöhung der Wärmeabgabe auf der Rückseite angebrachten Konvektionsblechen oder -lamellen. Zwei oder mehr Platten können hintereinander angeordnet und zu einem Heizkörper verbunden werden. Plattenheizkörper werden auch unter den Bezeichnungen „Flach-" oder „Flächenheizkörper", „Kompaktheizkörper", „Heizwand" oder „Wärmeplatten" angeboten.

Radiatoren bestehen aus mehreren gleichen Gliedern (Gliederheizkörper) von Gusseisen, Stahlblech, Stahlrohr oder Aluminium.

Konvektoren bestehen aus einem oder mehreren waagerecht liegenden Heizrohren mit Lamellen zur Vergrößerung der Wärme abgebenden Fläche. Die Rohre befinden sich in einem Schacht. Dieser Schacht ist bei Fertigheizkörpern fest mit den Heizrohren verbunden, bei anderen kann er auch durch eine Nische mit vorgehängter Bekleidung gebildet werden. Konvektoren geben die Wärme fast ausschließlich als Warmluft ab (Konvektion), während Radiatoren einen Teil der Wärme als Strahlung abgeben.

Fußbodenheizungen sind die am meisten verbreitete Form der Flächenheizung. Sie haben den Vorteil, dass sie die Gestaltung und Möblierung der Räume nicht beeinträchtigen. Aufgrund der großen aufgeheizten Masse sind sie jedoch im Allgemeinen träge und deshalb schwerer zu regeln. Bei einem gut gedämmten Gebäude ist dies unproblematisch, da die Raumtemperatur ohnehin nahezu konstant bleibt. Fußbodenheizungen geben die Wärme als Strahlung ab. Als Bodenbelag sind Stein, Keramik sowie Kunststoff und Linoleum ideal. Materialien mit schlechterer Wärmeleitung wie Holz, Laminat oder Teppichboden beeinträchtigen die Wärmeabgabe mehr oder weniger, auch wenn sie als „geeignet für Fußbodenheizung" deklariert sind. Über unbeheizten Räumen oder Erdreich haben sie beträchtliche Wärmeverluste nach unten, wenn hier nicht sehr gut und möglichst über die Mindestanforderung des Gebäudeenergiegesetzes hinaus gedämmt wird.

Eine Variante der Flächenheizung ist die **Wandheizung**, die Wärme ebenfalls als Strahlung abgibt. Hier muss allerdings die Möblierung genau geplant werden.

Als dritte Variante wird auch die **Deckenheizung** angeboten, häufig in der Ziegelfertigbauweise. Sie kann bei manchen Systemen auch zur Kühlung der Wohnräume eingesetzt werden.

Bei modernen Heizungsanlagen handelt es sich um geschlossene Systeme, in denen das Heizwasser keinen Kontakt zur Luft hat. So kann es in den Metallrohren, Heizkörpern und im Heizkessel nicht zur Korrosion durch Sauerstoff kommen. Korrosion kann jedoch auftreten, wenn Heizwasserrohre oder Fußbodenheizrohre aus nicht sauerstoffdichtem Kunststoff eingebaut werden.

→ **TIPP** Je nach Trinkwasserqualität und Härtegrad muss das Wasser zur Befüllung der Heizung eventuell „konditioniert" werden.

Warmwasserbereitung

Die Installation einer zentralen Warmwasserversorgung ist in der Regel einfacher als mehrere Einzellösungen. Meist wird sie energiesparend mit der Heizung gekoppelt. Daneben gibt es jedoch auch die vom Heizkessel unabhängige Lösung, bei der alle Energieträger eingesetzt werden können (auch regenerative Energien). Die Zentralversorgung bietet sich insbesondere dann an, wenn die Rohrleitungen kurz und die Zapfstellen nahe beieinander angeordnet sind, wie es bei Einfamilienhäusern möglich ist.

→ **TIPP** Die Wahl von Art und Größe der Warmwasserbereitung beeinflusst die Betriebskosten und den Komfort entscheidend. Da die üblichen Standard-Leistungsbeschreibungen nicht auf die konkreten Nutzungsbedingungen eingehen, lassen Sie sich vor Vertragsschluss von einem Energieberater der Verbraucherzentralen beraten. Er erklärt Ihnen gerne die Angaben zur Heizungs-, Warmwasser- und Elektroinstallation in Ihrer Baubeschreibung und weist Sie gegebenenfalls auf Unstimmigkeiten hin.

Bei der Zentralversorgung werden alle Zapfstellen über ein zentrales Gerät versorgt, in der Regel über einen Warmwasserspeicher. Der Speicher sollte sinnvollerweise über die vorhandene Heizungsanlage aufgeladen werden. Im Einfamilienhaus kann die Nachheizmöglichkeit problemlos auf eine Stunde täglich beschränkt werden (Heizungsregelung oder Schaltuhr), wodurch sich der hohe Bereitschaftsverlust des Heizkessels im Sommerbetrieb stark verringert. Die elektrische Beheizung mit Tagstrom oder auch mit Nachtstrom ist teurer.

Der Nutzinhalt sollte bei einfachen Warmwasserspeichern in Ein- und Zweifamilienhäusern etwa dem mittleren Tagesbedarf entsprechen, also rund 30 bis 40 Liter pro Person. Für einen Vierpersonenhaushalt käme also zum Beispiel ein Speicher mit 120 oder 160 Liter Fassungsvermögen in Betracht. Bei kombiniertem Betrieb mit einer Solaranlage sollte das Speichervolumen mindestens 80 Liter pro Person betragen. Ein Solarspeicher benötigt einen Wärmetauscher für den Kollektorkreis und einen zweiten für die Nachheizung über den Heizkessel. Wenn die Solaranlage erst später dazu kommen soll, sollte der Speicher bereits dafür geplant werden.

→ **GUT ZU WISSEN** Gute Speicher haben einen Wärmeverlust unter 2,0 kWh/Tag (bei 300 Liter).

Viele wandhängende Gasheizkessel sind mit integriertem Durchlauferhitzer als Kombitherme lieferbar. Im Gegensatz zum Warmwasserspeicher erzeugen Durchlauferhitzer das Warmwasser auf Abruf beim Durchfließen und halten es nicht vor. Durchlauferhitzer haben nicht den gleichen Komfort wie Warmwasserspeicher: Bei Schwankungen der Wasserentnahme, zum Beispiel durch gleichzeitige Wasserentnahme an mehreren Zapfstellen, kommt es leicht zu Temperatursprüngen. Durchlauferhitzer kommen daher nur in kleinen Wohneinheiten für eine Zentralversorgung infrage.

Elektronische Durchlauferhitzer regeln stufenlos die Heizleistung und halten automatisch eine vorher zwischen 30 und 60 °C am Gerät eingestellte Wassertemperatur auch bei unterschiedlicher Zapfmenge konstant. Elektrische Durchlauferhitzer sollten jedoch nur in Ausnahmefällen verwendet werden, da sie mit teurem Tagstrom betrieben werden müssen und einen sehr hohen Primärenergieverbrauch haben.

Solarthermische Warmwasserbereitung

Bei manchen Hausangeboten ist eine solarthermische Anlage schon im Festpreis enthalten.

Hauptbestandteil einer Solaranlage sind – neben dem notwendigen Warmwasserspeicher – die Kollektoren.

Flachkollektoren werden am häufigsten verwendet. Wegen ihrer einfachen Bauweise sind sie vergleichsweise preiswert. Sie sind für Warmwassertemperaturen bis 50 °C geeignet.

Vakuumröhrenkollektoren haben generell höhere Wirkungsgrade. Das macht sich insbesondere bei nur diffuser Sonneneinstrahlung und niedrigeren Außentemperaturen bemerkbar. Mit ihnen können hohe Warmwassertemperaturen erzeugt werden. Das Preis-Leistungs-Verhältnis für den Einsatz in Haushalten (mit erforderlichen Temperaturen von lediglich rund 50 °C) ist aber gegenüber den Flachkollektoren ungünstiger.

→ **TIPP** Entscheidend bei der Auswahl des Kollektortyps sollte das Preis-Leistungs-Verhältnis sein. Wenn die Dachfläche ausreicht, dann lohnen sich eventuell zwei kostengünstige Kollektoren mit jeweils geringerem Solarertrag eher als ein teurer mit höherem Wirkungsgrad. Fragen Sie gegebenenfalls einen Energieberater der Verbraucherzentrale!

Sonnenkollektoren, die der Pflichterfüllung aus dem Gebäudeenergiegesetz dienen, müssen das Zertifikat „Solar Keymark" tragen. Je größer die **wirksame Kollektorfläche** ist, desto mehr Sonnenenergie kann aufgenommen werden, desto größer sind aber auch die Überhitzungsprobleme bei ungenügender Wärmeabnahme. Außerdem bestimmen die Kollektoren den Preis. Deshalb sollte die gesamte Anlage sorgfältig von einem Fachmann berechnet und geplant werden.

Wärmepumpen für die Brauchwassererwärmung

Die Wassererwärmung kann auch durch eine Brauchwasserwärmepumpe erfolgen. Diese besteht aus einem Brauchwasserspeicher von etwa 250 bis 300 Liter Inhalt mit aufgesetzter Luft-Wasser-Wärmepumpe, die ihre Wärme entweder aus dem Aufstellraum gewinnt oder durch einen Schlauch und Mauerdurchbrüche aus der Außenluft. Zur Überbrückung der kältesten Tage ist ein Elektroheizstab eingebaut. Oft gibt es Anschlussmöglichkeiten für eine thermische Solaranlage. Den Geräuschpegel sollten Sie beachten. Diese Wärmepumpe erhöht den Eigenverbrauchsanteil, wenn Sie eine Photovoltaikanlage betreiben. Die Wärmepumpe nutzt den Photovoltaikstrom besonders gut, wenn sie auf Signale des Wechselrichters reagieren kann (SG-Ready) und wenn sie die Leistung anpasst (Invertertechnik).

Wenn Sie ohnehin eine Heizungswärmepumpe vorsehen, sollte diese die Warmwasserbereitung übernehmen.

Lüftung

In einem dichten Gebäude gibt es keinen ständigen Luftaustausch durch Fugen an Fenstern, Türen und Anschlüssen. Um dennoch eine ausreichende Frischluftversorgung zu gewährleisten und Wasserdampf sowie Innenraumschadstoffe zu entfernen, müssen die Bewohner aktiv werden und lüften. Einfach und wirkungsvoll ist die Stoßlüftung über die Fenster, bei der drei bis vier Mal am Tag für jeweils wenige Minuten ein Durchzug hergestellt wird. Sie wird aus unterschiedlichen Gründen oft nicht angewandt. Ein ständig gekipptes Fenster würde zwar ebenfalls eine ausreichende Lüftung ermöglichen, aber im Winter auch zu hohen Energieverlusten führen.

Kontrollierte Lüftungsanlagen

Je dichter ein Gebäude ist, umso schwieriger wird es, durch das Lüften mit möglichst geringen Energieverlusten ein gutes Raumklima zu erhalten. Insbesondere bei gut gedämmten und weitestgehend dichten Häusern werden bei „falschem" Lüftungsverhalten die Lüftungswärmeverluste größer als alle anderen Verlustquellen zusammen. In den letzten Jahren haben sich aus diesem Grund Anlagen zur kontrollierten Lüftung durchgesetzt. Diese Anlagen gewährleisten einen hohen Komfort und helfen, Bauschäden zu vermeiden. Außerdem schützen sie u.a. vor Polleneintrag und Außenlärm, was ebenfalls wichtige Kriterien für eine kontrollierte Lüftung sein können.

Jede Anlage zur kontrollierten Lüftung muss frühzeitig in den Planungsentwurf für das Gebäude integriert werden. Wichtig ist es, die Abluftzonen (Bad, WC, Küche) innerhalb des Gebäudes möglichst kompakt anzuordnen, um zusätzliche Steigleitungen oder eine aufwendige horizontale Leitungsführung zu vermeiden. Damit verringert sich zum einen der Material- und Kostenaufwand, zum anderen wirkt sich dies positiv auf den Wirkungsgrad der Anlage aus. Um einen sinnvollen und energiesparenden Umgang mit der kontrollierten Lüftung zu gewährleisten, müssen die Bewohner sehr eingehend über die Funktion und Betriebsweise der Anlage informiert sein.

→ **WICHTIG** Voraussetzung für die sichere Funktion einer kontrollierten Wohnungslüftung mit oder ohne Wärmerückgewinnung ist die genaue Planung aller Anlagenkomponenten und eine luftdichte Gebäudehülle, die über eine Luftdichtheitsprüfung nachzuweisen ist (Kapitel „Luftdichtheitsprüfung" → Seite 45 ff.).

Wirkung der natürlichen Lüftung	Lüftungsart Fensterstellung	Ungefähre Dauer der Lüftung, um einen Luftwechsel zu erzielen – je nach Windstärke
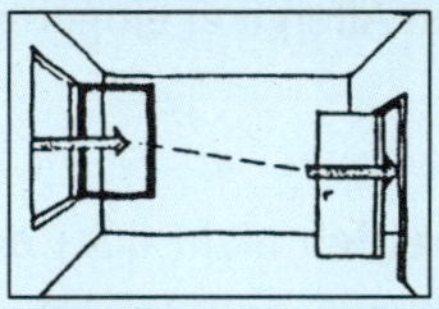	Fenster und gegenüberliegende Tür/Fenster ganz offen **– Querlüftung –**	1 bis 5 Minuten
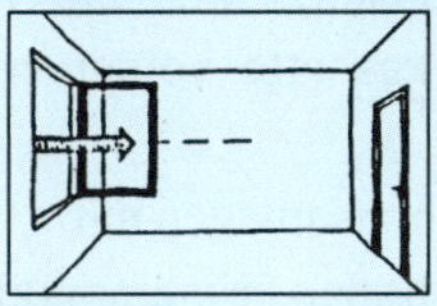	Fenster ganz offen **– Stoßlüftung –**	5 bis 10 Minuten
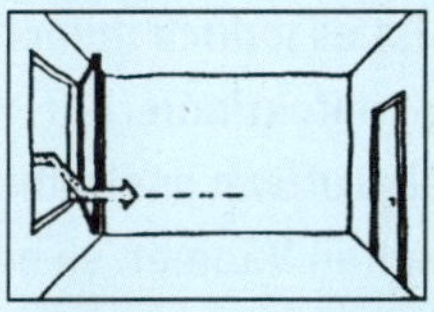	Fenster halb offen	10 bis 15 Minuten
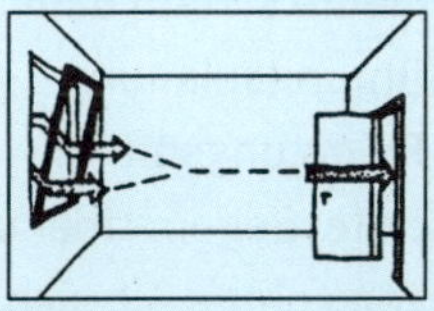	Fenster gekippt und gegenüberliegende Tür/Fenster ganz offen **– Querlüftung –**	15 bis 30 Minuten
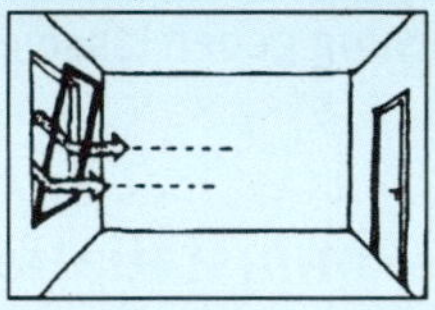	Fenster gekippt	30 bis 60 Minuten

Einfache Abluftsysteme

Weit verbreitet sind einfache Abluftsysteme. Ein zentraler Ventilator saugt über kurze Luftkanäle die belastete Luft aus Küche, Bad und WC ab. Frische Luft strömt über einstellbare Ventile in den Außenwänden oder Fensterrahmen der Wohn- und Schlafräume nach. Die Luft gelangt durch einen vergrößerten Bodenabstand der Innentüren oder spezielle Überströmöffnungen in die Flure und schließlich in Küche, Bad und WC. Die notwendigen Luftmengen sind so gering, dass es nicht zu unangenehmen Zugerscheinungen und Gebläserauschen kommt. Außerdem können nach wie vor auch die Fenster geöffnet werden.

Im Handel finden Sie auch Abluftsysteme, deren Ventile sich selbstständig je nach Luftfeuchtigkeit mehr oder weniger öffnen, und die damit „merken", ob ein Raum benutzt wird. Durch den Einbau von einfachen Abluftsystemen verbessert sich in erster Linie die Luftqualität. Lüftungswärmeverluste lassen sich damit jedoch nicht verringern.

Zu- und Abluftsysteme mit Wärmerückgewinnung

Der Gedanke liegt nahe, die in der Abluft enthaltene Wärme zur Vorwärmung der Zuluft zu nutzen. Dies geschieht bei Anlagen mit Wärmerückgewinnung. Sie sind aufwendiger und teurer als einfache Abluftsysteme, da sie entweder ein umfangreiches

Luftkanalsystem und ein Zentralgerät mit Kreuzstromwärmetauscher und/oder Wärmepumpe und zwei Ventilatoren oder als dezentrale Anlage mehrere Einzelgeräte benötigen. Auch an die Dichtigkeit des Hauses werden hohe Anforderungen gestellt, die in der Praxis häufig nicht erfüllt werden. Denn nur unter der Voraussetzung einer wind- und luftdichten Gebäudehülle erbringen diese Systeme Energieeinsparungen.

Anlagen mit Wärmerückgewinnung sollten sorgfältig geplant werden, damit die rückgewonnene Wärme durch den Strommehrverbrauch für Ventilatoren oder Wärmepumpe nicht wieder „aufgefressen" wird.

→ **TIPP** Mittlerweile gibt es gut funktionierende dezentrale Lüftungsgeräte mit Wärmerückgewinnung. Ihr Bauunternehmer muss Ihnen auf jeden Fall ein konkretes Lüftungskonzept vorlegen!

Wärmerückgewinnung mit Wärmepumpe

Bei dieser Variante wird die Abluft vor der Ableitung ins Freie mithilfe einer Wärmepumpe abgekühlt. Die Zuluft wird wie bei der reinen Abluftanlage dezentral in Wohn- und Schlafräume geführt. Die gewonnene Wärme wird vorrangig zur Brauchwassererwärmung genutzt, Überschüsse gehen ins Heizungssystem. Im Zentralgerät befindet sich außerdem ein Elektro- oder Gasheizeinsatz zur Deckung des restlichen Heizbedarfs. Beim Gasgerät wird das Abgas gemeinsam mit der Abluft abgekühlt, sodass es zu einem zusätzlichen Wärmegewinn durch Brennwertnutzung kommt.

Filter werden eingebaut, um zu verhindern, dass Verunreinigungen aus der Außenluft ins Gebäude gelangen und um das Lüftungsgerät selbst vor Verschmutzung zu schützen (Rußpartikel, Metallstaub, Viren und Bakterien sowie Fasern, Laub und Insekten). Die Partikelgrößen variieren, weshalb Filter nach ihrer Fähigkeit, Partikel aus der Luft herauszufiltern, eingeteilt werden: Grobfilter (G1–G4), Feinfilter (F5–F6), Feinstfilter (F7–F9). Es können auch spezielle **Pollenfilter** für Allergiker eingebaut werden.

Um die Zuluft im **Sommerbetrieb** nicht über den Wärmetauscher leiten zu müssen, sollten Sie eine Bypass-Schaltung (Sommerkassette) vorsehen.

→ **TIPP** Gut geplante Lüftungsanlagen mit Wärmerückgewinnung können Primärenergie einsparen. In der Praxis ist es jedoch manchmal schwierig, mit fertig konfektionierten Kleinanlagen die optimale Luftwechselrate im Haus und in den einzelnen Räumen sicherzustellen. Erfahrene Fachleute sollten daher schon während der Ausführungsplanung Lage, Dimensionen und Reinigungsöffnungen der Lüftungsleitungen festlegen. Über die Nutzung derartiger Anlagen sollten Sie sich eine ausführliche Einweisung geben lassen!

Sanitärinstallation – Rohinstallation

Viel Aufwand für Bau und Betrieb von Sanitärinstallationen lässt sich vermeiden, wenn der Planer auf kurze und einfache Leitungsführung achtet. Insbesondere ist die Verbindung zwischen Warmwasserbereiter und Zapfstellen kurz zu halten, zum Beispiel indem Sie den Warmwasserbereiter im Obergeschoss statt im Keller aufstellen, wenn sich dort das Hauptbad befindet. Bei sehr kurzen Warmwasserleitungen kann das teure, Wärme und Strom fressende Zirkulationssystem entfallen, das sonst erforderlich wäre, um die Wartezeit auf Warmwasser zu verkürzen und durch regelmäßiges Aufheizen der Warmwasserrohre auf 70 °C dem Wachstum von Legionellen vorzubeugen. Legionellen sind Bakterien, die Erkrankungen der Lunge hervorrufen können, wenn sie in großer Zahl als Wassernebel eingeatmet werden. Deswegen muss ihre massenhafte Vermehrung in Warmwassersystemen verhindert werden.

Geräusche aus der Wasser- und Abwasserinstallation gehören zu den unangenehmsten akustischen Belästigungen im Wohnbereich. Sie führen besonders häufig zu Reklamationen über mangelhaften Schallschutz in Neubauten. Bei Doppel- und Reihenhäusern liegt der gesetzlich zulässige Installationsschallpegel mit 30 dB(A) relativ hoch. Mit einer zweischaligen Haustrennwand ist eine noch stärkere Abschwächung erreichbar. Daher sollte der Installationsgeräuschpegel durch Vereinbarung von VDI 4100:2007-08 (August) auf Schallschutzstufe II (25 dB(A)) oder auf Schallschutzstufe III (22 dB(A)) begrenzt werden (Kapitel „Schallschutz“ → Seite 47 ff.). Eine Änderung um 3 dB bedeutet etwa eine Halbierung/Verdopplung der Schallenergie.

Geräusche aus der eigenen Installation werden nicht gesetzlich begrenzt. Bei Vereinbarung des „Verbesserten Schallschutzes innerhalb des eigenen Wohnbereiches“ nach VDI 4100:2007-08 (August) dürfen die Geräusche bei Schallschutzstufe SSt EB II nicht mehr als 35 dB(A) und bei Schallschutzstufe SSt EB III nicht mehr als 30 dB(A) betragen. Die Fortpflanzung des Körperschalls aus Rohren vermindern zum Beispiel Gummieinlagen in den Rohrschellen und die Verankerung der Schellen in möglichst schweren Bauteilen. Gleichwohl gehört jedoch eine schallbrückenfreie Installation zu den allgemein anerkannten Regeln der Technik. Die Einhaltung dieser Regeln ist nur durch eine baubegleitende Qualitätssicherung zu gewährleisten.

Abwasserrohre

Abwasserrohre strahlen umso weniger Schall ab, je schwerer ihre Rohrwand ist. Besonders die Fallrohre sollten daher aus dickwandigem Kunststoff, aus Guss oder Steinzeug sein.

→ **GUT ZU WISSEN** Dünnwandige Kunststoffrohre aus Polyethylen (PE) oder Hart-PVC sind preiswert, ihre Schalldämmung und die Haltbarkeit sind weniger gut. Spezielle Schallschutzrohre können hier eine Alternative sein. Gussrohre sind sehr langlebig und besitzen eine gute Schalldämmung. Steinzeugrohre haben eine hohe Lebensdauer.

Das im Betrieb von Brennwertgeräten entstehende Kessel-Kondensat muss abgeleitet werden. Kondensate kleiner Gas-Brennwertkessel, wie sie im Ein- und Zweifamilienhaus eingebaut werden, dürfen über eine Abwasserleitung für Kessel-Kondensate ohne Neutralisationsanlage direkt in die Hausentwässerung eingeleitet werden. Bei Ölbrennwertgeräten ist eine Neutralisationseinrichtung für das anfallende Kondensat beim Betrieb mit schwefelarmem Heizöl ebenfalls nicht erforderlich.

Warm- und Kaltwasserleitungen

In Neubauten werden heute Trinkwasserleitungen mit kleinen Nennweiten aus unterschiedlichen Werkstoffen verlegt, die einem Druck von üblicherweise bis 6 Bar standhalten und praktisch wartungsfrei sind. Als Werkstoffe kommen Kupfer, Edelstahl, Kunststoff oder Kunststoff-Verbundsysteme zum Einsatz. Die Anforderungen an die Werkstoffe sind in den technischen Regeln von DIN und DVGW festgeschrieben. Mit dem DVGW-Zertifizierungszeichen gekennzeichnete Produkte können bedenkenlos in der Trinkwasserinstallation verwendet werden.

Kupferrohre werden weich verlötet. Sie sind fest, lassen sich aber trotzdem leicht verarbeiten. Wasser mit niedrigem pH-Wert (Grenzwert pH = 7,0) kann verstärkt Kupferionen aus den Rohren lösen, wodurch es zu einer Überschreitung des Kupfer-Grenzwertes der Trinkwasserverordnung kommen kann. Erkundigen Sie sich vor der Installation der Trinkwasserleitungen beim zuständigen Trinkwasserversorger oder dem Gesundheitsamt nach dem pH-Wert des Wassers. Ist er für Kupferleitungen zu niedrig, sollte der Installateur auf andere Materialien ausweichen.

Kunststoffrohre aus Polyethylen (PE) oder Polyvinylchlorid (PVC), Polybuten oder Polypropylen werden erwärmt und mit Verbindungsstücken verpresst oder verschraubt. Sie sind form- und hitzebeständig, korrosionsfest und flexibel.

Edelstahlrohre werden mit Montageverbindungen zusammengesetzt, sind langlebig und hygienisch unbedenklich. Dem hohen Materialpreis stehen geringe Montagekosten gegenüber.

Mehrschichtige Metallverbundwerkstoffe besitzen aufgrund des Metalls eine hohe Stabilität und unterliegen einer nur geringen Längenausdehnung. Aufgrund des Kunststoffs sind sie korrosionsbeständig, flexibel und leicht verlegbar.

Das Gebäudeenergiegesetz schreibt die vollständige Wärmedämmung von Warmwasserleitungen vor. Kaltwasserrohre sind zum Schutz gegen Schwitzwasser mit einer Ummantelung zu versehen.

Verlegeart der Wasserleitungen

Wasserleitungen können wie Stromleitungen auf Putz oder unter Putz verlegt werden. Verlegung auf Putz ist die preiswertere Variante, allerdings nur in Keller- oder Technikräumen üblich. Auch hier gilt, dass das Streichen oder Tapezieren der Wände sehr erschwert wird (beachten beim späteren Ausbau von Kellerräumen).

Bequem und zeitsparend geht die Sanitärinstallation mit der sogenannten Vorwandinstallation. Dazu werden an der Stelle, wo sich später Waschbecken, Urinal, Bidet oder Toilette befinden sollen, im Werk vorgefertigte „Traggestelle" mit kompletter Verrohrung vor die verputzte Rohbauwand gestellt. Nach der Druckprüfung der Installation wird die Installationswand doppelt mit Gipsbauplatten beplankt und üblicherweise gefliest.

→ **TIPP** Auch hinter den Installationswänden muss der Innenputz zur Einhaltung der Luftdichtheit vollflächig ausgeführt werden! Zum besseren Schallschutz kann hier auch entsprechendes Schalldämmmaterial, zum Beispiel Mineralwolle, eingebracht werden.

Ausstattung der Sanitärinstallation

Bei Neuanlagen vorgeschrieben ist die Installation eines Feinfilters nach dem Wasserzähler. Er soll den Eintrag von Schmutzpartikeln aus dem öffentlichen Trinkwassernetz verhindern, die die Funktion der Armaturen beeinträchtigen oder Korrosion auslösen könnten. Bei einfachen Filtern muss mehrmals jährlich der Filtereinsatz gewechselt werden. Bei manuellen oder automatischen Rückspülfiltern wird der abgelagerte Schmutz ins Abwasser gespült. Ob gegebenenfalls ein Druckminderer oder im Gegenteil eine Druckerhöhungsanlage notwendig sind, hängt von den jeweiligen Gegebenheiten vor Ort ab. Am besten befragen Sie dazu Ihren Wasserversorger. Natürlich muss das Ergebnis bereits bei der Planung der Installation berücksichtigt werden.

Bei der Anordnung des zentralen Warmwasserspeichers sollte man auf möglichst kurze Leitungswege achten, was im Einfamilienhaus durchaus erreichbar ist. Anderenfalls entstehen Zeit- und Wasserverluste, bis das Warmwasser an der Zapfstelle ankommt. Zwar lässt sich dies mit einer Warmwasserzirkulation vermeiden. Sie pumpt das Warmwasser vom entferntesten Punkt des Verteilnetzes über eine zweite Rohrleitung wieder zurück in den Speicher, sodass die Rohre immer mit warmem Wasser gefüllt sind. Doch die Zirkulation verursacht beträchtliche zusätzliche Wärmeverluste, kostet Pumpenstrom und zerstört die Temperaturschichtung im Speicher, was sich bei Solarspeichern besonders ungünstig auswirkt.

Im Gebäudeenergiegesetz ist geregelt, dass Zirkulationspumpen beim Einbau mit selbsttätig wirkenden Einrichtungen zur Ein- und Ausschaltung ausgestattet werden müssen.

Sind Abwasseranschlüsse im Keller erforderlich (Waschmaschine, Kondensatableitung der Heizung, Enthärtungsanlage) oder soll ein Fußbodenablauf im Kellerboden vorgesehen werden, muss der Keller entwässerbar sein. Das ist kein besonderes Problem, wenn der Kanal in der Straße ausreichend tiefer als die Kellersohle liegt. Andernfalls muss eine Hebeanlage eingebaut werden. Zu beachten ist jedoch, dass bei einer Abflussstörung im Kanalnetz ein Rückstau bis zur Straßenebene auftreten kann, die meist höher liegt als die Kellersohle. Um zu verhindern, dass dann Wasser aus dem Kanal in den Keller fließt, wird in das Rohr der Kellerentwässerung eine automatische Rückstauklappe eingebaut. Die Rückstauklappe muss regelmäßig gewartet werden und stellt ein gewisses Risiko für Wasserschäden dar. (Siehe auch Kapitel „Vermessung und Erdarbeiten“ → Seite 20)

Regenwassernutzungsanlagen

Die Frage, ob eine Regenwassernutzung für Toilettenspülung und Waschmaschine sinnvoll ist oder nicht, lässt sich nicht pauschal beantworten. Eine Alternative zur Nutzung des Regenwassers kann die Regenwasserversickerung auf dem eigenen Grundstück oder innerhalb eines Baugebietes sein. Darüber hinaus sollte der Wasserverbrauch aus ökologischen Gründen grundsätzlich gesenkt werden. Die Regenwassernutzung kann in Regionen angebracht sein, in denen der Trinkwasserbedarf das Wasserangebot deutlich überschreitet. Demgegenüber kann in Gebieten mit eingeschränkter Grundwasserneubildung das Versickern des Regenwassers ökologisch vernünftiger sein, wenn die Bodenverhältnisse dies zulassen. Zur Gartenbewässerung macht die Verwendung von Regenwasser sicher überall Sinn, und sei es nur über den Einsatz von Wassertonnen.

§ GESETZLICHE GRUNDLAGEN

Regenwassernutzung

Die Verwendung von Regenwasser ist nur für bestimmte Zwecke möglich und zulässig. Dazu gehören Toilettenspülungen, der Betrieb von Waschmaschinen und die Nutzung im Garten. Trinkwasser- und Regenwasserleitung dürfen keinesfalls miteinander verbunden werden und müssen durch deutlich erkennbare Beschriftung gekennzeichnet sein. Wie viele Anschlüsse beziehungsweise Zapfstellen Sie benötigen und wo diese sich befinden, sollten Sie im Vertrag verbindlich vereinbaren.

→ **TIPP** Außenzapfstellen für Gartenwasser sollten selbstentleerend und damit frostsicher sein.

Der ökonomische Nutzen einer Regenwasseranlage ist nur im Einzelfall zu beziffern. Auf jeden Fall sollten Sie den Ertrag einer Regenwassernutzungsanlage möglichst genau abschätzen und die Entlastung bei den Wasser- und Abwasserkosten den Investitionskosten gegenüberstellen. Meist ergibt sich eine Amortisationszeit von über 20 Jahren bei einer voraussichtlichen Gesamtnutzungszeit von mindestens 30 Jahren. Einige Gemeinden fördern den Bau von Regenwassernutzungsanlagen oder schreiben gar den Bau und die Nutzung von Zisternen vor. Falls die Gemeinde das Nicht-Einleiten von Regenwasser mit geringeren Abwasserkosten oder geringeren wiederkehrenden Beiträgen belohnt, kann diese finanzielle Einsparung auch durch das Versickern des Regenwassers erreicht werden – bei deutlich niedrigeren Investitionskosten.

→ **TIPP** Bei einem Neubau ist es sinnvoll, den Speicher einer Regenwassernutzungsanlage als Erdspeicher auszulegen. Die notwendigen Ausschachtungsarbeiten können gegebenenfalls im Zuge der Kellerarbeiten gleich mit erledigt werden.

Als Materialien für Erdspeicher werden Beton und Kunststoff angeboten. Beide haben jeweils Vor- und Nachteile. Ihre Entscheidung sollten Sie von der konkreten Situation und den Nutzungsbedingungen abhängig machen.
Das Fassungsvermögen des Speichers bemisst sich an Ihrem (berechneten) Regenwasserbedarf.

Die Hauswasserstation (auch Hauswasserwerk) pumpt das im Speicher gesammelte Regenwasser durch das Regenwasserrohrnetz zu den Regenwasserzapfstellen. Dazu gehört neben einer Pumpe eine Einrichtung, die bei „Versiegen" des Regenwassers automatisch Trinkwasser nachspeist, wenn dies gewünscht ist.

Als zusätzliche ökologische Komponente lässt sich eine Regenwassernutzungsanlage so installieren, dass überlaufendes Wasser nicht – wie sonst üblich – in den Abwasserkanal gelangt, sondern in das Erdreich versickert. Genaue Vorschriften hierzu finden Sie eventuell im Bebauungsplan.

Innenausbau und -ausstattung im Überblick

Formulare → Seite F-59

Beim Innenausbau geht es um die stets sichtbare Ausstattung des Hauses. Wenn Sie mehr wollen als eine Minimalausstattung, können Sie mit einer genaueren Vorausplanung viel Geld sparen. Auch, wenn Sie überlegen, welche Arbeiten Sie selbst erledigen wollen.

Innenputzarbeiten

Fugenglattstrich nennt man die Herstellung von Mauerwerk und das Glattstreichen der Fuge mit einem Fugeisen oder -holz in einem Arbeitsgang. Damit kann man bei glatten Flächen, zum Beispiel aus Kalksandstein, den Putz sparen.

Spachteln ist der **flächige** Ausgleich von kleineren Unebenheiten über die gesamte Wand oder Decke. Auch hierbei kann man anschließend auf einen Putz verzichten.

Kalk- und Gipsputze können vorübergehend erhöhte Luftfeuchte in Wohnräumen gut puffern. Gipsputze werden jedoch bei dauerhafter Durchfeuchtung beschädigt und sollten deshalb nur in trockenen Räumen verwendet werden. In Feuchträumen oder als Untergrund für im Wannen- und Duschbereich erforderliche Abdichtungen nach DIN 18534 eignen sich die feuchtigkeitsresistenten Kalk-Zementputze wesentlich besser.

Malerarbeiten

Bei Wand- und Deckenfarben handelt es sich heute in den meisten Fällen um Dispersionsfarben. Sie sind kostengünstig, dazu waschfest und beliebig oft überstreichbar. Sie enthalten in sehr geringen Konzentrationen Weichmacher und Konservierungsstoffe, oft auch kleine Mengen an Lösemitteln. Gesundheitliche Bedenken bestehen im Allgemeinen nicht. Allerdings sollten im Innenbereich keine Farben „für außen“ verwendet werden. Sie enthalten weitere, nicht immer unbedenkliche, Zusatzstoffe.

Bei grobporigen Untergründen empfiehlt es sich, die Wände vor dem Anstrich zumindest mit einer Vliestapete zu tapezieren. Bei Untergründen, die noch geringfügig arbeiten können (Gipsbauplatten), sind besonders strapazierfähige Tapeten zu empfehlen. Tapeten lassen sich grob unterscheiden in

Vliestapeten: Diese Tapetenart ist beliebt, da sie zum einen in den unterschiedlichsten Farben und Motiven erhältlich, zum anderen besonders leicht zu verarbeiten ist. Sie kann sofort mittels sogenannter Wandklebetechnik auf die eingekleisterte Wand geklebt werden.

Papiertapeten: Diese Tapetenart ist atmungsaktiv und feuchtigkeitsregulierend sowie umweltfreundlich, da für ihre Herstellung in der Regel Recyclingpapier verwendet wird.

Vinyltapeten/Kunststofftapeten: Diese Tapetenart besteht aus einem mehrschichtigen Papierträger oder Vlies sowie einer ganzflächigen PVC-Schicht, weshalb sie auch als Kunststofftapete bezeichnet wird.

Strukturtapeten: Die Strukturprofiltapete, die aus einem Papier- oder Vliesträger besteht, hat auf der Oberseite einen Schaumauftrag, durch den die namensgebende Struktur entsteht.

Raufasertapeten: Diese Tapetenart wurde vom Wuppertaler Unternehmer Hugo Erfurt im Jahr 1864 erfunden und ist die bekannteste sowie günstigste Tapete auf dem Markt.

Wichtig ist es, zu prüfen, ob die Oberflächen sauber, trocken und fest sind. Nicht verputzte Betonoberflächen zum Beispiel müssen öl- und fettfrei sein (Schalöl!).

→ **WICHTIG** Putzmängel müssen vor dem Anstrich unbedingt beseitigt werden. Da diese Arbeiten üblicherweise nicht zu den Nebenleistungen des Anbieters gehören, können Bauzeitverzögerungen oder – bei nicht erfolgter Vorbereitung des Untergrunds – sogar Mängel die Folge sein. Weil der korrekte Untergrund für den Anstrich oder den Tapetenauftrag sehr wichtig ist, sollten Sie mit dem Hausanbieter eine Abnahme der Oberflächen beziehungsweise Untergründe für den Fall vereinbaren, dass die Malerarbeiten in Eigenleistung erbracht werden. Bitte beachten Sie, dass auch die Spachtelarbeiten an Gipsbauplatten im Bereich von Dachschrägen, Decken und Leichtbauwänden häufig nicht zu den Leistungen des Unternehmers zählen, wenn Sie Malerarbeiten selbst ausführen wollen!

Fliesen- und Natursteinbeläge

Natursteine und Fliesen sind das Richtige für alle, die einen sehr strapazierfähigen und langlebigen Bodenbelag wollen. Wegen ihrer Wasserunempfindlichkeit sind sie besonders geeignet für alle Feuchträume, wegen ihrer guten Wärmeleitfähigkeit für Fußbodenheizungen. Auch für verschmutzungsgefährdete Bereiche, wie Flure oder Treppen, sind sie wegen ihrer guten Reinigungsfähigkeit geeignet.

Der Verschleiß, dem Bodenbeläge ausgesetzt sind, wird durch Sand- und andere Schmutzpartikel etwa an den Schuhsohlen verursacht. Die Böden im Eingangs- und Flurbereich sind naturgemäß besonders betroffen.

Die Qualität keramischer Fliesen wird durch die Sortierung angegeben. Produkte der Ersten Sortierung werden mit einer roten Farbmarkierung gekennzeichnet. Produkte der Zweiten Sortierung erhalten eine blaue Markierung. Hier sind geringfügige Fehler und kleine Farbabweichungen möglich.

Fliesen auch für Wandflächen gibt es schon sehr günstig, etwa ab 15 Euro pro Quadratmeter, manchmal sogar schon ab zehn Euro. Nach oben ist die Preisskala aber fast offen. Das gilt insbesondere für Naturstein, dessen Preis bei etwa 25 Euro pro Quadratmeter beginnt und bis zu 400 Euro kosten kann. Aufgrund der aufwendigen Technik ist die Verlegung durch einen Fachbetrieb teuer. Wer diese Arbeit selbst erledigen kann, spart damit unter Umständen viel Geld.

HINTERGRUND

Beanspruchungsklassen für glasierte Fliesen

Um die Abriebfestigkeit für unterschiedliche Nutzungen zu klassifizieren, werden glasierte Fliesen im privaten Wohnbereich in vier Beanspruchungsklassen eingeteilt:

Abriebgruppe I – sehr leichte Beanspruchung: Bodenbeläge in Räumen, die mit weich besohltem Schuhwerk oder barfuß ohne kratzende Verschmutzungen begangen werden, zum Beispiel Badezimmer und Schlafräume ohne direkten Zugang von außen.

Abriebgruppe II – leichte Beanspruchung: Bodenbeläge in Räumen, die mit weich besohltem oder normalem Schuhwerk und höchstens gelegentlicher und geringer kratzender Verschmutzung begangen werden, zum Beispiel Räume im Wohnbereich, ausgenommen Küchen, Treppen, Korridore und andere häufig begangene Räume.

Abriebgruppe III – mittlere Beanspruchung: Bodenbeläge in Räumen,die häufiger mit normalem Schuhwerk und geringer kratzender Verschmutzung begangen werden, zum Beispiel Küchen, Balkone, Korridore, Loggias und Terrassen.

Abriebgruppe IV – stärkere Beanspruchung: Bodenbeläge in Räumen, die intensiver bei einer auch kratzenden Verschmutzung begangen werden, zum Beispiel Eingänge, Küchen und Terrassen.

Bodenbeläge

Beläge auf Fußbodenheizungen sollten elektrisch leitfähig oder antistatisch ausgerüstet sein, weil die Austrocknung und die damit verbundene Neigung zu elektrostatischer Aufladung hoch sind. Stark wärmespeichernde Materialien erhöhen die Trägheit der Fußbodenheizung. Stark wärmedämmende Materialien sind auf Fußböden mit Fußbodenheizung ebenso unerwünscht. Besonders gut geeignet sind Naturstein- und Fliesenbeläge. Weniger geeignet sind Teppichböden, Laminat oder

Parkett. Es gibt zwar auch aus diesen Bereichen für Fußbodenheizung geeignete Produkte, die Wärmeverteilung ist aber in der Regel wesentlich ungünstiger als bei einem Keramik- oder Steinfußboden.

Holzdielen und Korkböden sind wegen ihres hohen Wärmedurchlasswiderstands ungeeignet. Bei Teppichböden kann es durch die Aufheizung immer wieder zu Geruchsbelästigungen kommen.

Es sollten nur Beläge zur Anwendung kommen, deren Wärmedurchlasswiderstand den Wert 0,15 m^2 K/W nicht übersteigt.

Bei Untergründen aus Zementestrichen kann der Bodenbelag allerfrühestens 32 Tage nach deren Einbringung aufgebracht werden. Zementestriche benötigen eine 21-tägige Abbinde- und Trocknungszeit, an die sich eventuell eine Auf- und Abheizphase der Fußbodenheizung anschließt.

→ **WICHTIG** Lassen Sie die sogenannte Belegreife, also die Bestimmung der Restfeuchte im Estrich, unbedingt von einem Fachmann vornehmen.

Parkett wird überwiegend aus Eiche, Rotbuche, Kiefer, Esche sowie anderen europäischen und überseeischen Laub- und Nadelhölzern hergestellt. Unterschiede bestehen überwiegend im Erscheinungsbild. Parkettböden sind sehr dauerhaft und deshalb langfristig betrachtet relativ preiswert. Angeboten wird traditionelles Massivholz-Parkett oder Mehrschichtparkett. Hierbei handelt es sich um Produkte mit einem Unterbau aus Span- oder Holzfaserplatten und einer zwar sehr harten, aber meistens auch sehr dünnen, Nutzschicht aus Holz oder Holzfurnier. Fertigparkett wird auch unter Bezeichnungen wie „Fertig-", „Echtholz-" oder „Feinholzböden" angeboten. Diese Elemente sind formstabil. Ob und wie oft sie sich aber abschleifen lassen, wenn sie einmal beschädigt oder unansehnlich geworden sind, hängt wesentlich von der Dicke der Nutzschicht ab, die mindestens vier Millimeter stark sein sollte. Der Materialpreis für Parkett liegt bei 15 bis 100 Euro je Quadratmeter.

Die Sockelleisten dienen dem ästhetischen Abschluss des Parkettbodens an der Wand und decken den Dämmstreifen ab, der durch die schwimmende Estrichverlegung notwendig wird. Sie verhindern außerdem, dass Wischwasser oder zum Beispiel Wasser aus einer umstürzenden Bodenvase an dieser Stelle unter den Belag gelangen kann. Allerdings muss der Anschluss zwischen Parkett und Fußbodenleiste dazu versiegelt sein.

Im Wohnbereich soll die Oberflächenbehandlung des Parketts ausschließlich der Optik und dem Schutz vor Eindringen von Schmutz und Feuchtigkeit dienen. Je nach Beanspruchung und Geschmack kommen dafür Ölen und Wachsen, Versiegeln, Lackieren oder Laugen infrage. Fertigparkett ist in der Regel bereits versiegelt oder geölt. Geöltes Parkett – egal ob Massiv- oder Fertigparkett – sollte nach dem Verlegen mit einer Erstpflege eingepflegt werden.

Die Auswahl des Holzbodens bestimmt, welche Verlegetechnik möglich ist. Die häufigste Verlegeart für Massivholzparkett ist heute das Verkleben mit Parkettklebstoffen. Bei einer geplanten Fußbodenheizung ist ohnehin nur das vollflächige Verkleben auch bei Fertigparkett möglich und sinnvoll. Die früher verwendeten lösemittelhaltigen Klebstoffe werden mehr und mehr verdrängt von lösemittelarmen Dispersionsklebstoffen auf Wasserbasis.

Korkböden sind sehr fußwarm und deshalb angenehm in Schlafzimmern, Kinderzimmern und Bädern. In Feuchträumen können sie allerdings quellen. Geliefert wird Kork in Platten mit einer Dicke von vier bis acht Millimetern. Der Materialpreis beträgt 10 bis 45 Euro je Quadratmeter. Die Korkplatten werden in der Regel vollflächig mit speziellen

Prodis-Label für Teppichböden

Als Nachfolger der Ende 2008 aufgelösten Europäischen Teppichgemeinschaft (ETG) hat sich eine neue, europäische Initiative der Teppichbodenindustrie gebildet, die unter dem Namen Prodis (Produktinformationssystem) ein neues Label kreiert hat. Das Label basiert auf zwei Elementen: einmal den Kriterien der Gemeinschaft umweltfreundlicher Teppichboden (GUT) für VOC-Emissionen (flüchtige organische Verbindungen), Schadstoffprüfung und Umweltdeklaration und zum anderen auf dem FCSS-System (Floor Covering Standard Symbols). Dabei handelt es sich um ein genormtes System grafischer Standardsymbole, die über die Produkteigenschaften textiler Bodenbeläge Auskunft geben und Informationen über Einsatzbereiche und zusätzliche Eigenschaften enthalten.

Bodenbeläge, die das Prodis-Zeichen tragen, haben außerdem eine Identifikationsnummer, um eine eindeutige Identifizierung zu gewährleisten. Handel und Endverbraucher können alle Informationen über ein bestimmtes Produkt online über das Internet abrufen.Das neue Label ist eine Initiative der ECRA (European Carpet and Rug Association), einer Organisation, in der über 50 Teppichbodenhersteller aus sechs europäischen Staaten kooperieren, die wiederum etwa 85 Prozent der europäischen Teppichbodenproduktion repräsentieren. In Deutschland wird Prodis von der Gemeinschaft umweltfreundlicher Teppichboden betreut.

Korkklebern für Fußböden verklebt. Dazu wird ein ebener Fußboden benötigt. Eine Alternative bilden Korkparkettböden, die ähnlich wie Fertigparkett aus einer Tragschicht und einer Nutzschicht aus Korkplatten bestehen.

Laminate bestehen aus einer Holzwerkstoffplatte, die mit einem dekorativen Papier beschichtet sind. Die obere Deckschicht bilden ein klarer Zellstofffilm und eine Melaminharzschicht. Beide zusammen ergeben eine sehr abriebfeste Nutzschicht. Laminate werden in einer Vielzahl von Dekoren angeboten. Die Verlegung der mit Nut und Feder versehenen Paneele ist für den versierten Heimwerker auch in Eigenleistung möglich. Trotz der viel beschworenen Oberflächenhärte ist eine Beschädigung der Nutzschicht besonders durch spitze, schwere Gegenstände möglich. Eine Reparatur der Schadstelle ist dann sehr schwierig. Ein Abschleifen ist – im Gegensatz zu Parkett – überhaupt nicht möglich. Aus diesem Grund sind sie bei Weitem nicht so langlebig wie Parkett. Für den Feuchtbereich sind übliche Laminatböden nicht geeignet, da sie durch eindringende Feuchtigkeit aufquellen. Sie sind ab einem Materialpreis von neun Euro pro Quadratmeter erhältlich.

→ **TIPP** Fertigparkett, Laminat und auch Korkparkettböden werden sehr häufig mit speziellen, wieder lösbaren Verbindungssystemen, sogenannten Klick-Systemen, angeboten. Deren schwimmende Verlegung ist auch für den Laien unproblematisch. Allerdings sind nur die hochwertigeren Systeme dauerhaft verbindungsstabil. Bei allen Varianten sollte eine Trittschalldämmung vorgesehen werden, entweder im Verbund mit dem Belag oder als spezielle Dämmmatten, die auf dem Estrich verlegt werden.

Teppichböden unterscheiden sich in ihrem Material, ihrer Struktur und der Beschaffenheit der Rückseite. Ein Teppichboden besteht aus mehreren Schichten, mindestens aus der Tragschicht und der Nutzschicht. Die obere Schicht, die Nutzschicht (Pol), besteht aus Fasern. Die Fasern können synthetisch, natürlich oder eine Mischung aus beidem sein. Dann folgt bei manchen Teppichböden eine Mittelschicht mit Klebermasse, welche die Fasern mit dem Trägergewebe verbindet. Die untere Schicht (Tragschicht) ist der Teppichbodenrücken, der aus natürlichen oder synthetischen Materialien bestehen kann.

Über 90 Prozent aller Teppichböden werden heute durch Einnähen des Garns in das Trägermaterial hergestellt. Dabei unterscheidet man drei Grundtypen, die je nach Struktur mehr oder weniger strapazierfähig und damit für die verschiedensten Einsatzbereiche geeignet sind:

Schlingenflor (Schlinge): Hierbei besteht die Oberseite aus geschlossenen Garn- oder Faserschlingen. Die Noppen sind nicht aufgeschnitten. Teppichböden aus Schlingenflor sind unempfindlich und strapazierfähig.

Schnittflor: Hierunter fällt der „Velours", eine kurz geschnittene, dichte Ware, deren Oberfläche glatt und samtig aussieht. Ebenfalls zum Schnittflor zählt „Saxony", eine Variante mit höherem Flor. Schnittflor ist nicht so stark beanspruchbar wie Schlinge.

Schnittschlinge (Cut Loop): Teppichböden dieser Machart sind eine Kombination aus geschnittenen und nicht geschnittenen Schlingen, sogenannte Reliefware. Durch ihre Hoch-Tief-Struktur können Flächen aufgelockert und Muster betont werden.

Neben der Schlingenware gibt es noch das **Nadelvlies.** Es hat eine geschlossene, verhältnismäßig harte Oberfläche. Es wird fast ausschließlich aus Synthetikfasern hergestellt, gelegentlich mit Zusätzen aus Zellulose und Tierhaar. Die Materialpreise für Nadelvlies bewegen sich bei 12 bis 45 Euro pro Quadratmeter, für Schlingenware bei 12 bis 85 Euro.

Die Verlegung von Teppichböden erfolgt durch Verkleben, Fixieren oder Verspannen. Die letztgenannte Methode ist teurer als das übliche Verkleben und sollte auch nur von Fachleuten ausgeführt werden. Bei Bodenbelägen, die dafür geeignet sind, vermeidet man aber den Einsatz von Chemikalien und damit eine mögliche Belastung der Raumluft durch Inhaltsstoffe von Klebern und Fixierern. Stand der Technik bei der Verklebung von textilen Bodenbelägen sind lösemittelarme oder -freie Dispersionsklebstoffe auf Wasserbasis oder die sogenannten Fixierungen. Achten Sie darauf, dass auf keinen Fall lösemittelhaltige Klebstoffe zum Einsatz kommen. Sie bringen keinen Vorteil mit sich, können dafür jedoch eine bedeutende Quelle von Innenraumluftbelastungen werden.

Linoleum ist – abhängig von seiner Dicke und Ausführungsart – elastisch, strapazierfähig, trittsicher und trittschalldämmend. Die Beläge gibt es als Bahnenware (ein- oder zweischichtiges Material auf Jutegewebe mit 2; 2,5; 3,2 Millimetern Dicke) oder als sogenannten Verbundbelag auf Korkment in einer Dicke von vier Millimetern. Korkment besteht aus Korkschrot mit Bindemitteln aus Harzen. Diese Korkschicht dient vor allem dem verstärkten Trittschallschutz. Linoleum ist außer in Feuchträumen im gesamten Wohnbereich und auf Treppen geeignet. Der Materialpreis beträgt 25 bis 70 Euro je Quadratmeter.

Die Verlegung sollte ein Fachmann vornehmen. Sie erfolgt durch vollflächige, feste Verklebung auf glattem und festem Untergrund. Alle Estricharten sind als Untergrund geeignet. Die Fugen zwischen den Linoleumplatten und -bahnen können „verschweißt" werden, sodass eine homogene Oberfläche entsteht. Diese Fugenabdichtung erfolgt mit sogenanntem Linoleum-Schmelzdraht, der auf der Basis von Zwei-Komponenten-Kleber hergestellt ist.

PVC-(Polyvinylchlorid-)Böden lassen sich leicht verlegen, sind strapazierfähig und preiswert. Durch Hochziehen und Verschweißen der Kanten sind sie auch für Feuchträume geeignet. Die Lieferformen sind Bahnenware oder Fliesen mit einer Dicke von 1,5 bis 3 Millimetern. Der Materialpreis bewegt sich zwischen 5 und 45 Euro pro Quadratmeter.

Die Verlegung der PVC-Beläge erfolgt in der Regel durch vollflächiges Verkleben. Sie können aber auch mit Doppelklebeband an den Rändern oder auf ein Klebebandraster auf der ganzen Fläche (bis 20 Quadratmeter) befestigt werden. Die Stoßfugen können verschweißt werden, sodass ein wasserundurchlässiger Belag entsteht. Da PVC sowohl bei seiner Produktion als auch bei der Entsorgung ökologische Probleme bereitet, sollte dieses Material nach Möglichkeit durch andere ersetzt werden.

Seit einiger Zeit sind sogenannte Vinyl-, Vinyllaminat- und Design-Beläge auf dem Markt. Dabei handelt es sich um heterogene Kunststoffbeläge aus PVC und Polyurethan. Heterogen bedeutet, dass Vinylböden/Designbodenbeläge nicht durchgängig aus einem Material bestehen, sondern einen Mehrschichtaufbau haben. Die Basis für die meisten Vinylböden und Designbodenbeläge bildet eine Kunststoffrückenschicht. Als Stabilisierungs- und Trittschalllage folgt darauf eine Trägerschicht, auf der wiederum die Druckschicht, also das eigentliche Dekor, aufliegt. Ganz oben auf dem Vinylboden/Designbodenbelag befindet sich die transparente Nutzschicht, die meist aus Polyurethan (PU) besteht. Dieser Kunststoff schützt den Vinylboden und macht ihn widerstandsfähig gegen die alltäglichen Umwelteinflüsse. Anhand der Dicke der Nutzschicht wird auch meist die Einteilung der Vinylböden/Designbodenbeläge vorgenommen. Je dicker die Nutzschicht, desto strapazierfähiger und besser geschützt ist der Vinylboden, und desto höher ist sein Preis. Auch hier gibt es unterschiedliche Verlegesysteme: vom Klicksystem über magnetische Systeme bis zur losen Verlegung.

Bei Kokosfaser- und Sisalfaserböden handelt es sich um Webbeläge. Sie können die Luftfeuchtigkeit puffern. Dadurch entsteht ein sehr angenehmes Raumklima. Diese Bodenbeläge sind strapazierfähig und reinigungsfreundlich: Weil sie hart und fettfrei sind, haftet an ihnen kein Schmutz. Auch Bakterien können in diese Fasern kaum eindringen. Die Lieferformen sind Bahnen mit einer Dicke von 9 bis 14 Millimetern oder Fliesen in einer Stärke von 16 Millimetern. Der Materialpreis beträgt 20 bis 60 Euro je Quadratmeter.

Die Verlegung bis 30 Quadratmetern kann zwar lose mit Doppelklebeband erfolgen, aufgrund der Aufnahme und Abgabe von Feuchtigkeit kommt es aber zu einem Schrumpfen und Ausdehnen des Belags. Deshalb empfiehlt sich eher die vollflächige Verklebung mit lösemittelfreiem und weichmacherfreiem Dispersionskleber.

Elektroinstallation – Ausstattung

Steht in der Baubeschreibung „Elektroausstattung nach DIN“, dann vereinbart die Baufirma mit Ihnen die nach den Regeln der Technik gerade noch zulässige Minimalausstattung. Jede Steckdose, die Sie zusätzlich benötigen, müssen Sie dann als Sonderwunsch teuer bezahlen. Wir empfehlen Ihnen daher, Ihren tatsächlichen Bedarf an Steckdosen und Lichtauslässen raumweise zusammenzustellen. Wenn Sie noch nicht genau wissen, wie Sie das Haus bewohnen werden, können Sie sich an den nachstehenden Tabellen auf den Seiten 120 bis 125 mit „Ausstattungswerten“ nach RAL (Deutsches Institut für Gütesicherung und Kennzeichnung) orientieren.

Für elektrische Anlagen in Wohngebäuden entsprechen die Ausstattungswerte 1 der Mindestausstattung gemäß DIN 18015-2, der Wert 2 der Standardausstattung und Wert 3 der Komfortausstattung. Mit der Anzahl der Stromkreise steigt die Belastbarkeit und Betriebssicherheit der Elektroinstallation. Die Tabellen geben auch hierfür Anhaltswerte, die Sie auf Ihre heutigen und künftigen Gegebenheiten anpassen können.

Wenn Sie auch noch weitere Installationen wie zum Beispiel für ein Datennetzwerk benötigen, finden Sie in den Tabellen ebenfalls Hiweise dazu. Falls Sie daran denken, das Haus später in zwei Wohneinheiten aufzuteilen, sollten Sie schon jetzt die Elektroinstallation entsprechend planen.

Die nachfolgenden Tabellen (→ Seite 120 ff.) wurden mit Zustimmung von RAL Deutsches Institut für Gütesicherung und Kennzeichnung e. V. (www.RAL.de) der RAL Registrierung Elektrische Anlagen in Wohngebäuden, RAL-RG 678, Ausgabe November 2010 entnommen und stellen nur einen Auszug aus diesem Regelwerk dar. Ein neuere Fassung ist bislang (Stand: April 2022) nicht verfügbar.

Bei Ausstattungen mit Gebäudesystemtechnik gelten die Ausstattungswerte 1 plus bis 3 plus, wobei hier die Ausstattungswerte 1 plus der Mindestausstattung gemäß DIN 18015-2 und der Vorbereitung für die Anwendung der Gebäudesystemtechnik gemäß DIN 18015-4, 2 plus der Standardausstattung und mindestens einem Funktionsbereich gemäß DIN 18015-4, oder 3 plus der Komfortausstattung und mindestens zwei Funktionsbereichen gemäß DIN 18015-4 entsprechen.

Für die Anwendung der Tabellen gilt die jeweils aktuelle Ausgabe des Gesamtwerks der Registrierung, die als pdf oder als Druckschrift über den Beuth-Verlag (www.beuth.de) bezogen werden kann.

Bei Auslässen für die Beleuchtung muss deren jeweilige Schaltung festgelegt werden.

Die gängigsten Schaltungsvarianten sind:
Ausschaltung: Eine oder mehrere Leuchten sind von einer Stelle gemeinsam schaltbar.

Serienschaltung: Zwei oder mehrere Leuchten sind getrennt in zwei Gruppen von einer Stelle schaltbar.

Wechselschaltung: Eine oder mehrere Leuchten sind von zwei gemeinsamen Stellen schaltbar.

Kreuzschaltung: Eine oder mehrere Leuchten sind von drei bis vier Stellen gemeinsam schaltbar.

Tasterschaltung: Eine oder mehrere Leuchten sind von beliebig vielen Stellen gemeinsam schaltbar.

Übrigens: Es sollten zum Beispiel Außensteckdosen gegen unbefugte Benutzung immer von innen schaltbar sein.

Tabelle 1 Mindestausstattungsumfang für den Ausstattungswert 1

Symbol	Ausstattungswert 1 / Kennzeichnung ★	Küche a) b)	Kochnische b)	Bad	WC-Raum	Hausarbeitsraum b)	Wohnzimmer a) bis 20 m²	Wohnzimmer a) über 20 m²	Esszimmer	je Schlaf-, Kinder-, Gäste-, Arbeitszimmer, Büro b) bis 20 m²	je Schlaf-, Kinder-, Gäste-, Arbeitszimmer, Büro b) über 20 m²	Flur bis 3 m	Flur über 3 m	Freisitz	Abstellraum	Hobbyraum	zur Wohnung gehörender Keller-/Bodenraum, Garage	Keller-/Bodengang je 6 m Ganglänge
Steckdosen, Anschlüsse		**Anzahl der Steckdosen, Beleuchtungs- und Kommunikationsanschlüsse**																
	Steckdosen, allgemein	5	3	2 e)	1	3	4	5	3	4	5	1	1	1	1	3	1	1
	Beleuchtungsanschlüsse	2	1	2	1	1	2	3	1	1	2	1	2 g)	1	1	1	1	1
	Telefon-/Datenanschluss (IuK)						1		1	1		1						
	Steckdosen für Telefon/Daten						1		1	1		1						
	Radio-/TV-/Datenanschluss (RuK)	1					2		1	1								
	Steckdosen für Radio / TV / Daten	3					6		3	3								
	Kühlgerät, Gefriergerät	2	1															
	Dunstabzug	1																
	Anschluss für Lüfter c)			1	1													
M	Rollladenantriebe																	
Besondere Verbrauchsmittel		**Anzahl der Anschlüsse für besondere Verbrauchsmittel mit eigenem Stromkreis**																
	Elektroherd (3x230V)	1																
	Backofen																	
E	Dampfgarer																	
	Mikrowellenkochgerät	1																
	Geschirrspülmaschine	1																
	Waschmaschine f)	1		1		1											1	
	Wäschetrockner f)	1		1		1											1	
	Bügelstation, Dampfbügelstation					1												
	Warmwassergerät d)	1		1	1													
E	Saunaheizgerät (3x230V)	soweit vorhanden/geplant																
E	Whirlpool	soweit vorhanden/geplant																
	Heizgerät d)			1														

Stromkreisverteiler, Beleuchtungs- und Steckdosenstromkreise, Hauskommunikationsanlage

Stromkreisverteiler	in Mehrraumwohnungen mindestens vierreihige, in Einraumwohnungen mindestens dreireihige Stromkreisverteiler	
Beleuchtungs-und Steckdosenstromkreise (zusätzlich zu den oben aufgeführten Stromkreisen für besondere Verbrauchsmittel)	**Wohnfläche der Wohnung in m²**	**Anzahl Stromkreise**
	bis 50	3
	über 50 bis 75	4
	über 75 bis 100	5
	über 100 bis 125	6
	über 125	7
Hauskommunikationsanlage	Klingel oder Gong, Türöffner und Gegensprechanlage	

a) In Räumen mit Essecke ist die Anzahl der Anschlüsse und Steckdosen um jeweils 1 zu erhöhen.
b) Die den Bettplätzen und den Arbeitsflächen von Küchen, Kochnischen und Hausarbeitsräumen zugeordneten Steckdosen sind mindestens als Zweifach-Steckdosen vorzusehen. Sie zählen jedoch in der Tabelle als jeweils nur eine Steckdose.
c) Sofern eine Einzellüftung vorgesehen ist. Bei fensterlosen Bädern oder WC-Räumen ist die Schaltung über die Allgemeinbeleuchtung mit Nachlauf auszuführen.
d) Sofern die Heizung/Warmwasserversorgung nicht auf andere Weise erfolgt.
e) Davon ist eine Steckdose in Kombination mit der Waschtischleuchte zulässig.
f) In einer Wohnung nur jeweils einmal erforderlich.
g) Von mindestens zwei Stellen aus schaltbar.

Tabelle 2 Mindestausstattungsumfang für den Ausstattungswert 2

Symbol	Ausstattungswert: 2 / Kennzeichnung: ★★	Wohnbereich																
		Küche a) b)	Kochnische b)	Bad	WC-Raum	Hausarbeitsraum b)	Wohnzimmer a) bis 20 m²	Wohnzimmer a) über 20 m²	Esszimmer	je Schlaf-, Kinder-, Gäste-Arbeitszimmer, Büro b) bis 20 m²	je Schlaf-, Kinder-, Gäste-Arbeitszimmer, Büro b) über 20 m²	Flur bis 3 m	Flur über 3 m	Freisitz	Abstellraum	Hobbyraum	zur Wohnung gehörender Keller-/Bodenraum, Garage	Keller-/Bodengang je 6 m Ganglänge
Steckdosen, Anschlüsse		**Anzahl der Steckdosen, Beleuchtungs- und Kommunikationsanschlüsse**																
	Steckdosen, allgemein	10	4	4 e)	2	8	8	11	5	8	11	2	3	2	2	6	2	1
	Beleuchtungsanschlüsse	3	2	3	1	2	2	3	1	2	3	2	2 g)	2	1	2	1	1
	Telefon-/Datenanschluss (IuK)	1				1	1	2	1	1	2	1		1		1		
	Steckdosen für Telefon/Daten	2				2	2	4	2	2	4	2		2		2		
	Radio-/TV-/Datenanschluss (RuK)	1				1	2	3	1	1				1		1		
	Steckdosen für Radio / TV / Daten	3				3	6	9	3	3				3		3		
	Kühlgerät, Gefriergerät	2	1															
	Dunstabzug	1																
	Anschluss für Lüfter c)			1	1													
	Rollladenantriebe	Anschlüsse entsprechend der Anzahl der Antriebe																
Besondere Verbrauchsmittel		**Anzahl der Anschlüsse für besondere Verbrauchsmittel mit eigenem Stromkreis**																
	Elektroherd (3x230V)	1																
	Backofen	1																
	Dampfgarer	1																
	Mikrowellenkochgerät	1																
	Geschirrspülmaschine	1																
	Waschmaschine f)			1		1											1	
	Wäschetrockner f)			1		1											1	
	Bügelstation, Dampfbügelstation					1												
	Warmwassergerät d)	1		1	1													
	Saunaheizgerät (3x230V)	soweit vorhanden/geplant																
	Whirlpool	soweit vorhanden/geplant																
	Heizgerät d)			1														
Stromkreisverteiler, Beleuchtungs- und Steckdosenstromkreise, Hauskommunikationsanlage																		
	Stromkreisverteiler	die Größe richtet sich nach der Anzahl der einzubauenden Betriebsmittel zzgl. Reserveplätze, in Mehrraumwohnungen mindestens vierreihige, in Einraumwohnungen mindestens dreireihige Stromkreisverteiler																
	Beleuchtungs-und Steckdosenstromkreise (zusätzlich zu den oben aufgeführten Stromkreisen für besondere Verbrauchsmittel)	1		1		1	1	2	1	1	2			1		1	1	
	Hauskommunikationsanlage	Klingel oder Gong, Türöffner und Gegensprechanlage mit mehreren Wohnungssprechstellen																

a) In Räumen mit Essecke ist die Anzahl der Anschlüsse und Steckdosen um jeweils 1 zu erhöhen.
b) Die den Bettplätzen und den Arbeitsflächen von Küchen, Kochnischen und Hausarbeitsräumen zugeordneten Steckdosen sind mindestens als Zweifach-Steckdosen vorzusehen. Sie zählen jedoch in der Tabelle als jeweils nur eine Steckdose.
c) Sofern eine Einzellüftung vorgesehen ist. Bei fensterlosen Bädern oder WC-Räumen ist die Schaltung über die Allgemeinbeleuchtung mit Nachlauf auszuführen.
d) Sofern die Heizung/Warmwasserversorgung nicht auf andere Weise erfolgt.
e) Davon ist eine Steckdose in Kombination mit der Waschtischleuchte zulässig.
f) In einer Wohnung nur jeweils einmal erforderlich.
g) Von mindestens zwei Stellen aus schaltbar.

Tabelle 3 Mindestausstattungsumfang für den Ausstattungswert 3

Symbol	Ausstattungswert 3 / Kennzeichnung ★★★	Wohnbereich: Küche a) b)	Kochnische b)	Bad	WC-Raum	Hausarbeitsraum b)	Wohnzimmer a) bis 20 m²	Wohnzimmer a) über 20 m²	Esszimmer	je Schlaf-, Kinder-, Gäste-Arbeitszimmer, Büro b) bis 20 m²	je Schlaf-, Kinder-, Gäste-Arbeitszimmer, Büro b) über 20 m²	Flur bis 3 m	Flur über 3 m	Freisitz	Abstellraum	Hobbyraum	zur Wohnung gehörender Keller-/Bodenraum, Garage	Keller-/Bodengang je 6 m Ganglänge
Steckdosen, Anschlüsse		**Anzahl der Steckdosen, Beleuchtungs- und Kommunikationsanschlüsse**																
	Steckdosen, allgemein	12	4	5 e)	2	10	10	13	7	10	13	3	4	3	2	8	2	1
	Beleuchtungsanschlüsse	3	2	3	2	3	3	4	2	3	4	2	2 g)	2	1	2	1	1
	Telefon-/Datenanschluss (IuK)	1		1		1	1	2	1	1	2	1		1		1		
	Steckdosen für Telefon/Daten	2		2		2	2	4	2	2	4	2		2		2		
	Radio-/TV-/Datenanschluss (RuK)	1		1		1	2	3	1	2				1		1		
	Steckdosen für Radio / TV / Daten	3		3		3	6	9	3	6				3		3		
	Kühlgerät, Gefriergerät	2	1															
	Dunstabzug	1																
	Anschluss für Lüfter c)			1	1													
	Rollladenantriebe	Anschlüsse entsprechend der Anzahl der Antriebe																
Besondere Verbrauchsmittel		**Anzahl der Anschlüsse für besondere Verbrauchsmittel mit eigenem Stromkreis**																
	Elektroherd (3x230V)	1																
	Backofen	1																
	Dampfgarer	1																
	Mikrowellenkochgerät	1																
	Geschirrspülmaschine	1																
	Waschmaschine f)			1		1											1	
	Wäschetrockner f)			1		1											1	
	Bügelstation, Dampfbügelstation					1												
	Warmwassergerät d)	1		1	1													
	Saunaheizgerät (3x230V)	soweit vorhanden/geplant																
	Whirlpool	soweit vorhanden/geplant																
	Heizgerät d)			1														
Stromkreisverteiler, Beleuchtungs- und Steckdosenstromkreise, Hauskommunikationsanlage																		
	Stromkreisverteiler	die Größe richtet sich nach der Anzahl der einzubauenden Betriebsmittel zzgl. Reserveplätze, in Mehrraumwohnungen mindestens vierreihige, in Einraumwohnungen mindestens dreireihige Stromkreisverteiler																
	Beleuchtungs-und Steckdosenstromkreise (zusätzlich zu den oben aufgeführten Stromkreisen für besondere Verbrauchsmittel)	1		1		1	1	2	1	1	2	1		1		1	1	
	Hauskommunikationsanlage	Klingel oder Gong, Türöffner und Gegensprechanlage mit mehreren Wohnungssprechstellen, Video-Türstationen, Gefahrenmeldeanlagen																

a) In Räumen mit Essecke ist die Anzahl der Anschlüsse und Steckdosen um jeweils 1 zu erhöhen.
b) Die den Bettplätzen und den Arbeitsflächen von Küchen, Kochnischen und Hausarbeitsräumen zugeordneten Steckdosen sind mindestens als Zweifach-Steckdosen vorzusehen. Sie zählen jedoch in der Tabelle als jeweils nur eine Steckdose.
c) Sofern eine Einzellüftung vorgesehen ist. Bei fensterlosen Bädern oder WC-Räumen ist die Schaltung über die Allgemeinbeleuchtung mit Nachlauf auszuführen.
d) Sofern die Heizung/Warmwasserversorgung nicht auf andere Weise erfolgt.
e) Davon ist eine Steckdose in Kombination mit der Waschtischleuchte zulässig.
f) In einer Wohnung nur jeweils einmal erforderlich.
g) Von mindestens zwei Stellen aus schaltbar.

Tabelle 4 Mindestausstattungsumfang für den Ausstattungswert 1 *plus*

Ausstattungswert: **1 *plus***

Kennzeichnung: **★ *plus***

Gefordert ist die Vorbereitung für die Anwendung dieser Funktionsbereiche durch installieren von entsprechenden BUS-Leitungen oder entsprechenden Installationsrohren zur nachträglichen Installation von Busleitungen sowie die Auswahl eines Stromkreisverteilers mit entsprechendem Reserveplatz.

Wohnbereich	Küche	Kochnische	Bad	WC-Raum	Hausarbeitsraum	Wohnzimmer bis 20 m²	Wohnzimmer über 20 m²	Esszimmer	je Schlaf-, Kinder-, Gäste-, Arbeitszimmer, Büro bis 20 m²	je Schlaf-, Kinder-, Gäste-, Arbeitszimmer, Büro über 20 m²	Flur bis 3 m	Flur über 3 m	Freisitz	Abstellraum	Hobbyraum	zur Wohnung gehörender Keller-/Bodenraum, Garage	Keller-/Bodengang je 6 m Ganglänge
Funktionsbereich: Schalten/Dimmen (bezogen auf die Anzahl der Beleuchtungsanschlüsse)																	
Schalten h)	2	1	2	1	1	2	3	1	1	2	1	2	1	1	1	1	1
Status Schalten	2	1	2	1	2	2	3	1	1	2	1	2	1	1	1	1	1
Dimmen h)						2	3	1	1	2							
Status Dimmen						2	3	1	1	2							
Sperren																	
Szene																	
Bewegungsmeldung											1						
Anwesenheitserkennung m) (Präsenzmeldung)	1		1	1	1	1		1	1						1		
Funktionsbereich: Schaltbare Steckdosen / geschaltete Geräte / Energiemanagement (in jedem Fall erforderlich, wenn Maßnahmen zur Energieeffizienzsteigerung umgesetzt werden sollen)																	
Warmwassergerät	1		1	1													
Heizgerät			1														
Waschmaschine	1		1		1												
Geschirrspülmaschine	1																
Wäschetrockner	1		1		1												
Gefriergerät	1				1												
Funktionsbereich: Sonnenschutz																	
Auf/ab fahren, Stopp l)	1		1	1	1	1		1	1								
Position anfahren						1		1	1								
Status Position	1		1	1	1	1		1	1								
Sperren	1		1	1	1	1		1	1								
Szene						1		1	1								
Funktionsbereich: Heizen Lüften Kühlen																	
Raumtemperaturregler	1		1	1	1	1		1	1						1		
Ventilstellantrieb (je Heiz-/Kühlkreis)	1		1	1	1	1		1	1						1		
bedarfsgesteuerte Lüftung (CO2/Feuchte-Sensor)	1		1	1	1	1		1	1						1		
Anwesenheitserkennung m) (Präsenzmeldung)	1		1	1	1	1		1	1						1		
Fensterkontakte k)	je Fenster / Fassade vorzusehen																
Funktionsbereich: Sicherheit																	
Fensterkontakte k)	je Fenster / Fassade vorzusehen																
Brandmeldung	1				1	1		1	1						1		
Anwesenheitssimulation	1		1	1	1	1		1	1						1		
Anwesenheitserkennung m) (Präsenzmeldung)	1		1	1	1	1		1	1						1		
Bewegungsmeldung	1		1	1	1	1		1	1		1				1		

h) Je Raumzugang.
k) Nur einmal für Funktionsbereich Heizen, Lüften, Kühlen und Funktionsbereich Sicherheit notwendig.
l) Je Fenster mit Sonnenschutz.
m) Nur einmal je Raum für alle Funktionsbereiche erforderlich.

Tabelle 5 Mindestausstattungsumfang für den Ausstattungswert 2 *plus*

Ausstattungswert: **2 *plus***

Kennzeichnung: **★★ *plus***

Gefordert ist die Vorbereitung für die Anwendung dieser Funktionsbereiche durch installieren von entsprechenden BUS-Leitungen oder entsprechenden Installationsrohren zur nachträglichen Installation von Busleitungen sowie die Auswahl eines Stromkreisverteilers mit entsprechendem Reserveplatz und die Umsetzung mindestens eines Funktionsbereiches.

Wohnbereich	Küche	Kochnische	Bad	WC-Raum	Hausarbeitsraum	Wohnzimmer bis 20 m²	Wohnzimmer über 20 m²	Esszimmer	je Schlaf, Kinder-, Gäste-Arbeitszimmer, Büro bis 20 m²	je Schlaf, Kinder-, Gäste-Arbeitszimmer, Büro über 20 m²	Flur bis 3 m	Flur über 3 m	Freisitz	Abstellraum	Hobbyraum	zur Wohnung gehörender Keller-/Bodenraum, Garage	Keller-/Bodengang je 6 m Ganglänge
Funktionsbereich: Schalten/Dimmen (bezogen auf die Anzahl der Beleuchtungsanschlüsse)																	
Schalten [h]	3	2	3	1	2	2	3	1	2	3	2		2	1	2	1	1
Status Schalten	3	2	3	1	2	2	3	1	2	3	2		2	1	2	1	1
Dimmen [h]						2	3	1	2	3							
Status Dimmen						2	3	1	2	3							
Sperren																	
Szene						1	2		1								
Bewegungsmeldung											1						
Anwesenheitserkennung [m] (Präsenzmeldung)	1		1	1	1	1		1	1						1		
Funktionsbereich: Schaltbare Steckdosen / geschaltete Geräte / Energiemanagement (in jedem Fall erforderlich, wenn Maßnahmen zur Energieeffizienzsteigerung umgesetzt werden sollen)																	
Warmwassergerät	1		1	1													
Heizgerät			1														
Waschmaschine			1		1												
Geschirrspülmaschine	1																
Wäschetrockner			1		1												
Gefriergerät	1				1												
Funktionsbereich: Sonnenschutz																	
Auf/ab fahren, Stopp [l]	1		1	1	1	1		1	1								
Position anfahren						1		1	1								
Status Position	1		1	1	1	1		1	1								
Sperren	1		1	1	1	1		1	1								
Szene						1		1	1								
Funktionsbereich: Heizen Lüften Kühlen																	
Raumtemperaturregler	1		1	1	1	1		1	1						1		
Ventilstellantrieb (je Heiz-/Kühlkreis)	1		1	1	1	1		1	1						1		
bedarfsgesteuerte Lüftung (CO2/Feuchte-Sensor)	1		1	1	1	1		1	1						1		
Anwesenheitserkennung [m] (Präsenzmeldung)	1		1	1	1	1		1	1						1		
Fensterkontakte [k]	je Fenster / Fassade vorzusehen																
Funktionsbereich: Sicherheit																	
Fensterkontakte [k]	je Fenster / Fassade vorzusehen																
Brandmeldung	1				1	1		1	1						1		
Anwesenheitssimulation	1		1	1	1	1		1	1						1		
Anwesenheitserkennung [m] (Präsenzmeldung)	1		1	1	1	1		1	1							1	
Bewegungsmeldung	1		1	1	1	1		1	1		1				1		

h) Je Raumzugang.
k) Nur einmal für Funktionsbereich Heizen, Lüften, Kühlen und Funktionsbereich Sicherheit notwendig.
l) Je Fenster mit Sonnenschutz.
m) Nur einmal je Raum für alle Funktionsbereiche erforderlich.

Tabelle 6 Mindestausstattungsumfang für den Ausstattungswert 3 *plus*

Ausstattungswert: **3 *plus*** / Kennzeichnung: **★★★ *plus***	Wohnbereich																
	Küche	Kochnische	Bad	WC-Raum	Hausarbeitsraum	Wohnzimmer bis 20 m²	Wohnzimmer über 20 m²	Esszimmer	je Schlaf-, Kinder-, Gäste-Arbeitszimmer, Büro bis 20 m²	je Schlaf-, Kinder-, Gäste-Arbeitszimmer, Büro über 20 m²	Flur bis 3 m	Flur über 3 m	Freisitz	Abstellraum	Hobbyraum	zur Wohnung gehörender Keller-/Bodenraum, Garage	Keller-/Bodengang je 6 m Ganglänge
Funktionsbereich: Schalten/Dimmen (bezogen auf die Anzahl der Beleuchtungsanschlüsse)																	
Schalten h)	3	2	3	2	3	3	4	2	3	4	2		2	1	2	1	1
Status Schalten	3	2	3	2	3	3	4	2	3	4	2		2	1	2	1	1
Dimmen h)						3	4	2	3	4							
Status Dimmen						3	4	2	3	4							
Sperren																	
Szene						2	4		2								
Bewegungsmeldung											1						
Anwesenheitserkennung m) (Präsenzmeldung)	1		1	1	1	1		1	1			1			1		1
Funktionsbereich: Schaltbare Steckdosen / geschaltete Geräte / Energiemanagement (in jedem Fall erforderlich, wenn Maßnahmen zur Energieeffizienzsteigerung umgesetzt werden sollen)																	
Warmwassergerät	1		1	1													
Heizgerät			1														
Waschmaschine			1		1												
Geschirrspülmaschine	1																
Wäschetrockner			1		1												
Gefriergerät	1				1												
Funktionsbereich: Sonnenschutz																	
Auf/ab fahren, Stopp l)	1		1	1	1	1		1	1								
Position anfahren	1		1		1	1		1	1								
Status Position	1		1	1	1	1		1	1								
Sperren	1		1	1	1	1		1	1								
Szene						1		1	1								
Funktionsbereich: Heizen Lüften Kühlen																	
Raumtemperaturregler	1		1	1	1	1		1	1						1		
Ventilstellantrieb (je Heiz-/Kühlkreis)	1		1	1	1	1		1	1						1		
bedarfsgesteuerte Lüftung (CO2/Feuchte-Sensor)	1		1	1	1	1		1	1						1		
Anwesenheitserkennung m) (Präsenzmeldung)	1		1	1	1	1		1	1			1			1		1
Fensterkontakte k)	je Fenster / Fassade vorzusehen																
Funktionsbereich: Sicherheit																	
Fensterkontakte k)	je Fenster / Fassade vorzusehen																
Brandmeldung	1				1	1		1	1						1		
Anwesenheitssimulation	1		1	1	1	1		1	1						1		
Anwesenheitserkennung m) (Präsenzmeldung)	1		1	1	1	1		1	1				1			1	
Bewegungsmeldung	1		1	1	1	1		1	1		1				1		

Gefordert ist die Vorbereitung für die Anwendung dieser Funktionsbereiche durch installieren von entsprechenden BUS-Leitungen oder entsprechenden Installationsrohren zur nachträglichen Installation von Busleitungen sowie die Auswahl eines Stromkreisverteilers mit entsprechendem Reserveplatz und die Umsetzung mindestens zwei der Funktionsbereiche.

h) Je Raumzugang.
k) Nur einmal für Funktionsbereich Heizen, Lüften, Kühlen und Funktionsbereich Sicherheit notwendig.
l) Je Fenster mit Sonnenschutz.
m) Nur einmal je Raum für alle Funktionsbereiche erforderlich.

→ **TIPP** Machen Sie sich bereits vor Vertragsabschluss mit der Standardausstattung vertraut und fragen Sie, ob sich zum Beispiel Zeitschaltuhren in das Standardprogramm integrieren lassen. Sonderwünsche müssen vor Vertragsabschluss schriftlich festgelegt werden. Nur so können Sie überhöhte Kosten sicher ausschließen.

Heizflächen/Endmontage

Die Wärmeabgabe an die Räume erfolgt über Heizkörper (Radiatoren, Plattenheizkörper, Konvektoren) oder Flächenheizungen (Decken-, Fußboden- oder Wandheizungen). Erläuterungen siehe Kapitel „Heizungsinstallation", Abschnitt „Wärmeverteilung und Heizflächen" → Seite 103 f.

Sanitärinstallation – Ausstattung

Die Qualität von keramischen Sanitärobjekten wie Waschbecken wird durch die Sortierung angegeben. Produkte der Ersten Sortierung werden mit einer roten Farbmarkierung gekennzeichnet. Produkte der Zweiten Sortierung erhalten eine blaue Markierung. Hier sind geringfügige Fehler und kleine Farbabweichungen möglich.

Bei der körperschallgedämmten Befestigung gelten die gleichen Prinzipien wie im Kapitel „Sanitärinstallation – Rohinstallation" (→ Seite 108 ff.) beschrieben.

Vor Vertragsabschluss sollte es eine Möglichkeit zur Besichtigung geben. Dabei sollten Sie auch das Material (Stahl, Acryl oder Porzellan) und die vorgesehene Standardfarbe beziehungsweise die (teureren) Sonderfarben festlegen.

Wichtig für die Auswahl der Sanitärgegenstände und Armaturen sind auch die Beschaffenheit der Oberflächen und deren Pflegeaufwand. So sind zum Beispiel Acrylwannen empfindlicher und daher aufwendiger zu pflegen als emaillierte Stahlwannen. Armaturen mit Lack- oder Goldoberflächen sind empfindlicher als verchromte, Griffe und Ablagen aus Acryl sind kratzempfindlicher als solche aus Porzellan. Mittlerweile sind auch Beschichtungen und spezielle Oberflächen für Sanitärgegenstände oder Duschabtrennungen auf dem Markt, die Kalk- und Seifenrückstände minimieren können.

Bei den Armaturen – insbesondere für Bade- und Duschwannen – ist zu klären, ob sie mit einem Thermostatventil versehen (die eingestellte Temperatur wird konstant gehalten) oder ob sie lediglich als Einhebelmischer ausgeführt sind. Im letzten Fall ist ein manuelles Regeln der Temperatur notwendig.

Der vom fließenden Wasser erzeugte Installationsgeräuschpegel ist bei Armaturen der Armaturengruppe I deutlich niedriger als bei Armaturengruppe II. Die Armaturengruppe ist vom Anbieter entsprechend dem vereinbarten Schallschutzstandard auszuwählen.

Bereits einfache Zusatzinstallationen können größere Mengen an Wasser und damit Kosten einsparen:

Durchflussbegrenzer: Sie begrenzen den maximalen Wasserdurchfluss. Er kann zum Beispiel auch in den Brauseschlauch der Dusche integriert werden. In Verbindung mit einem Luftsprudler mischen diese Spardüsen Luft in den Wasserstrahl. Er fühlt sich dann genauso füllig an wie ein Wasserstrahl ohne Spardüse.

Einhandhebelmischer: Aufgrund ihres kurzen Öffnungsweges werden sie oft zu schnell und meist zu weit geöffnet mit der Folge eines erhöhten Wasserverbrauchs. Außerdem führt die Mittelstellung, die aus ästhetischen und ergonomischen Gründen von den meisten Menschen bevorzugt wird, zu einem unnötigen Warmwasserverbrauch (bis zu 50 Prozent). Bei den Einhebelmischbatterien einiger Hersteller wird in der Mittelstellung ausschließlich kaltes Wasser gezapft. Zudem muss ein kleiner Widerstand überwunden werden, um die volle Auslaufmenge zu erhalten.

Thermostatbatterien: Sie lassen sich vor der Wasserentnahme auf die gewünschte Temperatur einstellen, die sie dann konstant halten. Dadurch wird unnötiges Ablaufen von zu heißem oder zu kaltem Wasser vermieden und auch ein Verbrühungsschutz erreicht.

Spül- und Stopptasten: Mit ihrer Hilfe kann der Spülvorgang der Toilette unterbrochen werden. Damit wird Wasser zurückgehalten, das sonst ungenutzt in die Kanalisation fließt.

Sparspülkasten: Sie verbrauchen lediglich drei bis sechs Liter Wasser pro Spülung gegenüber herkömmlichen Toiletten mit neun bis zwölf Litern.

→ **TIPP** Gerade bei den Sanitärarbeiten kommt es sehr häufig zu – teuren – Änderungen gegenüber der Standardausstattung. Lassen Sie sich deshalb unbedingt die Standardausstattung zeigen und legen sie Ihre Änderungswünsche und die resultierenden Kosten noch vor Vertragsabschluss schriftlich fest.

Innentüren

Türblätter bestehen je nach Verwendungszweck aus unterschiedlichen Mittellagen.

Die Hohlraumfüllung ist eine Karton-Wabenfüllung. Die Wabeneinlage bringt gerade mal ausreichende Stabilität und Schallschutz für Zimmertüren innerhalb der Wohnung. Aufgrund ihrer sehr leichten Bauweise sind diese Türen leicht zu handhaben und die kostengünstigste Variante.

Die Steigerung der Türen mit „Wabeneinlage" sind Türen mit Röhrenspansteg-Einlage. Diese Türen sind mechanisch stärker belastbar. Eine Tür der „unteren Mittelklasse".

Wenn Sie zudem eine bessere Schalldämmung wünschen, sollten Sie sich unbedingt für eine Tür mit Röhrenspaneinlage entscheiden. Sie ist stabil und gehört zu der „gehobenen Mittelklasse".

Die Spanplatte hat viele Vorzüge: Sie neigt nur sehr gering zum „Schwinden" und „Verziehen" und ist sehr stabil. Mit einer Innentür, die eine Vollspan-Einlage hat, erreicht man erhöhte Schalldämmwerte. Sie wird häufig als Wohnungseingangstür verwendet.

Aus der Kombination der Klimaklassen und der Beanspruchungsgruppen folgen die Zuordnung beziehungsweise Einsatzempfehlungen nach ihrem Verwendungszweck:

Für Wohnungseingangstüren empfiehlt sich immer der Einbau von Türblättern der Klimaklasse II bei beheizten Treppenhäusern oder Klimaklasse III bei nicht beheizten Treppenhäusern/Hausfluren. Es sollte die Beanspruchungsgruppe M oder S gewählt werden.

Für Wohnungsinnentüren, zum Beispiel Wohn-, Ess-, Kinder-, Schlafzimmer, Küche, können Türen der Klimaklasse I, für Bad, WC, Abstellraum Türen der Klimaklasse I oder II und der Beanspruchungsgruppe N oder M verwendet werden.

Für nicht ausgebaute Dachgeschosse und Kellerabgangstüren sollten mindestens Türen der Klimaklasse II und der Beanspruchungsgruppe N oder M verwendet werden.

Zu den Beschlägen zählen alle Teile aus Metall oder Kunststoffen, die dazu dienen, bewegliche Bauteile festzumachen, zu verbinden, beweglich zu machen oder zu verschließen. Mit dem Begriff „Türbeschlag“ wird häufig jedoch nur der Türgriff bezeichnet. Er besteht aus Außen- und Innenschild sowie Türdrückern und Drückerstift.

Der bei Türen erforderliche Bodenabstand kann durch Bodendichtungen wirksam abgedichtet werden. Je nach Hersteller gibt es verschiedene Systeme (zum Beispiel Anschlagdichtung, absenkbare Dichtung, Auflaufdichtung mit Bürste).

HINTERGRUND

Klimaklassen und Beanspruchungsgruppen

Türen trennen häufig Räume mit unterschiedlichen Temperaturen und Luftfeuchtigkeiten (Differenzklima). Trotzdem dürfen sich die Türblätter nicht verziehen. Man ordnet die Türblattkonstruktionen den Klimaklassen I, II oder III mit entsprechenden Einsatzempfehlungen zu. Türen der Klimaklasse I unterliegen normalen, Türen der Klimaklasse III extremen klimatischen Beanspruchungen. Neben den Klimaklassen gibt es auch noch drei Klassen für die mechanische Beanspruchung. Die Beanspruchungsgruppe N bezeichnet eine normale, M eine mittlere und S eine starke Beanspruchung.

Außenanlagen

Bei den Außenanlagen handelt es sich durchaus um kostenträchtige Posten. Auch wenn sie nicht zum Haus selbst gehören, so sind sie doch für dessen Nutzung mindestens zum Teil unbedingt notwendig, wie zum Beispiel der Kellerersatzraum oder auch der Pkw-Stellplatz beziehungsweise der Carport oder die Garage.

Für den schnellen Einstieg

1 Wie wird das Fundament der Terrasse vorbereitet? → Seite 131

2 Ist ein ausreichendes Gefälle bei der Terrasse vorgesehen? → Seite 131

3 Wie sind die Schwellen von Balkon- und Terrassentüren gesichert? → Seite 132

4 Ist eine Nebentür zur Garage vorgesehen? → Seite 132

5 Passt die vorgeschlagene Konstruktionsart des Garagentors zum Platzangebot? → Seite 132

6 Ist die Elektroinstallation für einen eventuellen Garagentorantrieb in der Leistungsbeschreibung enthalten? → Seite 132

Wichtige Eckpunkte für eine gute Planung der Außenanlagen

Formulare → Seite F-79

Nicht nur im und am Haus, auch um das Haus herum werden einige Arbeiten notwendig. Ist eventuell statt des Kellers ein ebenerdiger Abstellraum geplant? Wird ein Carport oder eine Garage mit angeboten? Mit welchen Spezifikationen ist eine Terrasse vorgesehen, wie sollen die Wege zum Haus und zur Garage verlaufen?

Kellerersatzraum

Die Alternative zu einem Keller sind ebenerdige Abstellräume (etwa im Garagenbereich). Wenn das Grundstück groß genug ist, und auch sonst auf einen Keller verzichtet werden kann, ist das eine überlegenswerte, weil kostengünstige Möglichkeit.

Terrasse

Beim Anlegen einer Terrasse sollten Sie beachten, dass sich der aufgewühlte Boden im Laufe der ersten Jahre noch setzt. Deshalb muss das Füllmaterial unter dem Fundament der Terrasse verdichtet oder besser mit Fundamentstützen gearbeitet werden.

Je nach dem gewählten Bodenbelag wird der erforderliche Unterbau erstellt. Bei Plattenmaterialien als Belag wird nach den gegebenen Bodenverhältnissen eine Bodenplatte aus Beton auf einer Grobkiesschicht erstellt, um eine tragfähige Konstruktion und eine gute Ebenheit des Untergrundes zu erzielen. Darauf kann dann der Plattenbelag (Fliesen, Naturstein) verlegt werden. Dabei muss es sich um frostbeständige Materialien und Kleber handeln und je nach Größe der Terrasse mit Dehnfugen gearbeitet werden. Soll eine Pflasterung erfolgen, wird auf einer Sauberkeitsschicht aus Kies eine mindestens zehn Zentimeter dicke Schicht aus grobem Schotter und eine etwa fünf Zentimeter dicke Kies- und Sandschicht darüber eingebracht. Darauf kann dann die Pflasterung mit den unterschiedlichsten Materialien erfolgen.

Auf einer Unterkonstruktion aus Schotter, Splitt und Lagerbohlen auf einzelnen Betonplatten kann auch ein Holzbelag ausgeführt werden. Aus Rosten oder Bohlen, je nach Holzart imprägniert oder naturbelassen, werden fußwarme und langlebige Beläge hergestellt. Alle verwendeten Metallteile, zum Beispiel Schrauben und Verbinder, sollten aus Edelstahl bestehen.

→ **WICHTIG** Jede Terrasse muss in einem leichten Gefälle vom Haus weg ausgeführt werden, damit das Regenwasser ablaufen kann. Ist das nicht möglich, weil das Terrain dies nicht zulässt, ist eine geeignete Ablaufmöglichkeit – zum Beispiel mit einem Entwässerungskanal und einer Gitterabdeckung – zu schaffen.

In jedem Fall ist der Übergang von der Terrasse zur Fenstertür gewissenhaft abzudichten, da ansonsten, besonders bei bodengleicher Ausführung, die Gefahr besteht, dass Feuchtigkeit in diesem Bereich in den Fußboden des Hauses eindringt.

An den Schwellen von Balkon- und Terrassentüren muss nach DIN 18531 die Abdichtung von anschließenden waagrechten Bauteilen 15 cm hochgezogen und gesichert werden, um das Eindringen von Schnee, Spritz- oder angestautem Wasser zu verhindern. Messpunkte sind hierbei die Oberkante des Plattenbelages, nicht die der wasserführenden Schicht, und der Falzbereich des Türrahmens. Sonderlösungen sind bei wettergeschützter Lage der Türe oder Abwasserrinnen mit Gitterrosten vor der Türe möglich und im barrierefreien Bauen nach DIN 18040 erforderlich.

Carport/Abstellraum

In der Regel besteht ein Carport aus Holz, Stahl oder Aluminium. Carports oder Abstellräume haben ein Flachdach, hochwertigere Ausführungen verfügen über aufwendigere Konstruktionen wie etwa ein Satteldach, Walmdach oder ein Tonnendach. Ein Carport kann zu allen Seiten offen sein, oder einzelne Segmente können ganz oder teilweise geschlossen werden. Eine häufige Variante der Dachbedeckung ist ein Wellblech, Trapezblech oder durchsichtige Formen wie Wellprofil-Lichtplatten beziehungsweise Trapezplatten. Zunehmend werden die freien Flächen des Daches auch für Solaranlagen und zur extensiven Dachbegrünung genutzt. Moderne Carports in einer stabilen Ausführung werden sogar mit einer begehbaren Dachterrasse mit Balkonnutzung gebaut.

Garage

Nicht jeder Fahrzeugbesitzer gibt sich mit einem offenen Abstellplatz für sein Auto zufrieden. Oftmals soll die Garage zugleich als Abstellraum für Gartengeräte oder als kleine Werkstatt genutzt werden. Ebenso wie das Haus kann auch die Garage in Leicht- oder in Massivbauweise erstellt werden. Es kommen grundsätzlich die gleichen Materialien zur Anwendung, wobei auf eine Schall- und meist auch eine Wärmedämmung verzichtet wird.

Welche Konstruktionsart für das Garagentor sinnvollerweise gewählt wird, ist nicht zuletzt eine Frage des Platzangebots: Ein Schwingtor benötigt Platz vor der Garage. Gibt es ihn nicht, dann muss eine Konstruktion gewählt werden, bei der das Tor nach innen schwingt. Damit geht allerdings Platz in der Garage verloren. Eine Alternative bilden Sektionaltore. Vom Bauprinzip her sind sie mit Rollläden vergleichbar. Im Gegensatz zu Rollläden hängen Sektionaltore im geöffneten Zustand jedoch als Fläche unter der Garagendecke, werden also nicht aufgerollt. Eine weitere Konstruktion ist das Schiebetor aus senkrechten Gliedern. Es wird beim Öffnen um die Ecke geschoben, also innen an die Seitenwand.

Nebentüren kommen vor allem dann zum Einsatz, wenn die Garage direkt mit dem Haus verbunden ist. Je nachdem, ob die Tür zum unbeheizten Keller führt oder etwa zum beheizten Hausflur, wird man sich für eine einfache Stahltür oder für eine ästhetisch anspruchsvollere, wärmegedämmte, feuerhemmende Innentür entscheiden. Falls Sie ein Fenster in der Garage wollen, dann sollte es unter „Sonstige Einbauteile" aufgeführt sein. Bei ausschließlicher Nutzung als Garage ist das allerdings kaum sinnvoll. Anders dagegen ein Garagentorantrieb: Die damit gewonnene Bequemlichkeit lässt sich noch durch eine Fernbedienung steigern. Allerdings sollte die Elektroinstallation für diesen Antrieb in der Leistungsbeschreibung aufgeführt sein.

Qualitäts-kontrolle, Abnahme und Versicherungen

Frühzeitig sollten die Fragen rund um die Qualitätskontrollen und die Abnahmen geklärt sein, auch, wer die Kosten dafür übernimmt. Die Risiken während der Bauzeit sollten Sie durch eine Versicherung abdecken und das entstehende Haus schon jetzt gegen Schäden durch Regen, Sturm und Feuer absichern.

Für den schnellen Einstieg

1 Zu welchem Zeitpunkt sind erste Qualitätskontrollen am Bau sinnvoll? → Seite 135

2 Wer führt die Abnahme der Abgasanlage durch? → Seite 136

3 Wer übernimmt die Kosten der Abnahme? → Seite 136

4 Welche Versicherungen brauche ich während der Bauzeit? → Seite 136

5 Welche Schäden übernimmt die Wohngebäudeversicherung? → Seite 137

Qualitätskontrollen

Formulare → Seite F-85

Leistungsbeschreibung, Vertrag und Ausführungsplanung können perfekt sein – gebaut wird nicht auf dem Papier. Und wo gearbeitet wird, werden auch Fehler gemacht, die erkannt und beseitigt werden müssen.

Leider ist die Qualitätsfrage am Bau oft Anlass für Unstimmigkeiten oder sogar gerichtliche Auseinandersetzungen. Mancher Bauunternehmer will von etwaigen Mängeln nichts wissen. In der Folge vergeht dann viel Zeit, in der nicht selten mehrere Gutachten in Auftrag gegeben werden. Besser ist dagegen die laufende Kontrolle durch unabhängige Fachleute (damit ist nicht die Überwachung durch einen Bauleiter der Hausbaufirma gemeint). Eine solche Qualitätsüberwachung sollten Sie selbst in Auftrag geben. Wer diese Kontrollen durchführt, erfahren Sie bei Ihrer Verbraucherzentrale. Beim Bau mit dem Bauträger, also beim notariell beurkundeten Kauf von Grundstück und Haus aus einer Hand, sollten Sie die Begutachtung durch unabhängige Sachverständige im Vertrag vereinbaren. Da Sie während der Bauzeit nicht Bauherr sind, kann es sonst Schwierigkeiten mit dem Zutritt zur Baustelle geben.

Wenn seitens der Hausbaufirma mit einer unabhängigen Qualitätskontrolle geworben wird, sollten Sie sich vertraglich ein Einsichtsrecht in die Mängelberichte und Protokolle zusichern lassen. Anderenfalls kann es passieren, dass zwar Baustellenbegehungen durchgeführt werden, die Berichte aber ausschließlich der Hausbaufirma zur Verfügung stehen. Grundsätzlich sollten Baukontrollen immer durchgeführt werden, bevor Arbeiten „zugedeckt“ werden.

Fehler beispielsweise bei der Abdichtung des Kellers oder der Dränage kann man nur sehen, solange die Baugrube noch nicht verfüllt ist. Eine fehlerhafte Mauerwerksausführung lässt sich nach der Rohbaufertigstellung vor dem Verputzen feststellen. Die Kollision von Installationsleitungen auf dem Rohfußboden lässt sich nur erkennen, bevor der Estrich gelegt wird. Trotz Qualitätsüberwachung durch einen Fachmann sollten Sie als Bauherr möglichst oft selbst die Arbeiten auf der Baustelle prüfen und auch fotografisch dokumentieren. Bei einem regelmäßigen „Jour Fixe“, zum Beispiel einmal pro Woche mit allen gerade am Bau beteiligten Handwerkern, können mängelfrei erledigte Leistungen „abgehakt“, Arbeitsaufträge an alle Beteiligten vergeben und der Bautenstand anhand des Bauzeitenplanes überprüft werden.

→ **TIPP** Gutachter und Sachverständige sollten in jedem Fall für ihre Aussagen haften, also eine ausreichende Berufshaftpflichtversicherung vorweisen können. Sollte sich ein Gutachten im Nachhinein als falsch erweisen, so können Sie den Gutachter in Regress nehmen.

Behördliche Abnahmen

Die Abnahme bestimmter Gewerke und Leistungen ist gesetzlich vorgeschrieben. So muss die Abgasanlage durch den Bezirksschornsteinfeger abgenommen und der gefahrenfreie Betrieb bescheinigt werden. Das Gleiche gilt für die Gasinstallation, die durch einen Beauftragten des Gaslieferanten sowie für die Brennstofflagerung, die durch einen zugelassenen Fachbetrieb abgenommen werden muss. Die Rohbauabnahme kann von der Bauaufsichtsbehörde vorgeschrieben werden. Dies ist aber nicht immer der Fall. Alle Abnahmen sind mit Kosten verbunden, die im Angebotspreis enthalten sein sollten. Die Unterlagen der erfolgten Abnahmen sollten Sie sich unbedingt vom Anbieter aushändigen lassen.

Versicherungen während der Bauzeit

Formulare → Seite F-88

Auf einer Baustelle lauern viele Gefahren. Kommt ein Dritter dabei zu Schaden, muss der Bauherr dafür geradestehen. Für die Absicherung der Risiken während der Bauzeit ist der Vergleich von Preisen und Leistungen mehrerer Versicherungsunternehmen wichtig: Die Prämienunterschiede können erheblich sein.

Bauherrenhaftpflichtversicherung

Baustellen sind Gefahrenquellen für spielende Kinder, Nachbarn, Besucher und Passanten, aber auch für den Bauherrn selbst. Wenn durch ungesicherte Schächte, nicht ganz einwandfrei gestapeltes Material, unzureichende Absperrungen, schlechte Beschilderungen und Beleuchtungen Dritte zu Schaden kommen, kann dies Schadenersatzforderungen in beträchtlicher Höhe nach sich ziehen. Viele Schäden lassen sich kaum aus eigener Tasche bezahlen. Wenn Personen zu Schaden kommen, kann dies leicht in die Hunderttausende gehen: Arzt, Krankenhaus, Pflegekosten, Verdienstausfall und Schmerzensgeld, schlimmstenfalls sogar eine lebenslange Rente können dann auf den Bauherrn zukommen. Die Bauherrenhaftpflichtversicherung deckt diese Risiken ab und ist daher **unerlässlich für Bauherren.**

Der Häuslebauer steht mit seiner Verantwortung für die Baustelle zwar nicht alleine da. Denn die mit der Bauleitung beauftragten Architekten und die für die Ausführung zuständigen Baufirmen und Handwerker müssen ebenso auf Sicherheit achten. Der Bauherr haftet allerdings gesamtschuldnerisch gegenüber dem Geschädigten. Ist die hauptverantwortliche Firma zum Beispiel pleite, muss er auch bei nur geringem Mitverschulden den vollen Schaden ersetzen. Er muss dann selbst versuchen, seine Forderungen gegenüber der Baufirma oder dem Architekten durchzusetzen. Kommt es zum Streit darüber, ob der Architekt, der Unternehmer, der Handwerker oder der Bauherr selbst für entstandene Schäden aufzukommen hat, ist die Bauherren-Haftpflichtversicherung äußerst hilfreich. Denn sie ist auch gleichzeitig eine Art Rechtsschutzversicherung zur Abwehr unberechtigter Ansprüche.

Versichert sind Baumaßnahmen wie Neubauten, Umbauten, Reparaturen, Abbruch- und Erdarbeiten. Mitversichert sind auch die Haftpflicht für ein unbebautes Grundstück und das zu errichtende Bauwerk.

→ **TIPP** Achten Sie auf eine hohe Versicherungssumme, da Bauherren im Schadensfall unbegrenzt haften. Sie sollte mindestens drei Millionen Euro pauschal für Personen- und Sachschäden betragen. Schließen Sie die Versicherung bereits beim Grundstückskauf ab, wenn Sie absehen können, dass das Gebäude innerhalb von zwei Jahren fertiggestellt wird. Die Haftpflicht für das Grundstück wird so bereits vor Baubeginn ohne Zusatzkosten mitversichert.

Bauleistungsversicherung/ Bauwesenversicherung

Werden Teile des Rohbaus oder Baumaterialien während der Bauphase zerstört oder beschädigt, kann dies zu einer erheblichen Verteuerung der Baumaßnahme führen. Daher ist eine Bauleistungsversicherung zu empfehlen, durch die alle am Bau beteiligten Partner – Bauunternehmer, Handwerker und Bauherr – abgesichert sind. Es ist üblich, den Versicherungsbeitrag auf den versicherten Personenkreis umzulegen.

Die Versicherung kommt für unvorhersehbar eintretende Schäden wie Beschädigung oder Zerstörung versicherter Bauleistungen auf, die zum Beispiel verursacht werden durch:

- höhere Gewalt und Elementarereignisse wie Erdbeben, Erdrutsch
- ungewöhnliche Witterungseinflüsse wie Wolkenbruch, Überflutung, Orkan oder Hagel
- Folgeschäden von Konstruktions- und Materialfehlern, Ungeschicklichkeit oder Fahrlässigkeit der Bauhandwerker
- mutwillige und vorsätzliche Zerstörung durch Unbekannte (Vandalismus)
- Diebstahl von fest eingebautem Material wie bereits mit den Rohren verschraubte Heizkörper

Die Bauleistungsversicherung ersetzt während der Bauzeit die Kosten, die zur Beseitigung des Schadens und zur Aufräumung der Schadensstelle erforderlich sind. Der Versicherungsbeitrag richtet sich nach der Höhe der voraussichtlichen Bausumme.

Versichert sind:

- alle Bauleistungen wie zum Beispiel frisch gegossener Estrich
- alle Baustoffe und Bauteile wie Fensterstürze und Fertigdecken einschließlich der
- wesentlichen einzubauenden Gebäudebestandteile, zum Beispiel Fenster und Türen
- Außenanlagen, mit Ausnahme von Gartenanlagen und Pflanzungen

→ **WICHTIG** Für vorhersehbare Schäden wie gewöhnlichen Regen oder normalen Frost in der Winterzeit kommt die Versicherung nicht auf.

Wohngebäudeversicherung/ Rohbaufeuerversicherung

Das Eigenheim braucht nicht erst nach Fertigstellung Schutz vor Feuer, Wasser und Sturm. Auch in einem Rohbau steckt schon eine Menge Geld. Deshalb ist auch schon dafür eine Versicherung sinnvoll. Die Wohngebäudeversicherungen bieten in dieser Phase allerdings nur Policen gegen Feuer. Gegen Sturm – eine der größten Gefahrenquellen für nicht fertiggestellte Häuser – ist von ihnen kein Schutz zu erhalten. Hier greift die Bauleistungs-/ Bauwesenversicherung. Die Rohbaufeuerversicherung wird von den Versicherern meist für zwölf Monate kostenfrei gewährt, wenn sich der Versicherungsnehmer auf eine Wohngebäudeversicherung mit fünfjähriger Laufzeit einlässt. Sobald der Häuslebauer einzieht, wird aus diesem Versicherungsschutz automatisch der umfassendere Schutz der Wohngebäudeversicherung.

Falls die Rohbaufeuerversicherung im Angebot des Unternehmers enthalten ist, sollten Sie Preis und Leistung für die anschließende Wohngebäudeversicherung mit anderen Angeboten vergleichen.

Die Wohngebäudeversicherung übernimmt die Kosten für Schäden, die durch folgende Gefahren verursacht worden sind:

- Rohrbruch und Leitungswasser, wenn also zum Beispiel das Wasser bestimmungswidrig aus dem Rohrsystem der Wasserversorgung oder den damit verbundenen anderen Einrichtungen ausläuft
- Sturm ab Windstärke 8 und Folgeschäden
- Hagel und Folgeschäden
- Brand, also ein Feuer, das sich aus eigener Kraft ausbreiten kann
- direkter Blitzeinschlag und bestimmte Folgeschäden
- Explosionen

Durch Sondervereinbarungen können Sie diesen Schutz noch erweitern, zum Beispiel auf Überspannungsschäden oder ähnliches. Die Klimaveränderungen der vergangenen Jahre lassen es sinnvoll erscheinen, sogenannte Elementarschäden durch Zusatzklauseln mitzuversichern. Sie haben dann Schutz vor den Folgen von:

- Erdbeben, Erdsenkung und Erdrutsch
- Schneelast
- Lawinen und
- Hochwasser

→ **TIPP** Erkundigen Sie sich nach gesonderten Neubautarifen. Fast alle Versicherer bieten solche an. Die Prämie liegt in der Regel um 10 bis 25 Prozent unter der Normalprämie. Je nach Gesellschaft darf das Haus zwischen einem und 30 Jahren alt sein. Sobald das Haus zu alt für den Tarif ist, wird der Vertrag automatisch auf den Normaltarif umgestellt. Je kürzer die Laufzeit des Neubautarifs, desto wichtiger ist die Prämie des Normaltarifs.

Gesetzliche Unfallversicherung bei der Bauberufsgenossenschaft

Um Kosten zu sparen, setzen viele Häuslebauer auf Eigenleistungen und die Hilfe von Freunden und Verwandten. Die Gefahr, dass bei Laien auf der Baustelle ein Unfall passiert, ist nach Aussagen der Bauberufsgenossenschaften etwa drei Mal so hoch wie bei einem Unternehmen. Und das, obwohl Handwerkern nach Statistiken der Berufsunfähigkeitsversicherer auch häufig etwas geschieht. Für diese Fälle hat der Staat Vorsorge getroffen und eine Unfallversicherung bei der Bauberufsgenossenschaft eingeführt, in der alle auf dem Bau helfenden Personen automatisch versichert sind.

Der Beitrag richtet sich nach der Zahl der Helfer und der Stunden, die diese mitgearbeitet haben. Die Adresse der für Ihr Bauvorhaben zuständigen Genossenschaft erfahren Sie bei Ihrem Bauamt. Die Preise pro Helferstunde schwanken und sollten daher konkret bei der Genossenschaft erfragt werden.

Ausgenommen von der Pflichtmitgliedschaft sind der Bauherr selbst und sein Ehepartner, die aber auf Antrag ebenfalls versichert werden können. Da die Beiträge recht hoch sind, sollten die beiden jedoch eher über den Abschluss einer privaten Unfallversicherung nachdenken, falls nicht schon eine Berufsunfähigkeitsversicherung besteht.

→ **TIPP** Der Bauherr muss die Bauberufsgenossenschaft innerhalb einer Woche nach Baubeginn über Tätigkeiten und Einsatzzeiten der Bauhelfer informieren. Gleiches gilt für nachträgliche Veränderungen.

Stichwort-verzeichnis, Adressen, Impressum

→

Stichwortverzeichnis

Die Autorin

Uta Maria Schmidt war lange Jahre Fachreferentin im Bereich „Energie, Bauen und Wohnen" der Verbraucherzentrale Rheinland-Pfalz. In dieser Zeit hat sie viele Menschen bei ihren Bauvorhaben telefonisch, persönlich und schriftlich beraten.

Auch für den Verbraucherverein „wohnen im eigentum" war sie lange Jahre als Fachberaterin tatig. Schwerpunkte ihrer Beratung waren die Erstellung einer schriftlichen Checkliste zur Prüfung der Baubeschreibung, einzigartig bei den Verbraucherzentralen und bundesweit. Darüber hinaus gilt ihr Schwerpunkt dem Schallschutz vor allem beim Neubau und dem Bauen bzw. Sanieren in hochwassergefährdeten oder von Hochwasser betroffenen Gebieten.

Adressen

Verbraucherzentrale Baden-Württemberg e. V.
Telefon: 07 11/ 66 91-10
www.verbraucherzentrale-bawue.de

Verbraucherzentrale Bayern e. V.
Telefon: 0 89/5 52 79 4-0
www. verbraucherzentrale-bayern.de

Verbraucherzentrale Berlin e. V.
Telefon: 0 30/2 14 85-0
www.verbraucherzentrale-berlin.de

Verbraucherzentrale Brandenburg e. V.
Telefon: 03 31/2 98 71-0
www.verbraucherzentrale-brandenburg.de

Verbraucherzentrale Bremen e. V.
Telefon: 04 21/1 60 77-7
www.verbraucherzentrale-bremen.de

Verbraucherzentrale Hamburg e. V.
Telefon: 0 40/2 48 32-0
www.vzhh.de

Verbraucherzentrale Hessen e. V.
Telefon: 0 69/97 20 10-900
www.verbraucherzentrale-hessen.de

Verbraucherzentrale Mecklenburg-Vorpommern e. V.
Telefon: 03 81/2 08 70-50
www.verbraucherzentrale-mv.eu

Verbraucherzentrale Niedersachsen e. V.
Telefon: 05 11/9 11 96-0
www.verbraucherzentrale-niedersachsen.de

Verbraucherzentrale Nordrhein-Westfalen e. V.
Telefon: 02 11/38 09-0
www.verbraucherzentrale.nrw

Verbraucherzentrale Rheinland-Pfalz e. V.
Telefon: 0 61 31/28 48-0
www.verbraucherzentrale-rlp.de

Verbraucherzentrale Saarland e. V.
Telefon: 06 81/5 00 89-0
www.verbraucherzentrale-saarland.de

Verbraucherzentrale Sachsen e. V.
Telefon: 0341/69 62 90
www.verbraucherzentrale-sachsen.de

Verbraucherzentrale Sachsen-Anhalt e. V.
Telefon: 03 45/2 98 03-29
www.verbraucherzentrale-sachsen-anhalt.de

Verbraucherzentrale Schleswig-Holstein e. V.
Telefon: 04 31/5 90 99-0
www.verbraucherzentrale.sh

Verbraucherzentrale Thüringen e. V.
Telefon: 03 61/5 55 14-0
www.vzth.de

Verbraucherzentrale Bundesverband e. V.
Telefon: 0 30/2 58 00-0
www.vzbv.de

Impressum

Herausgeber
Verbraucherzentrale
Nordrhein-Westfalen e. V.
Mintropstraße 27, 40215 Dusseldorf
Telefon: 02 11/38 09-555,
Telefax: 02 11/38 09-235
ratgeber@verbraucherzentrale.nrw
www.verbraucherzentrale.nrw

Text
Uta Maria Schmidt

Fachliche Mitarbeit
Reinhard Eberl-Pacan, Christian Handwerk, Franz-Josef Hölzen, Thomas Seltmann, Thomas Somplatzki, Dr. Johannes Spruth

Koordination
Frank Wolsiffer

Lektorin
Christina Seitz
www.christina-seitz.de

Layout und Satz
Petra Soeltzer Kommunikationsdesign, Düsseldorf
www.petrasoeltzer.de

Grazyna Rojek Kommunikationsdesign, Essen
www.grazynarojek.de

Umschlaggestaltung
Ute Lübbeke, Koln
www.LNT-design.de

Bildnachweis
Umschlagfoto: Fotolia, w3-media.de
Seite 6: © schulzfoto/stock.adobe.com; © tunedin/stock.adobe.com; © Ronny/stock.adobe.com; © Horst Schmidt/stock.adobe.com, Seite 81 unten: Horst Lünser, Berlin

Druck
DCM Druckcenter Meckenheim GmbH

Dieses Buch wurde auf Recyclingpapier aus 100 % Altpapier gedruckt. Druck und Weiterverarbeitung erfolgen in Deutschland. So schonen wir Ressourcen und begrenzen die CO_2-Emissionen durch kurze Transportwege.

Redaktionsschluss: April 2022

1. Auflage, April 2022

ISBN 978-3-86336-109-9
Printed in Germany

Das Grundstück

- Bebaubarkeit und Baustelleneinrichtung
- Vermessung und Erdarbeiten
- Hausanschlüsse

Eignet sich das ausgewählte Grundstück überhaupt für eine Bebauung? Wer prüft das und wer ist hierfür verantwortlich? Wer kümmert sich um die Baustelleneinrichtung mit allem, was dazugehört? Ist das Grundstück vermessen worden und sind die Erdarbeiten sowie die Hausanschlüsse im Leistungsumfang enthalten? Prüfen und klären Sie all dies mit den folgenden Formularen.

→

Die verschiedenen Formulare können Sie auch online ausfüllen. Sie finden Sie unter: www.ratgeber-verbraucherzentrale.de/formulare-baubeschreibung

Bebaubarkeit

→ Seite 19

Der Nachweis der Bebaubarkeit des Grundstücks wird erbracht durch den:

- ☐ Auftraggeber
- ☐ Auftragnehmer/Anbieter
- ☐ Bebauungsplan liegt vor
- ☐ ortsübliche Bebauung nach § 34 Baugesetz (BBauG) gilt
- ☐ Bauvoranfrage wird vorgelegt

Baugrunduntersuchung wird durchgeführt vom:

- ☐ Auftraggeber
- ☐ Auftragnehmer/Anbieter

Eingeschlossene Untersuchungen auf:

- ☐ Tragfähigkeit
- ☐ wasserführende Schichten
- ☐ Grundwasserspiegel
- ☐ Altlasten/Schadstoffe im Erdreich
- ☐ Radon

Baustelleneinrichtung

→ Seite 20

- ☐ wird durch Auftraggeber/Bauherrn erstellt
- ☐ wird durch Auftragnehmer/Anbieter erstellt

Sie besteht aus:

- ☐ Einrichtung, Vorhaltung und Räumung
- ☐ Baustellenzufahrt ___ Tonnen Belastung
- ☐ Lagerplatz für Material ___ , ___ m²
- ☐ Baustrom und Bauwasseranschluss
- ☐ Verbrauchskosten für Wasser und Strom
- ☐ Baustellentoilette/Bauzaun/Bauschuttcontainer etc.
- ☐ Kranaufstellplatz ___ m² Größe, ___ Tonnen Belastung
- ☐ Sonstiges: ______________________________

____

____

____

Vermessung und Erdarbeiten

→ Seite 20

- ☐ Vermessung des Grundstücks ist erfolgt/Grenzpunkte sind sichtbar
  - ☐ Kosten für weitere Grundstücksvermessung/Gebäudeeinmessung fallen nicht an
- ☐ Grobvermessung des Grundstückes ist erfolgt
  - ☐ Kosten für Feineinmessung fallen an, trägt
    - ☐ Auftraggeber ☐ Auftragnehmer

Absteckung des Bauwerkes (Schnurgerüst) und Kostentragung erfolgen durch

- ☐ Auftraggeber ☐ Auftragnehmer

Gebäudeeinmessung und Kostentragung nach Fertigstellung erfolgen durch

- ☐ Auftraggeber ☐ Auftragnehmer

Festlegung der Höhenlage unter Beachtung der Rückstauebene und Kostentragung erfolgen durch

- ☐ Auftraggeber ☐ Auftragnehmer

- ☐ Erdarbeiten nicht im Leistungsumfang enthalten
- ☐ Erdarbeiten im Leistungsumfang enthalten. Sie bestehen aus:
  - ☐ Sicherungsmaßnahmen an benachbarten Gebäuden
  - ☐ Abtragen des Oberbodens und Lagern auf dem Grundstück
  - ☐ Herstellung der Baugrube
  - ☐ Verfüllen und Verdichten der Baugrube mit geeignetem Material
  - ☐ Abtransport überschüssigen Erdaushubs
  - ☐ Zulieferung fehlenden Füllmaterials
  - ☐ Anschüttung für die Bodenplatte:
    - ☐ Oberkante Fertigfußboden im Erdgeschoss 15 cm über vorh. Gelände
  - ☐ Verteilung des Aushubs bis zum fertigen Geländeniveau (Grobplanum)
  - ☐ Anlieferung von Oberboden
  - ☐ Verteilung des Oberbodens auf dem Gelände nach Abschluss der Arbeiten (Feinplanum)

Hausanschlüsse

→ Seite 22

- ☐ nicht im Leistungsumfang enthalten
- ☐ im Leistungsumfang enthalten

Hausanschlusskosten sind enthalten für:

- ☐ Wasser
- ☐ Abwasser
- ☐ Regenwasser
- ☐ Gas
- ☐ Fernwärme / Nahwärme
- ☐ Sonstiges: ______________________________
- ☐ Strom
  - ☐ Einspeisung von selbst erzeugtem Strom
- ☐ Telekommunikation
- ☐ Kabelfernsehen

Das Gebäude: allgemeine Angaben

- Planungsleistungen
- Gebäudetyp
- Bauweise
- Ausbaustufen
- Unterkellerung
- Dach
- Größenangaben
- Barrierefreies Bauen
- Wärmeschutz
- Luftdichtheitsprüfung
- Schallschutz
- Brandschutz

Los geht es mit einer guten Planung und der Frage: Welche Planungen sind eigentlich im Festpreis enthalten? Außerdem müssen viele Festlegungen klar und deutlich getroffen werden, etwa zum Gebäudetyp, der Bauweise, den Ausbaustufen sowie zu Dach und Keller. Genaue Größenangaben dürfen dabei nicht fehlen. Und natürlich sind die Vorgaben des Gesetzgebers in puncto Wärmeschutz, Schallschutz und Brandschutz einzuhalten.
Prüfen und klären Sie all dies mit den folgenden Formularen.

→

Die verschiedenen Formulare können Sie auch online ausfüllen. Sie finden Sie unter: www.ratgeber-verbraucherzentrale.de/formulare-baubeschreibung

Planungsleistungen

→ Seite 25

Folgende Planungsleistungen sind im Festpreis enthalten:

- ☐ Baugenehmigungsunterlagen (Grundrisse, Ansichten, Schnitte, alle nach Landesbauordnung notwendigen Flächen- und Raumberechnungen)
  - ☐ Berechnung der Flächen nach:
    - ☐ Wohnflächenverordnung (WoFlV)
    - ☐ Nutz- und Verkehrsflächen nach DIN 277
- ☐ Statik
- ☐ Prüfstatik, wenn gefordert
- ☐ Kontrollen des Statikers auf der Baustelle (Bewehrungen)
- ☐ Planungen durch Fachingenieure (Abwasser, Lüftung, Luftdichtheit etc.)
- ☐ Nachweis nach Gebäudeenergiegesetz und Energieausweis
- ☐ Ausführungsplanung, Detailpläne
- ☐ Die Unterlagen werden dem Bauherren vor Baubeginn ausgehändigt.

Gebäudetyp

→ Seite 25

- ☐ freistehendes Haus
- ☐ Doppelhaushälfte
- ☐ Reihenhaus
- ☐ Einfamilienhaus mit Einliegerwohnung
- ☐ Wohnung im Mehrfamilienhaus

Bauweise

→ Seite 25

- ☐ Massivhaus
  - ☐ Massivhaus mit vorgefertigten Bauteilen
- ☐ Fertighaus in Holzbauweise

  Typ: ____________________

- ☐ Holzhaus/Blockbohlenhaus massiv

  Typ: ____________________

Ausbaustufen

→ Seite 28

- ☐ bezugsfertig
- ☐ teilbezugsfertig,
  bezugsfertige Geschosse ______________________ Anzahl

- ☐ Dachausbau möglich

- ☐ Rohbauhaus
- ☐ Ausbauhaus
- ☐ Bausatzhaus
  - ☐ Rohbausatz
  - ☐ Ausbausatz

- ☐ Eigenleistungen sind für folgende Arbeiten vorgesehen:

  ____

  ____

  ____

  im Wert von . €

- ☐ Technische Voraussetzungen für eine Gebäudeaufteilung (Einlieger- und/oder Nebenwohnung) werden geschaffen für:
  - ☐ Elektro-, Sanitär- und Heizungsinstallationen
  - ☐ notwendige Schallschutzmaßnahmen
  - ☐ zusätzliche Erschließung
  - ☐ zusätzlicher Pkw-Stellplatz

(Weitergehende Erläuterungen können auf einem gesonderten Blatt gemacht werden.)

Unterkellerung

→ Seite 30

- ☐ Haus ohne Kellergeschoss bzw. Bodenplatte
  (werden vom Bauherrn auf eigene Kosten bereitgestellt)
- ☐ Haus mit Bodenplatte
- ☐ Haus mit teilweiser Unterkellerung (m²)
- ☐ Haus mit vollständiger Unterkellerung

Dach

→ Seite 31

Dachform: ______________________________

Firsthöhe ab Bezugshöhe nach Bebauungsplan ca. | , | m

Dachneigung | Grad

Drempelhöhe/Kniestockhöhe | , | m

Dachüberstände

☐ Traufseite cm

☐ Ortgang cm

Größenangaben

→ Seite 33

Überbaute Grundstücksfläche | | | m²

Wohn-, Nutzflächenberechnung

☐ gemäß Wohnflächenverordnung (WoFlV)

Wohnfläche | | , | , m²

☐ gemäß DIN 277

	lichte Raumhöhe (Fertigmaß) 1,50 m oder höher	unter 1,50 m
Nutzfläche	| | , m²	| | , m²
Funktionsfläche	| | , m²	| | , m²
Verkehrsfläche	| | , m²	| | , m²

unter Schrägen getrennt anzugeben für Raumteile mit lichter Raumhöhe ≥ 1,50 m und ‹1,50 m.

☐ Kellergeschoss
lichte Raumhöhe mindestens , | m (Fertigmaß inkl. Fußbodenaufbau)

Nutzfläche | | , m²

Wohnfläche | | , m²

☐ Erdgeschoss
lichte Raumhöhe mindestens , | m (Fertigmaß inkl. Fußbodenaufbau)

Wohnfläche | | , m²

Nutzfläche | | , m²

☐ Obergeschoss
lichte Raumhöhe mindestens , m (Fertigmaß inkl. Fußbodenaufbau)

Wohnfläche , m²

Nutzfläche , m²

☐ Dachgeschoss
Kniestock- oder Drempelhöhe mindestens , m
(Fertigmaß- inkl. Fußbodenaufbau)

lichte Raumhöhe mindestens , m

(von , bis , m) (Fertigmaß inkl. Fußbodenaufbau)

Wohnfläche , m²

Nutzfläche , m²

Barrierefreies Bauen (gemäß DIN 18040-2 Barrierefreies Bauen, Teil 2: „Wohnungen“, Ausgabe: 2011-09)

→ Seite 34

☐ Barrierefreier Ausbau ohne Änderung von Bauteilen möglich:
- ☐ barrierefrei nutzbar
- ☐ barrierefrei und uneingeschränkt mit dem Rollstuhl nutzbar
- ☐ gemäß Auflistung auf gesondertem Blatt

Aufpreis in Höhe von . €

Wärmeschutz

→ Seite 35

☐ Der Energieausweis nach § 81 Gebäudeenergiegesetz (GEG) für das angebotene Haus liegt dieser Baubeschreibung als Bestandteil des Bauvertrags bei. Der Auftragnehmer händigt dem Auftraggeber ein nachprüfbares Exemplar der Energiebedarfsnachweisrechnung (siehe Ergebnisse der Berechnung für das auszuführende Objekt in der Tabelle der Gegenüberstellung zum Referenzobjekt auf den Seiten F 12 bis F 14) aus. Der Auftragnehmer sichert die Ausführung der Bauteile und der haustechnischen Anlagen mindestens mit den Eigenschaften zu, die der Berechnung des Energieausweises zugrunde lagen.

☐ Das Haus erfüllt die Anforderungen des folgenden Förderprogramms der Kreditanstalt für Wiederaufbau (KfW)

____

Erfüllung der Anforderungen des Gebäudeenergiegesetzes (GEG) zur anteiligen Nutzung erneuerbarer Energie nach Absatz 4:

☐ Die Anforderungen werden erfüllt durch einen Anteil erneuerbarer Energie an der Deckung des Jahresenergiebedarfs für Heizung und Brauchwassererwärmung und gegebenenfalls Kühlung (= **100** %) von mindestens

- ☐ **15** % Solarwärme oder einer Kollektoraperturfläche je m² Gebäudenutzfläche von **0,04** m² (Ein-/Zweifamilienhaus) bzw. **0,03** m² (Mehrfamilienhaus). Kollektoren mit Solar-Keymark-Zertifikat
- ☐ **30** % Biogas in Kraft-Wärme-Kopplungsanlage
- ☐ **50** % Biogas im Gas-Brennwertkessel
- ☐ **50** % Bioöl, zertifiziert entsprechend Nachhaltigkeitsverordnung, genutzt in Öl-Brennwertkessel oder Kraft-Wärme-Kopplungsanlage
- ☐ **50** % Stückholz, Hackschnitzel oder Holzpellets
- ☐ **50** % Umweltwärme aus Erdreich, Grundwasser oder Außenluft, nutzbar gemacht über eine Wärmepumpenanlage
  - ☐ Nutzung von gebäudenah erzeugtem Strom aus erneuerbaren Energien – Art der Anlage ______________________________
    (Insbesondere Einbau einer Photovoltaikanlage mit einer Nennleistung in Kilowatt von mindestens dem 0,03-Fachen der Gebäudenutzfläche, geteilt durch die Anzahl der beheizten oder gekühlten Geschosse nach DIN V 18599-1: 2018-09.)
  - ☐ Nutzung von Kälte aus erneuerbaren Energien – Art der Anlage ______________________________

☐ Die Anforderungen werden ersatzweise erfüllt durch

- ☐ einen Deckungsbeitrag von **50** % aus Abwärme (Abluft, Abwasser), nutzbar gemacht mit einer Wärmerückgewinnungsanlage oder Wärmepumpe, die dem Stand der Technik entspricht
- ☐ einen Deckungsbeitrag von **50** % aus einer Kraft-Wärme-Kopplungsanlage, die im Vergleich zur getrennten Strom- und Wärmeerzeugug eine Primärenergieeinsparung bringt
- ☐ einen Deckungsbeitrag von **40** % aus einer Brennstoffzellenheizung
- ☐ Anschluss an ein Nah- oder Fernwärme- bzw. -kältenetz, die in dem Wärme- oder Kältenetz insgesamt verteilte Wärme oder Kälte muss stammen zu
  - ☐ einem wesentlichen Anteil aus erneuerbaren Energien,
  - ☐ mindestens **50** % aus Anlagen zur Nutzung von Abwärme,
  - ☐ mindestens **50** % aus KWK-Anlagen oder
  - ☐ mindestens **50** % durch eine Kombination der in den Nummern 1 bis 3 genannten Maßnahmen.
- ☐ Verbesserung des Wärmeschutzes, um die Anforderung des geltenden Gebäudeenergiegesetzes um mindestens **15** % überzuerfüllen

Energetische Ausführung im Vergleich zum Referenzgebäude nach dem Gebäudeenergiegesetz

Das geplante Gebäude erfüllt die Anforderungen des Gebäudeenergiegesetzes (GEG), wenn seine Bestandteile die in Spalte „Referenzausführung“ aufgeführte Qualität haben. Ab dem 1.1.2016 muss der Jahres-Primärenergiebedarf des Referenzgebäudes um 25 % unterschritten werden. Da es sich dabei um ein Zusammenspiel von baulichem Wärmeschutz und Haustechnik handelt, kann dieser Wert nur mit Simulationsprogrammen errechnet werden. Die Referenzausführung ist somit ab dem 1.1.2016 nicht mehr ausreichend. Die Tabelle zeigt, wo das auszuführende Objekt hiervon abweicht.

Zeile / Bauteil / System		Referenzausführung / Wert		Auszuführendes Objekt
		Eigenschaft (zu Zeilen 1.1 bis 3)		
1.1	Außenwand, Geschossdecke gegen Außenluft	Wärmedurchgangskoeffizient	$U = 0{,}28\ W/(m^2\ K)$	
1.2	Außenwand gegen Erdreich, Bodenplatte, Wände und Decken zu unbeheizten Räumen (außer solche nach Zeile 1.1)	Wärmedurchgangskoeffizient	$U = 0{,}35\ W/(m^2\ K)$	
1.3	Dach, oberste Geschossdecke, Wände zu Abseiten	Wärmedurchgangskoeffizient	$U = 0{,}20\ W/(m^2\ K)$	
1.4	Fenster, Fenstertüren	Wärmedurchgangskoeffizient	$U_w = 1{,}30\ W/(m^2\ K)$	
		Gesamtenergiedurchlassgrad der Verglasung	$g_\perp = 0{,}60$	
1.5	Dachflächenfenster	Wärmedurchgangskoeffizient	$U_w = 1{,}40\ W/(m^2\ K)$	
		Gesamtenergiedurchlassgrad der Verglasung	$g_\perp = 0{,}60$	
1.6	Lichtkuppeln	Wärmedurchgangskoeffizient	$U_w = 2{,}70\ W/(m^2\ K)$	
		Gesamtenergiedurchlassgrad der Verglasung	$g_\perp = 0{,}64$	

Zeile / Bauteil / System	Referenzausführung / Wert		Auszuführendes Objekt
1.7 Außentüren	Wärmedurchgangskoeffizient	U = 1,80 W / (m² K)	
2 Bauteilung nach den Zeilen 1.1 bis 1.7	Wärmebrückenzuschlag	ΔU_{WB} = 0,05 W / (m² K)	
3 Solare Wärmegewinne über opake Bauteile wie das zu errichtende Gebäude			
4 Luftdichtheit der Gebäudehülle	Bemessungswert n_{50}	Bei Berechnungen nach → DIN V 4108-6: 2003-06: mit Dichtheitsprüfung → DIN V 18599-2: 2018-09: nach Kategorie I	
5 Sonnenschutzvorrichtung	keine Sonnenschutzvorrichtung		
6 Heizungsanlage	→ Wärmeerzeugung durch Brennwertkessel (verbessert), Erdgas, Aufstellung: → für Gebäude bis zu 500 m² Gebäudenutzfläche innerhalb der thermischen Hülle → für Gebäude mit mehr als 500 m² Gebäudenutzfläche außerhalb der thermischen Hülle → Auslegungstemperatur 55/45 °C, zentrales Verteilsystem innerhalb der wärmeübertragenden Umfassungsfläche, innen liegende Stränge und Anbindeleitungen, Standard-Leitungslängen nach DIN V 4701-10: 2003-08 Tabelle 5.3-2, Pumpe auf Bedarf ausgelegt (geregelt, Δp konstant), Rohrnetz hydraulisch abgeglichen, Wärmedämmung der Rohrleitungen nach Anlage 8 GEG → Wärmeübergabe mit freien statischen Heizflächen, Anordnung an normaler Außenwand, Thermostatventile mit Proportionalbereich 1 K		

Zeile / Bauteil / System	Referenzausführung / Wert	Auszuführendes Objekt
7 Anlage zur Warmwasserbereitung	→ zentrale Warmwasserbereitung → gemeinsame Wärmebereitung mit Heizungsanlage nach Zeile 6 → Solaranlage (Kombisystem mit Flachkollektor) entsprechend den Vorgaben nach DIN V 4701-10:2003-08 oder DIN V 18599-8: 2018-09 Tabelle 6 → Speicher, indirekt beheizt (stehend), gleiche Aufstellung wie Wärmeerzeuger, Auslegung nach DIN V 4701-10:2003-08 oder DIN V 18599-8: 2018-09 Abschnitt 6.4.3 als → kleine Solaranlage bei AN ‹500 m² (bivalenter Solarspeicher) → große Solaranlage bei AN ›500 m² → Verteilsystem innerhalb der wärmeübertragenden Umfassungsfläche, innen liegende Stränge, Standard-Leitungslängen nach DIN V 4701-10: 2003-08 Tabelle 5.1-2, gemeinsame Installationswand, Wärmedämmung der Rohrleitungen Anlage 8, GEG, mit Zirkulation	
8 Kühlung	keine Kühlung	
9 Lüftung	zentrale Abluftanlage, nicht bedarfsgeführt mit geregeltem DC-Ventilator, → DIN V 4701: 2003-08: Anlagen-Luftwechsel nA = 0,4/h → DIN V 18599-10: 2018-09: nutzungsbedingter Mindestaußenluftwechsel nNutz = 0,55/h	
10 Gebäudeautomation Klasse C nach DIN V 18599-11: 2018-09		

Luftdichtheitsprüfung

→ Seite 45

☐ ja, wird durchgeführt nach Abschluss der Installationsarbeiten

☐ maximale Luftwechselrate bei 50 Pascal Druckdifferenz , Luftwechsel pro Stunde

☐ Sichtkontrolle durch einen unabhängigen Sachverständigen nach Abschluss der Installationen

☐ nein, wird nicht durchgeführt

Schallschutz

→ Seite 47

☐ Der Schallschutz der Aufenthaltsräume und Bäder über 8 m² Grundfläche gegen Schall aus benachbarten Wohneinheiten genügt

- ☐ Erhöhtem Schallschutz nach DIN 4109-5:2019-05
- ☐ Schallschutzstufe SSt I der VDI 4100:2007-08
- ☐ Schallschutzstufe SSt II der VDI 4100:2007-08
- ☐ Schallschutzstufe SSt III der VDI 4100:2007-08

☐ Abweichend hiervon genügt Schallschutz des Raumes/der Räume (Raum Nr./Grundrissbezeichnung)

/ ______ Schallschutzstufe SSt

/ ______ Schallschutzstufe SSt

☐ Auch für folgenden Nicht-Aufenthaltsraum wird Schallschutz vereinbart (Raum Nr./Grundrissbezeichnung)

/ ______ Schallschutzstufe SSt

☐ Im eigenen Wohnbereich gilt zusätzlich ein „Verbesserter Schallschutz“

- ☐ nach Schallschutzstufe SSt EB I der VDI 4100:2007-08
- ☐ nach Schallschutzstufe SSt EB II der VDI 4100:2007-08
- ☐ nach der DIN 4109-5:2019-05

☐ Abweichend hiervon wird ein „Verbesserter Schallschutz“ im eigenen Bereich nach VDI 4100:2007-08 nur für folgende Räume vereinbart: (Raum Nr./Grundrissbezeichnung, nur Stufe I oder II möglich)

/ ______ Schallschutzstufe SSt EB

/ ______ Schallschutzstufe SSt EB

☐ Der Außenlärmschutz des Hauses ist ausreichend für

Lärmpegelbereich nach DIN 4109-1:2018-01

☐ Die Einhaltung des vereinbarten Schallschutzes wird durch Messprotokoll eines unabhängigen Gutachters vor Bauabnahme/Übergabe nachgewiesen.

Brandschutz

→ Seite 50

Über baurechtliche Mindestanforderungen hinausgehende Brandschutzmaßnahmen

☐ sind nicht vorgesehen ☐ sind vorgesehen. Im Einzelnen sind das:

______

______

☐ Rauchmelder werden nach den Anforderungen der Landesbauordnung eingebaut

Feuerwiderstandsklassen

Bauaufsichtliche Benennung	Bezeichnung nach DIN 4102 bzw. DIN EN 13501	Feuerwiderstandsdauer in Minuten
Feuerhemmend	F / REI	30
Hochfeuerhemmend	F / REI	60
Feuerbeständig	F / REI	90

Leistungseigenschaften einzelner Bauteile

R (Résistance)	Tragfähigkeit; ohne Verlust der Standsicherheit
E (Etanchéité)	Raumabschluss; Verhinderung des Feuer- oder Gasdurchtritts auf die unbeflammte Seite
I (Isolation)	Wärmedämmung (unter Brandeinwirkung); Begrenzung der Übertragung von Wärme auf die dem Feuer abgewandte Seite
W (Radiation; ursprünglich Watt)	Wärmestrahlung; Begrenzung des Durchtritts der Wärmestrahlung auf die abgewandte Seite
S (Smoke)	Rauchdichtheit; Begrenzung des Rauchdurchtritts in abgeschlossenen Räumen
M (Mechanical)	Mechanische Einwirkung; Stoßbeanspruchung auf die Wand

Baustoffklassen

Bauaufsichtliche Anforderungen	Baustoffe national nach DIN 4102-1	Baustoffe europäisch[1] Leistung nach DIN EN 13501-1[2 3 4]
nichtbrennbar	A 1/ A 2	A2 – s1, d0
schwerentflammbar und nicht brennend abfallend oder abtropfend sowie geringe Rauchentwicklung	B 1	C – s1, d0
schwerentflammbar und nicht brennend abfallend oder abtropfend		C – s2, d0
schwerentflammbar und geringe Rauchentwicklung		C – s1, d2
schwerentflammbar		C – s2, d2
normalentflammbar und nicht brennend abfallend oder abtropfend	B 2	E
normalentflammbar		E – d2
leichtentflammbar[5]	B 3	F

1 ohne Rohrdämmstoffe und Bodenbeläge
2 ggf. sind zusätzliche Leistungen bezüglich des Glimmverhaltens nach DIN EN 16733 und des Schmelzpunktes nach DIN 4102-17 erforderlich.
3 Während die DIN 4102-1 nur 5 Baustoffklassen enthält, sind in der DIN EN 13501-1 bis zu 64 Baustoffklassen möglich. Hier sind die Klassen aufgeführt, die den Mindestanforderungen entsprechen.
4 Bei Bauprodukten nach EN 13501-1 erfolgt durch eine Zusatzklassifizierung der Rauchentwicklung (Kurzzeichen s1-s3 für smoke) und zum brennenden Abfallen oder Abtropfen (Kurzzeichen d0-d2 für droplets) eine feinere Stufung. Nach DIN 4102-1 sind diese Bewertungen im Prüfzeugnis zu vermerken.
5 leichtentflammbare Baustoffe dürfen nicht verwendet werden; außer wenn sie in Verbindung mit anderen Baustoffen nicht leichtentflammbar sind.

Das Gebäude: detaillierte Angaben

- Ausführung ohne Keller
- Ausführung mit Keller
- Erd-, Ober- und Dachgeschoss
- Haustechnik
- Innenausbau und -ausstattung im Überblick

Ein Haus besteht aus sehr vielen einzelnen Elementen – vom Keller oder der Bodenplatte bis hinauf zum Dach darf in der Baubeschreibung nichts vergessen werden. Nötige Maße und Kennwerte dürfen ebenso wenig fehlen wie Angaben zu den verwendeten Materialien und der Ausführung bestimmter Arbeiten. Prüfen und klären Sie all dies mit den folgenden Formularen.

→

Die verschiedenen Formulare können Sie auch online ausfüllen. Sie finden Sie unter: www.ratgeber-verbraucherzentrale.de/formulare-baubeschreibung

Ausführung ohne Keller

Fundamente/Bodenplatte/Sockel → Seite 55

- ☐ Sauberkeitsschicht unter der Bodenplatte
- ☐ kapillarbrechende, verdichtete Kiesfilterschicht
- ☐ Trennlage (PE-Folie)
- ☐ Streifenfundamente/Frostschürzen
- ☐ Fundamenterder nach DIN 18014, Errichtung und Abnahme durch Elektro-/Blitzschutzfachkraft
- ☐ Bewehrte Bodenplatte mit Abdichtung der Oberseite nach DIN 18533 als Feuchteschutz (Bitumenschweißbahn o. gleichwertig)
- ☐ Bitumenverträgliche Horizontalsperre mit beiderseitiger Breitenzugabe nach DIN 18533 oder mineralische Dichtungsschlämmen
- ☐ Entwässerungsleitungen werden 1 m über die Bodenplatte hinausgeführt zum weiteren Anschluss durch den Bauherrn
- ☐ Entwässerungsleitungen werden an die Übergabeschächte an der Grundstücksgrenze angeschlossen
- ☐ Revisionsschacht, inkl. Abdeckung u. Rückstausicherung
  - ☐ für Schmutzwasser Größe L/B/T = ___ / ___ / ___ cm
  - ☐ für Regenwasser Größe L/B/T = ___ / ___ / ___ cm
  - ☐ oder Regenwasserversickerung auf dem eigenen Grundstück
- ☐ Einführungen für Hausanschlüsse sind vorgesehen (Leerrohre/Aussparung in der Bodenplatte/Abdichtungen durch kehlenförmiges Anarbeiten an die Durchdringungen oder Fest- und Losflanschkonstruktionen.

Ausdrücklicher Schutz vor Oberflächenwasser z. B. auch an Lichtschächten, Kelleraußentreppen

- ☐ Schutz gegen eindringendes Oberflächenwasser bis mind. 15 cm über fertiger Geländeoberfläche
- ☐ Wärmedämmung der Bodenplatte
  - ☐ über der Bodenplatte ☐ unter der Bodenplatte

  Besondere Festlegungen:

  Material: ______________________ Dicke: ___ cm

  Wärmeleitfähigkeitsstufe, WLS = ___

Sockelausführung

- ☐ Abdichtung durch nach DIN 18533 durch Dichtungsschlämmen

  Sockelhöhe (sofern sichtbarer Sockel vorhanden) ___ cm
  - ☐ Wandsockelabdichtung nach DIN 18533

Ausführung mit Keller

Ausbaustufen und Nutzung des Kellers → Seite 56

- ☐ Rohbaukeller
- ☐ Ausbaukeller
- ☐ Bausatzkeller
- ☐ Schlüsselfertiger Keller

☐ Ausbauhöhe (lichtes Fertigmaß) des Kellers beträgt ___ , ___ m

Der Keller ist

- ☐ nicht beheizbar
- ☐ beheizbar in den Räumen (Raum Nr./Grundrissbezeichnung)

  ___ / ___ ____________________

  ___ / ___ ____________________

  ___ / ___ ____________________

- ☐ vollständig beheizbar

☐ Keller in der Energiebedarfsberechnung berücksichtigt

Der Keller wird

- ☐ nicht
- ☐ zeitweise
- ☐ dauerhaft

zum Wohnen genutzt. (Sofern die Räume unterschiedlich genutzt werden, sind sie im Grundriss beschrieben.)

Boden- und Grundwasserverhältnisse → Seite 57

- ☐ kein Bodengutachten
- ☐ Bodengutachten liegt vor

  Ergebnis des Bodengutachtens – erdberührte Bauwerksabdichtung erforderlich gegen:

  - ☐ Bodenfeuchtigkeit und nicht stauendes Sickerwasser
  - ☐ aufstauendes Sickerwasser
  - ☐ drückendes Wasser

  maximaler Grundwasserstand auf einer Höhe von ___ , ___ m unter vorhandenem Geände

  - ☐ es ist mit Schichtenwasser zu rechnen

vorhandener Boden besteht aus:

- ☐ durchlässigem Boden
- ☐ bindigem Boden

Dränage ist

- ☐ nicht notwendig
- ☐ wird empfohlen
- ☐ ist erforderlich

Kelleraußenbauteile → Seite 59

Abdichtung der Außenbauteile erforderlich gegen die Wassereinwirkungsklassen nach DIN 18533 entsprechend Bodengutachten:

- ☐ Abdichtung gegen Bodenfeuchtigkeit und nicht stauendes Sickerwasser
- ☐ Abdichtung gegen Druckwasser – mäßige Einwirkung
- ☐ Abdichtung gegen Druckwasser – hohe Einwirkung

Kellerbodenplatte:

- ☐ Sauberkeitsschicht unter der Bodenplatte
- ☐ kapillarbrechende, verdichtete Kiesfilterschicht
- ☐ Trennlage (PE-Folie)
- ☐ Streifenfundamente/Frostschürzen
- ☐ Bewehrte Bodenplatte mit Abdichtung der Oberseite nach DIN 18533 (Bitumenschweißbahn oder gleichwertig)
- ☐ Bitumenverträgliche Horizontalsperre mit beiderseitiger Breitenzugabe nach DIN 18533
- ☐ Material Bodenplatte ______________________________

Dicke d = __ , __ cm

Kelleraußenwände:

Wanddicke d = __ , __ cm

- ☐ Ortbeton
- ☐ Betonfertigteile
- ☐ Schalelemente
- ☐ Mauerwerk aus (Material): ______________________________
- ☐ Sonstiges: ______________________________

Abdichtung der Außenwände:

- ☐ Bitumendickbeschichtung
- ☐ Bitumenschweißbahn
- ☐ Weiße Wanne entsprechend der Richtlinie „Wasserundurchlässige Bauwerke aus Beton“ des DAfStb
  - ☐ komplett
  - ☐ bis zu einer Höhe von __ __ __ cm
  - ☐ oder ______________________________

☐ Sonstiges: ______________________________

☐ zusätzliche Diffusionssperre auf der Außenwand mit

☐ Bitumendickbeschichtung ☐ Bitumenschweißbahn

☐ Sonstiges: ______________________________

☐ Anfüllschutz und vertikale Dränage

☐ Abdichtung gegen Radon

durch: ______________________________

☐ Eventuelle Kosten für eine Wasserhaltung der Baugrube

☐ übernimmt der Auftragnehmer

☐ übernimmt der Auftraggeber bis zu einer Höhe von ____ €

☐ Wärmedämmung der Kellerbodenplatte

☐ unter ☐ über der Bodenplatte

Besondere Festlegungen:

Material: ______________________ Dicke: ____ cm

Wärmeleitfähigkeitsstufe, WLS = ____

☐ Wärmedämmung der Kelleraußenwände

☐ innen ☐ außen

Besondere Festlegungen:

Material: ______________________ Dicke: ____ cm

Wärmeleitfähigkeitsstufe, WLS = ____

☐ Wärmedämmstein (Übergang Bodenplatte – Wände)

aus (Material): ______________________________

Sockelausbildung

☐ Ausführung wie Außenwand Keller

☐ sonstige Ausführung: ______________________________

Sockelhöhe (sofern sichtbarer Sockel vorhanden) ____ cm

☐ Wandsockelabdichtung nach DIN 18533

Sonstiges

☐ Fundamenterder nach DIN 18014, Errichtung und Abnahme durch Elektro-/Blitzschutzfachkraft

☐ Einführungen für Hausanschlüsse sind vorgesehen (Leerrohre/Aussparung in der Bodenplatte oder Außenwand/Abdichtung durch nach DVGW VP 601 geprüfte und zugelassene Hauseinführungssysteme oder:

______________________________)

☐ Revisionsschacht, inkl. Abdeckung und Rückstausicherung

☐ für Schmutzwasser Größe L/B/T = | | / | | / | | cm

☐ für Regenwasser Größe L/B/T = | | / | | / | | cm

☐ oder Regenwasserversickerung auf dem eigenen Grundstück

☐ Entwässerungsleitungen werden 1 m über die Bodenplatte hinausgeführt zum weiteren Anschluss durch den Bauherrn

☐ Entwässerungsleitungen werden an die Übergabeschächte an der Grundstücksgrenze angeschlossen

Dränage

→ Seite 62

Ringdränage nach DIN 4095

☐ Spülrohre nach DIN 4095 Anzahl |

☐ Spülschächte nach DIN 4095 Anzahl |

☐ Flächendränage

☐ Dränplatten, Material aus: ____________________ Dicke: | cm

☐ Auffangschächte, aus: ____________________ Anzahl |

Einleitung des Dränagewassers in ____________________

Bodenaushub und Verfüllung der Baugrube

→ Seite 63

☐ Baugrube wird mit vorhandenem Material verfüllt (ohne weitere Kosten)

☐ Baugrube wird mit Kies/Sand verfüllt

☐ keine weiteren Kosten

oder

☐ . | | € pauschal

oder

☐ | , | €/m³

☐ Material wird lagenweise verdichtet

☐ überflüssiges Material wird entsorgt

☐ keine weiteren Kosten

oder

☐ . | | € pauschal

oder

☐ | , | €/m³

Kellerinnenwände

→ Seite 63

Material: ______________________ Wanddicke: , cm

Material: ______________________ Wanddicke: , cm

Kellerfußboden

→ Seite 63

- [ ] Abdichtung des Kellerfußbodens auf der Oberseite nach DIN 18533
- [ ] Wärmedämmung, Dicke d = cm

  Wärmeleitfähigkeitsstufe, WLS =
  - [ ] als schwimmender Estrich
  - [ ] unter der Bodenplatte
- [ ] Zementestrich

  Dicke des Estrichs d = mm

Verlegung
- [ ] als Verbundestrich
- [ ] auf Trennlage
- [ ] schwimmende Verlegung

Bodenbelag im Keller
- [ ] kein Bodenbelag
- [ ] Bodenbelag (Material) ______________________

  in folgenden Kellerräumen (Raum Nr./Grundrissbezeichnung):

  / ______________________

  / ______________________

  / ______________________

Decke über Kellergeschoss

→ Seite 64

Stahlbeton als
- [ ] Ortbeton
- [ ] Betonfertigteile mit Aufbeton

Wärmedämmung der Kellerdecke
- [ ] oberhalb
- [ ] unterhalb der Decke

Material: ______________________

Wärmeleitfähigkeitsstufe, WLS = Dicke d = cm

Kellerausbau und -ausstattung

→ Seite 65

Innenputz

	Kellerwände	Kellerdecken
unverputzt	☐	☐
Fugenglattstrich	☐	
gespachtelt	☐	☐
Wischputz	☐	
Gipsputz	☐	☐
Kalkzementputz	☐	☐
Sonstiges	______________	______________
	______________	______________

Davon abweichend in folgenden Räumen (Raum Nr./Grundrissbezeichnung):

| / | ________________________________

| / | ________________________________

Malerarbeiten

Malerarbeiten in folgenden Kellerräumen (Raum Nr./Grundrissbezeichnung):

| / | ________________________________

| / | ________________________________

Wandflächen:

☐ tapeziert

☐ nur Anstrich (Anstrichtyp/ggf. Hersteller/Bezeichnung/Farbton/Sonstiges)

____

____

Deckenflächen:

☐ tapeziert

☐ nur Anstrich (Anstrichtyp/ggf. Hersteller/Bezeichnung/Farbton/Sonstiges)

____

____

Kellerfenster

☐ Kunststofffenster

☐ Holzfenster

☐ verzinkte Stahlkellerfenster

☐ Einfachverglasung

☐ in beheizbaren Räumen Wärmeschutzverglasung

Ug (Glas) , W/m²K

Uw (Rahmen und Verglasung) , W/m²K

☐ Schallschutzklasse

☐ Einbruchschutz Widerstandsklasse RC

Hinweis: *Die Größe der Fenster (Breite/Höhe) sollte in den Grundrissen angegeben sein.*

Lichtschächte

☐ Kunststofflichtschächte
☐ Beton-Lichtschächte
☐ Mauerwerks-Lichtschächte
☐ Rostabdeckung mit Sicherung
☐ Entwässerungsanschluss

Kellertüren

Kelleraußentür
☐ siehe Bemusterung lt. Anlage
Material
☐ Holz, Holzart: ______________________________
☐ Kunststoff
☐ Stahl
☐ Aluminium
☐ Sonstiges: ______________________________

Oberflächenbehandlung mit ______________________________

☐ Gesamt U-Wert (Rahmen u. Verglasung) = , W/m²K

☐ Schallschutzklasse

☐ Gütezeichen: ______________________________

☐ Hersteller: ______________________________

☐ Lichtausschnitt Größe B/H: / cm

☐ U-Wert Verglasung = , W/m²K

☐ Beschläge: Hersteller: ______________________________

☐ Einbruchschutz, Widerstandsklasse RC

Kellerinnentür

Türblatt

Hersteller: ______________________________

Material

☐ Massivholz, Holzart ______

Oberflächenbehandlung mit ______

☐ Röhrenspanplattenkern
☐ Röhrenspanstreifen
☐ Waben-Einlage
☐ Stahl

Oberfläche

☐ Holzfurnier, Holzart: ______

☐ Kunststoffdekor, Farbe: ______

☐ Lack, Farbe: ______

☐ siehe Bemusterung lt. Anlage

Besonderheiten:

☐ Glasausschnitte
☐ Bogenelemente

☐ Sonstiges: ______

☐ Türblätter mit besonderen Eigenschaften (Klimaklasse/ Beanspruchungsgruppe) in folgenden Räumen:

______

______

Zarge

☐ Eckzarge
☐ Umfassungszarge
☐ Blockzarge

Material:

☐ Massivholz
☐ Holzwerkstoff
☐ Stahl
☐ Sonstiges: ______

☐ siehe Bemusterung lt. Anlage

Beschläge

Drückergarnituren

Hersteller: ______

Modell: ______

☐ siehe Bemusterung lt. Anlage

Kelleraußentreppen

☐ Stahlbeton

☐ Sonstiges: ______________________________

Umfassungsmauer

☐ Stahlbeton

☐ Sonstiges: ______________________________

Stufenbelag/Trittstufen

☐ Fliesen (Materialpreis) | | , | €/m², Größe: | x | cm

☐ Abriebgruppe:

☐ Natursteinmaterial (Materialpreis) | | , | €/m²,

Größe: | x | cm

☐ sonstiger Belag: ______________________________

☐ Treppengeländer aus (Material): ______________________________

☐ Oberflächenbehandlung: ______________________________

☐ Handlauf aus (Material): ______________________________

☐ Rückstausicherung

Kellerinnentreppen

☐ siehe Bemusterung lt. Anlage

Konstruktion

☐ Stahlbeton

☐ Stahl-Holz-Konstruktion

☐ Holz

Stufenbelag/Trittstufen

☐ Fliesen (Materialpreis) | | , | €/m², Größe: | x | cm

☐ Abriebgruppe:

☐ Natursteinmaterial (Materialpreis) | | , | €/m²,

Größe: | x | cm

☐ Holzstufen: ______________________________

☐ mit Setzstufen (geschlossene Treppe)

☐ ohne Setzstufen (offene Treppe)

Treppengeländer aus (Material): ______________________________

☐ Oberflächenbehandlung: ______________________________

☐ Handlauf aus (Material): ______________________________

Allgemeine Elektroinstallation im Keller

Elektroinstallation ab Hausanschlusskasten im Festpreis enthalten

- ☐ ja
- ☐ nein

Verteilerschrank

Aufstellungsraum: ______________________________

Anzahl der Zählerfelder:

- ☐ Unterputz
- ☐ Aufputz

Anzahl der Stromkreise:

Leitungen:

- ☐ Aufputz in folgenden Räumen ______________________________
- ☐ Unterputz in folgenden Räumen ______________________________
  - ☐ in Leerrohr

Elektroinstallation in den Kellerräumen

Raum ______________ (im Grundriss bezeichnet als Nr.)

Anzahl Lichtauslässe mit Schalter und Feuchtraumlampe: Stück

Anzahl Einzelsteckdosen: Stück

Anzahl Zweifachsteckdosen: Stück

Raum ______________ (im Grundriss bezeichnet als Nr.)

Anzahl Lichtauslässe mit Schalter und Feuchtraumlampe: Stück

Anzahl Einzelsteckdosen: Stück

Anzahl Zweifachsteckdosen: Stück

Raum ______________ (im Grundriss bezeichnet als Nr.)

Anzahl Lichtauslässe mit Schalter und Feuchtraumlampe: Stück

Anzahl Einzelsteckdosen: Stück

Anzahl Zweifachsteckdosen: Stück

Raum ______________ (im Grundriss bezeichnet als Nr.)

Anzahl Lichtauslässe mit Schalter und Feuchtraumlampe: Stück

Anzahl Einzelsteckdosen: Stück

Anzahl Zweifachsteckdosen: Stück

Schalter und Steckdosen:

Hersteller: ______________________________

Modell: ______________________________

☐ Anordnung der Steckdosen in Absprache mit dem Bauherrn

Kosten für zusätzliche Steckdosen:

Unterputz: __ , __ €/Stück

Aufputz: __ , __ €/Stück

☐ Waschmaschinenanschluss

☐ Wäschetrockneranschluss

☐ Drehstromanschluss

☐ Sonstiges: ______________________________

☐ Mindestausstattung DIN 18015-2, -4

☐ Standardausstattung RAL-RG 678

☐ Komfortausstattung RAL-RG 678

Sanitärinstallation im Keller

Sanitärinstallation ab Hausanschluss (Hauptabsperrventil) im Festpreis enthalten:

☐ ja

☐ nein

Warm- und Kaltwasserleitungen aus (Material): ______________________________

Ummantelung aus (Material): ______________________________

Die Entwässerungsleitungen werden

☐ 1 m aus dem Haus herausgeführt

☐ am Übergabepunkt der öffentlichen Wasserentsorgung angeschlossen

Entwässerung und Rückstausicherung durch:

☐ Hebeanlage

☐ Rückstauverschluss

Ausstattung

☐ Kaltwasserzapfstelle

☐ Kalt- und Warmwasserzapfstelle

☐ Waschmaschinenanschluss

☐ Waschmaschinenablauf

☐ Ausgussbecken

☐ Bodeneinlauf

Erd-, Ober- und Dachgeschoss

Außenwände

→ Seite 69

Konstruktion

Dicke der gesamten Außenwandkonstruktion d = , cm

☐ Massivbauweise ☐ einschalig ☐ zweischalig

- ☐ Mauerwerk (Material): ______
- ☐ Leichtbetonfertigteile: ______
- ☐ Schalungssteine (Material): ______
- ☐ Sonstiges: ______
- ☐ Wärmedämmstein (Übergang Bodenplatte – Wände) aus (Material): ______

☐ Holztafelbauweise
☐ Holzrahmenbauweise
☐ Blockbauweise

☐ Verkleidung Außenseite (Beplankung) Material: ______

Dicke d = , cm, Anzahl der Lagen:

☐ Installationsebene zwischen Dampfdiffusionsbremse und innerer Verkleidung, Tiefe d = , cm

☐ Dampfdiffusionsbremse, Material: ______

☐ Verkleidung Innenseite (Beplankung) Material: ______

Dicke d = , cm, Anzahl der Lagen:

Außenwandaufbau 1 von außen nach innen:

1. ______
2. ______
3. ______
4. ______
5. ______
6. ______
7. ______
8. ______

Außenwandaufbau 2 von außen nach innen:

1. __________
2. __________
3. __________
4. __________
5. __________
6. __________
7. __________
8. __________

Außenwandaufbau 3 von außen nach innen:

1. __________
2. __________
3. __________
4. __________
5. __________
6. __________
7. __________
8. __________

Wärmedämmung

☐ als monolithisches Mauerwerk
Material: __________

Dicke d = __ , __ cm, Lambda = __ , __ W/m²K

☐ als Kerndämmung bei Verblendmauerwerk
Material: __________

Dicke d = __ , __ cm, Wärmeleitfähigkeitsstufe, WLS = ___

☐ als Kerndämmung bei Holztafelwänden
Material: __________

Dicke d = __ , __ cm, Wärmeleitfähigkeitsstufe, WLS = ___

☐ als Wärmedämmverbundsystem
Material: __________

Dicke d = __ , __ cm, Wärmeleitfähigkeitsstufe, WLS = ___

☐ Sonstiges: ______________________

Material: ______________________

Dicke d = ___ , ___ cm, Wärmeleitfähigkeitsstufe, WLS = ___

Fassade

☐ Putzfassade

- ☐ mineralischer Putz
- ☐ Kunstharzputz

☐ Außenwandbekleidung aus (Material): ______________________

____

☐ Verblendsteine

- ☐ mit Hinterlüftung
- ☐ ohne Hinterlüftung

Hersteller: ______________________

Sorte: ______________________

Preis: ___ , ___ €/1.000 Stück

☐ Holzverkleidung, Holzart: ______________________

Holzdicke: ___ mm

☐ andere Konstruktion: ______________________

☐ Außenanstrich

Material: ______________ Farbton: ______________

Wohnungs- und Gebäudetrennwände

→ Seite 75

Die Vereinbarung des Schallschutzes (siehe Seite 47 f. und F-15) betrifft alle Aufenthaltsräume.

☐ Massive Wohnungs-/Gebäudetrennwand

Wandbaustoff: ______________________

- ☐ einschalig
- ☐ zweischalig

durchlaufende Schalltrennfuge

- ☐ im Erdgeschoss und den Obergeschossen inkl. Dachhaut
- ☐ im Kellergeschoss
- ☐ in Fundament/Bodenplatte

mit Schallschutzmatte, Dicke d = ___ , ___ cm

☐ sonstige Trennwandkonstruktion

Innenwände im Erd-, Ober- und Dachgeschoss

→ Seite 76

- ☐ Massivwände
  - ☐ Leichtbeton
  - ☐ Mauerwerk (Material): ______________________
  - ☐ Sonstiges: ______________________
- ☐ Leichtbauwände
  - ☐ Leichtmauerwerk (Material): ______________________
  - ☐ Holz oder Metallständerwände mit Gipsbauplatten beplankt, Zwischenraum mit Hohlraumdämpfung
- ☐ sonstige Wandkonstruktion: ______________________

Decken

→ Seite 76

- ☐ Betondecke über
  - ☐ EG
  - ☐ OG
  - ☐ DG

  als
  - ☐ Ortbetondecke
  - ☐ Betonfertigteildecke
    - ☐ Fugen an der Deckenunterseite gespachtelt, Oberfläche tapezierfertig
- ☐ Holzbalkendecke über
  - ☐ EG
  - ☐ OG
  - ☐ DG

  mit
  - ☐ Hohlraumdämpfung/Wärmedämmung
  - ☐ Unterseite
    - ☐ nicht verkleidet
    - ☐ verkleidet
    - ☐ federnd abgehängt
  - ☐ Oberseite mit Holzwerkstoffplatten
    - ☐ vollflächig
    - ☐ Laufsteg Breite ___ cm
  - ☐ Sonstiges: ______________________
- ☐ sonstige Konstruktion: ______________________

Estrich

→ Seite 77

Estrich im

- ☐ EG
- ☐ OG
- ☐ DG
- ☐ Spitzboden

Estrichdicke d = ___ mm

- ☐ Zementestrich
- ☐ Anhydrit-/Calciumsulfatestrich
- ☐ Trockenestrich aus (Material): ______________________
- ☐ Sonstiges: ______________________
- ☐ schwimmende Verlegung

Wärme-/Trittschalldämmung

Material: ______________________

Wärmeleitfähigkeitsstufe, WLS = ___

Dicke d = ___ mm

- ☐ Fußbodenbelag im Spitzboden
  - ☐ nur Laufzone belegt Breite ___ cm
  - ☐ komplett
    - ☐ mit Spanplatte
    - ☐ OSB-Platte
    - ☐ Rauspund

Balkone und Dachterrassen

→ Seite 78

- ☐ Balkon
- ☐ Loggia
- ☐ Dachterrasse

Konstruktion:

- ☐ aus Stahlbeton, thermisch getrennt
- ☐ Holzkonstruktion aus (Holzart): ______________________
- ☐ Metallkonstruktion aus: ______________________
- ☐ Sonstiges: ______________________
- ☐ vorgesetzte Balkonkonstruktion: ______________________

Abdichtung nach DIN 18531:

- ☐ Bitumen
- ☐ Kunststoff/Kautschuk
- ☐ Sonstiges: ______

Fußboden

- ☐ Estrich
- ☐ Gefällebeton/Gefälleestrich

Bodenbelag aus (Material): ______

Entwässerung

- ☐ Rinne
- ☐ Fallrohr
- ☐ Anschluss an Regenentwässerung

Sonstiges: ______

Balkon-/Terrassengeländer aus:

Material: ______

Oberflächenbehandlung mit: ______

Dach

→ Seite 78

Dachkonstruktion

- ☐ Flachdach
- ☐ Satteldach
- ☐ Walmdach
- ☐ Pultdach
- ☐ Krüppelwalm
- ☐ Mansarddach
- ☐ Zeltdach
- ☐ Dachgauben lt. Zeichnung
  - ☐ Material Gaubendeckung: ______
  - ☐ Material Gaubenfront und Gaubenwangen: ______
  - ☐ Dämmstärke: ___ cm

    Wärmeleitfähigkeitsstufe, WLS = ___
- ☐ Dachneigung: ___ Grad
- ☐ Holzsparrendach
- ☐ Holzpfettendach

☐ massive Konstruktion, Material: ______________________________

☐ sonstige Konstruktion: ______________________________

Chemischer Holzschutz

- ☐ erforderlich
- ☐ nicht erforderlich

Dachdeckung

Material (Die Materialwahl berücksichtigt ggf. die örtliche Gestaltungssatzung):

☐ Betondachstein

☐ Tondachziegel

☐ Sonstiges: ______________________________

Hersteller: ______________________________

Bezeichnung: ______________________________

Farbe: ______________________________

☐ Ortgangstein/-ziegel

☐ Lüftungssteine/-ziegel, Anzahl

☐ sonstige Sondersteine

☐ sonstiges Deckmaterial: ______________________________

☐ Sturmsicherung: Angenommene Windlastzone:

☐ Traufkasten verkleidet

☐ Traufe mit sichtbaren Sparren und Schalung

☐ Ortgangschalung

☐ Holzteile gestrichen

- ☐ mit Lasur
- ☐ deckend lackiert (ein Voranstrich, zwei Endanstriche)

Unterdach/Unterspannbahn

(zweite wasserführende Schicht)

☐ Unterdach

Material: ______________________________ Dicke d = mm

Hersteller: ______________________________

☐ Diffusionsoffene Unterspannbahn

Bei Flachdach Abdichtung nach DIN 18531 aus:

☐ Bitumen

☐ Kunststoff

☐ Sonstiges: ______________________________

Dachdämmung

☐ Aufsparrendämmung
☐ Zwischensparrendämmung
☐ Untersparrendämmung

Material: ______________ Dicke d = | | cm

Wärmeleitfähigkeitsstufe, WLS = | |

Material: ______________ Dicke d = | | cm

Wärmeleitfähigkeitsstufe, WLS = | |

Dampfbremse

☐ Dampfbremse, Material: ______________

☐ Verkleben der Fugen, Material: ______________

☐ Anschluss an andere Bauteile, Material ______________

Raumseitige Innenverkleidung

Innenverkleidung

Material: ______________ Dicke d = | | mm

☐ Fugen verspachtelt
☐ Anschlüsse dauerelastisch verfugt

sonstiger Dachaufbau: ______________

Installationsebene zwischen Dampfbremse und innerer Verkleidung,

Tiefe d = | | mm

Dachzubehör

☐ Schneefanggitter
☐ Dachausstieg
☐ Leiterhaken Anzahl | Stück
☐ Sicherheits-Laufrost
☐ Sicherheitstritt Anzahl | Stück
☐ Blitzableiter
☐ Vorrichtungen zur nachträglichen Montage von Solarkollektoren/ Photovoltaikanlagen

☐ Statik der Dachkonstruktion ist für Nachrüstung von PV und Solarthermie geeignet

☐ sonstiges Dachzubehör: ______________

Dachentwässerung und Dachanschlüsse

Material:

- ☐ Zinkblech
- ☐ Kupferblech
- ☐ Kunststoff
- ☐ Sonstiges: ______________________

☐ Standrohr (Material): ______________________

☐ Anschluss an die Grundleitung

Blitzschutz

- ☐ äußeres Blitzschutzsystem
  - ☐ Fangeinrichtung
  - ☐ Ableiter
  - ☐ Anschluss an Erder (Fundamenterder, Staberder)
- ☐ innerer Blitzschutz und Überspannungsschutz
  - ☐ Potentialausgleich mit eigener Erdungseinrichtung
  - ☐ Erdungseinrichtungen und Potentialausgleichsschienen sind miteinander verbunden
  - ☐ Überspannungsschutz
    - ☐ Grobschutz
    - ☐ Mittelschutz
    - ☐ Feinschutz
  - ☐ Überstromableiter
  - ☐ Ausführung im Zählerschrank/Hausanschlusskasten nach der neuen TAB/Anwendungsregel

Fenster

→ Seite 84

Dachflächenfenster

Material: ______________________

Verglasung: ______________________

Ug Verglasung = , W/m²K

Uw (Rahmen und Verglasung) = , W/m²K

Farbe: ______________________

Öffnungsart, Drehpunkt: ______________________

Größe: ______________________

Hersteller: ______________________

Modell: ______

Sonnenschutz der Dachflächenfenster

☐ Außenrollläden
☐ Außenmarkisen
  ☐ manuelle Bedienung
  ☐ elektrische Bedienung
  ☐ solare Bedienung
    ☐ Fernbedienung
    ☐ Regensensor
☐ innen liegende Jalousien
☐ sonstiger Sonnenschutz: ______

Fenster im Erd- und Obergeschoss

Wärmedurchgangskoeffizient Uw- (Rahmen und Verglasung) = , W/m²K

Einbruchsschutz, Widerstandsklasse RC = ,

Gütezeichen: ______

Hersteller: ______

Typ: ______

Farbe: ______

Fenstereinbau

Blendrahmenbefestigung mithilfe von: ______

Fugenfüllung mit (Material): ______

Abdichtungsart Innen: ______

Abdichtungsart Außen: ______

Material der Fensterrahmen und -flügel

☐ Holz, Holzart: ______
☐ Kunststoff (Art) ______
☐ Aluminium, thermisch getrennt
☐ Holz-Aluminium-Verbund
☐ Sonstige: ______

Öffnungsrichtung und Öffnungsart

☐ alle Fenster mit Dreh-/Kippflügeln
☐ Öffnungsflügel werden raumweise festgelegt und in den Planzeichnungen dargestellt.

Feststehende Elemente (Anzahl Stück)

Oberflächenbehandlung

- ☐ gestrichen
- ☐ lasiert
- ☐ lackiert
- ☐ einbrennlackiert
- ☐ farbbeschichtet
- ☐ kunststoffbeschichtet

Verglasung

☐ Wärmeschutzverglasung, Ug-Wert nach DIN oder nach Bundesanzeiger , W/m²K

☐ Schallschutz-Wärmeschutzglas, Ug-Wert , W/m²K,
in den Räumen (Raum Nr./Grundrissbezeichnung)

/ ____________________

/ ____________________

/ ____________________

/ ____________________

/ ____________________

☐ Sonnenschutz-Wärmeschutzglas, Ug-Wert , W/m²K

Sonnenschutzfaktor Fc, , in den Räumen (Raum Nr./Grundrissbezeichnung)

/ ____________________

/ ____________________

/ ____________________

/ ____________________

/ ____________________

☐ Angriffhemmendes und Sicherheits-Wärmeschutzglas, Ug-Wert , W/m²K, in den Räumen (Raum Nr./Grundrissbezeichnung)

/ ____________________

/ ____________________

/ ____________________

/ ____________________

/ ____________________

Angriffshemmend nach DIN EN 356: P

Sonstige: ____________________

Beschläge

Hersteller: ____________________

Material: ____________________

Typenbezeichnung: ____________________

abschließbarer Fenstergriff, in folgenden Räumen (Raum Nr./Grundrissbezeichnung):

| / | ____________________

| / | ____________________

Fenstersprossen

☐ Sprossen im Scheibenzwischenraum

☐ Glas teilende Sprossen

☐ Vorgesetzter Sprossenrahmen

Fensterbänke

Innenfensterbänke (Material und Oberfläche): ____________________

____

Tiefe: | cm

Außenfensterbänke (Material und Oberfläche): ____________________

____

☐ akustisch entkoppelt

Rollläden, Klappläden, Sonnenschutz

☐ Rollläden, in den Räumen

____

____

Rollladenkasten: ☐ außen liegend ☐ wärmegedämmt

Bedienung

☐ Aufzugsgurte

☐ Handkurbel

☐ Elektroantrieb

☐ in der Welle

☐ im Gurtwickler

Steuerung des Elektroantriebs:

☐ manuell

☐ automatisch

☐ sonstige Bedienung

Zweiter Rettungsweg nach Landesbauordnung
in folgenden Räumen: ______________________________

Material
☐ Kunststoff
☐ Aluminium/Stahl
☐ Holz, Holzart: ______________________________

Oberflächenbehandlung mit: ______________________________

☐ sonstiges Material: ______________________________

Hersteller/Modell: ______________________________

Einbruchschutz, Widerstandsklasse RC

☐ DG	RC:	☐ abschließbar
☐ OG	RC:	☐ abschließbar
☐ EG	RC:	☐ abschließbar
☐ KG	RC:	☐ abschließbar

☐ Klappläden/Schiebeläden

In den Räumen ______________________________

Material: ______________________________

Hersteller/Modell: ______________________________

Bedienung: ______________________________

☐ Außenjalousien

In den Räumen ______________________________

Material: ______________________________

Hersteller/Modell: ______________________________

Bedienung: ______________________________

☐ Markisen

In den Räumen ______________________________

Material: ______________________________

Hersteller/Modell: ______________________________

Bedienung
☐ Handkurbel
☐ Elektroantrieb

Steuerung des Elektroantriebs:
☐ manuell ☐ automatisch

☐ Sonstige: ______

In den Räumen ______

Außentüren im Erd- und Obergeschoss

→ Seite 90

Haustür

Wärmeschutz U_D (Rahmen und Verglasung) = , W/m²K

Einbruchsschutz, Widerstandsklasse RC =

Gütezeichen: ______

Hersteller: ______

Typ: ______

Farbe: ______

Material mit detailliertem Aufbau

☐ Holz, Holzart, Aufbau ______

☐ Kunststoff aus, Aufbau: ______

☐ Aluminium, thermisch getrennt

☐ Holz-Aluminium

☐ Sonstige: ______

Oberflächenbehandlung

☐ gestrichen

☐ lasiert

☐ lackiert

☐ einbrennlackiert

☐ farbbeschichtet

☐ kunststoffbeschichtet

Verglasung/Lichtausschnitt

Größe B/H = | | x | | cm

☐ Wärmeschutzverglasung

☐ Schallschutzglas

☐ Sonnenschutzglas

☐ Angriffhemmendes Glas

☐ Sicherheitsglas

☐ Sonstige: ______________________

Wärmeschutz Ug (Verglasung) = __ , __ W/m²K

Beschläge

☐ Sicherheitsbeschlag mit 3-facher Verriegelung

☐ Sicherheitsbeschlag mit 5-facher Verriegelung

☐ Andere Art der Verriegelung

Hersteller: ______________________

Material: ______________________

Typenbezeichnung: ______________________

Zubehör

☐ Bodendichtung

Hersteller: ______________________

Modell:

☐ Sonstiges: ______________________

Außennebentür

Abweichungen zur Haustür: ______________________

☐ Schließzylinder mit Not- und Gefahrenfunktion für Haustür und Nebeneingangstür

(Innentüren siehe Seite F-78)

Treppen

→ Seite 91

☐ Barrierefreier Zugang nach DIN 18040-2

Hauseingangstreppe

Treppenlaufbreite __ __ , __ cm

Steigung __ , __ cm

Treppenkonstruktion/Eingangspodest aus:

☐ Stahlbeton

☐ Sonstiges: ______________________

Stufenbelag/Trittstufen/Podestbelag aus:

- ☐ Fliesen
- ☐ Naturstein

Abriebgruppe: Sortierung: ____

Materialpreis ___ , _ €/m², Größe: _ x _ cm

Treppengeländer aus (Material): ____

☐ Oberflächenbehandlung mit: ____

Handlauf aus (Material):

☐ zusätzlicher Handlauf aus (Material): ____

Erd- und Obergeschosstreppe

Treppenlaufbreite ___ , _ cm

Steigung _ , _ cm

Treppenkonstruktion aus:

- ☐ Stahlbeton
- ☐ Stahl-Holz-Konstruktion aus: ____
- ☐ Holzkonstruktion, Holzart ____
  - ☐ Eingestemmte Trittstufen
  - ☐ Aufgesattelte Trittstufen
  - ☐ Treppe mit Setzstufen (geschlossene Treppe)
  - ☐ Treppe ohne Setzstufen (offene Treppe)

Stufenbelag/Trittstufen aus: ____

Treppengeländer aus: ____

Oberflächenbehandlung: ____

Handlauf aus (Material und Oberflächenbehandlung):

____

Treppe zum Spitzboden/Nebentreppe

- ☐ wie Obergeschosstreppe
- ☐ Einschubtreppe
  - ☐ wärmegedämmt und luftdicht eingebaut
- ☐ Raumspartreppe

Hersteller/Typ: ____

Haustechnik

Elektroarbeiten – Rohinstallation

→ Seite 93

- ☐ Stromkreise
  - für Steckdosen und Beleuchtung Anzahl
  - für Geräte Anzahl
- ☐ Hausanschluss Absicherung: Ampére
- ☐ Verteilerschrank, sofern nicht schon unter „Elektroinstallation im Keller“, Seite F-29, eingetragen
  - Aufstellort: ______
  - Ausführung:
    - ☐ Unterputz
    - ☐ Aufputz
  - Anzahl der Zählerfelder:
- ☐ Getrennte Leitungen und eigener Zählerplatz für separate Wohnung vorgesehen
- ☐ Stromkreise mit FI-Schutzschalter (mind. 2 vorgeschrieben) Anzahl
- ☐ Stromkreise mit Netzfreischaltung Anzahl
- ☐ Stromkreise für Drehstromsteckdose Ampére Anzahl
- ☐ Stromkreis für: ______

Ausführung der Elektroleitungen

- ☐ in folgenden Räumen Aufputz: ______
- ☐ in allen übrigen Räumen Unterputz als
  - ☐ Stegleitungen
  - ☐ Mantelleitungen
  - ☐ in Leerrohren
- ☐ Schwachstromleitungen in Leerrohren
- ☐ Installations-Bus-System

Zusätzliche Anschlüsse bzw. Leerrohr

Anschluss ______ ☐ Leerrohr für Kabelfernsehen

Anschluss ______ ☐ Leerrohr für Satellitenanlage

Anschluss ______ ☐ Leerrohr für Telefon

Anschluss ______ ☐ Leerrohr für EDV-Anlage Anzahl: |

Anschluss ______ ☐ Leerrohr/Unterputzdose für Rollladen-/Markisenmotor

Anzahl: |

Anschluss ______ ☐ Leerrohr für Anlage zur solaren Wärmeerzeugung (Fühlerkabel)

Anschluss ______ ☐ Leerrohr für Anschluss- und Steuerleitung einer Photovoltaik-Anlage

Stromerzeugung mit Photovoltaikanlage → Seite 94

☐ Photovoltaikanlage: nur Anschluss- und Steuerleitung verlegen

☐ Photovoltaik-Module:

Hersteller: ______

Typ: ______

Bauart/Wirkungsgrad: ______

Anzahl Module: | wirksame Fläche: | | m²

Leistung pro Modul: | | Wp Gesamtleistung: | kWp

☐ Leerrohre (oder Kabelschacht) für Installation der Photovoltaikanlage gemäß Brandschutzanforderungen für Photovoltaikanlagen vorgesehen

☐ Photovoltaikanlage vorhanden: Inbetriebnahme, Monat/Jahr: ______

☐ Volleinspeisung

☐ Eigenverbrauch mit Überschusseinspeisung

☐ Wechselrichter

Hersteller/Typ ______

☐ zuständiger Netzbetreiber

☐ zuständiger Messstellenbetreiber (Stromzähler)

☐ Die Photovoltaikanlage erfüllt die Mindestanforderungen des GEG nach Leistung und Betriebsart. Der Auftraggeber erhält die nach dem Gesetz erforderlichen Nachweise.

Heizungsinstallation

→ Seite 95

Raumtemperatur

Die Heizungsanlage ist für folgende Raumtemperaturen auszulegen (Norm-Innentemperaturen im Sinne von DIN EN 12831):

°C in den Räumen ______

°C in den Räumen ______

°C in den Räumen ______

°C in den Räumen ______

°C in den Räumen ______

°C in den Räumen ______

Primärenergie

Primärenergie der Heizungsanlage

- ☐ Heizöl
- ☐ Erdgas
- ☐ Flüssiggas
- ☐ Biogas in Kraft-Wärme-Kopplungsanlage
- ☐ Bioöl mit Nachhaltigkeitsnachweis in Öl-Brennwertkessel oder Kraft-Wärme-Kopplungsanlage
- ☐ Biogas in Brennwertkessel
- ☐ Holz
- ☐ Solarwärme
- ☐ Umweltwärme (nutzbar gemacht mit Wärmepumpenanlage)
- ☐ Strom
- ☐ Holzpellet-Feuerung
- ☐ Sonstiges: ______

Brennstofflager:

Ort: ______

Größe: Liter m³

Material: ______

☐ bei Heizöl / bei Bioöl: Auftragnehmer liegt behördliche Genehmigung für die Brennstofflagerung am Gebäudestandort vor.

☐ Energiezuleitung zum Wärmeerzeuger im Leistungsumfang enthalten

☐ Gasleitung zur Küche im Leistungsumfang enthalten

☐ Gasleitung zum Warmwasserbereiter im Leistungsumfang enthalten

Wärmeerzeuger

☐ Heizkessel

☐ Brennwertkessel

Aufstellraum (Raum Nr./Grundrissbezeichnung)

| / | ____________________

☐ innerhalb

☐ außerhalb

des beheizten Gebäudevolumens

☐ stehend

☐ wandhängend

☐ raumluftunabhängige Betriebsweise

Hersteller: ____________________

Modell: ____________________

Nennleistungsbereich von | , bis | , kW

Jahresnutzungsgrad: | | %

Anforderungen nach dem Gebäudeenergiegesetz:

Holzkessel:

Kesselwirkungsgrad (ermittelt nach DIN EN **303-5 [1999-06]**)

☐ bis **50 kW** mindestens **86 %**

☐ über **50 kW** mindestens **88 %**

Holzkessel oder -ofen über **15 kW**:

Begrenzung von Schadstoffen (bezogen auf Rauchgas mit Sauerstoffgehalt **13** g/m³)

☐ Staub max. **0,15** g/m³.

☐ Kohlenmonoxid max. **4** g/m³ (bis 50 kW).

☐ Die Holzfeuerung erfüllt die Anforderungen des GEG.

Der Auftraggeber erhält die nach dem Gesetz erforderlichen Nachweise.

☐ Wärmepumpenanlage, bestehend aus

☐ elektrisch

☐ fossil

angetriebener Wärmepumpe

Hersteller: ____________________

Modell: ____________________

☐ SG-Ready

☐ Invertertechnik

☐ Wärmequelle

☐ Erdsonde

☐ Erdkollektor

☐ Grundwasserzapf- und -schluckbrunnen

Die Zulässigkeit der thermischen Nutzung des Baugrundstückes und die Eignung des Untergrundes sind

☐ geklärt ☐ noch nicht geklärt

☐ Außenluft

☐ Fortluft der Lüftungsanlage

☐ Sonstiges: ______________________________

☐ Warmwasserbereitung

Die Brauchwassererwärmung erfolgt

☐ mit der Heizwärmepumpenanlage auf | °C.

☐ von der Heizung getrennt durch ______________________________
wie unter Haustechnik (→ Seite 104 und F-54) beschrieben.

Die Wärmepumpenanlage deckt mindestens | %
des Wärmeenergiebedarfs für Heizung und Brauchwassererwärmung

Die Wärmepumpenanlage wird ausgestattet mit

☐ einem Wärmemengenzähler zur Erfassung der für Heizung und Brauchwasser erzeugten Wärme

☐ einem Stromzähler für Wärmepumpe und Hilfsaggregate

☐ Absperrventilen und Temperaturmessstellen nach **DIN 8900** Teil **6** Bild **1** und **2**

Die Wärmepumpenanlage ist unter Berücksichtigung der oben vereinbarten Temperaturen für Raumheizung und Warmwasser sowie der Gegebenheiten des Standortes nach den Regeln der Technik so auszulegen, dass sie eine Jahresarbeitszahl von mindestens , | einhält.

☐ Die Wärmepumpenanlage erfüllt die Mindestanforderungen des GEG an den Deckungsbeitrag. Der Auftraggeber erhält die nach dem Gesetz erforderlichen Nachweise.

Unter den o. g. Randbedingungen errechnet sich ein Jahresstrombedarf

von | . | | kWh.

Dem Auftraggeber ist nach Fertigstellung der Anlage auszuhändigen:

- ein Exemplar sämtlicher Berechnungen
- die Bestätigung, dass Ausführung und Auslegungsplanung übereinstimmen

☐ Blockheizkraftwerk (Wärme-Kraft-Kopplung)

☐ motorisch

☐ Brennstoffzelle

Hersteller: ______________________________

Modell: ______________________________

Treibstoff:

☐ Erdgas

☐ Erdgas mit ___ % Biogas

☐ Heizöl EL

☐ Bioöl

Thermische Leistung ___ , ___ kW

Elektrische Leistung ___ , ___ kW

☐ Blockheizkraftwerk ist hocheffizient entsprechend den Anforderungen des GEG. Der Auftraggeber erhält die nach dem Gesetz erforderlichen Nachweise.

☐ Der Wärmeliefervertrag liegt vor.

☐ Nah-/Fernwärmeanschluss

Wärmelieferung erfolgt durch ______________________________

☐ Erzeugung der Wärme genügt dauerhaft den Anforderungen des GEG. Der Auftraggeber erhält die nach dem Gesetz erforderlichen Nachweise.

☐ Der Wärmeliefervertrag liegt vor.

Abgasanlage

☐ Abgasleitung für (Brennstoff): ______________________________

☐ geeignet für Nassbetrieb

☐ Schornstein für (Brennstoff): ______________________________

☐ Reinigungsöffnung

☐ Verkleidung, Abdichtung, Abdeckung des Schornsteinkopfes

____

☐ Schornsteinanschluss und (bei raumluftunabhängiger Betriebsweise) Verbrennungsluftzufuhr für den Betrieb einer zweiten Feuerstätte:

Art: ______________________________

Brennstoff: ______________________________

Hersteller: ______________________________

Nennwärmeleistung: ___ kW

☐ raumluftunabhängige Betriebsweise

Pufferspeicher für Heizwärme

☐ Pufferspeicher, wärmegedämmt, _ _ _ Liter

Wärmeverteilung und Heizflächen

(Heizkörper siehe Seite 126 und F-70)

☐ Heizkreis für Heizkörper oder Fußbodenheizung

Auslegungs-Vor-/Rücklauftemperatur _ / _ °C

Heizkreisregelung:

☐ nach Außentemperatur

☐ nach Temperatur im Raum (Raum Nr./Grundrissbezeichnung)

_ / _ ______________________________

Hersteller: ______________________________

Modell: ______________________________

Rohrmaterial:

☐ Kupfer

☐ Edelstahl

☐ Kunststoff

☐ Sonstiges: ______________________________

Rohrverbindung:

☐ verschraubt

☐ verpresst

☐ verlötet

Verlegeart:

☐ unter Putz

☐ auf Putz

☐ auf der Rohdecke

☐ Zweiter Heizkreis für Fußbodenheizung

Auslegungs-Vor-/Rücklauftemperatur _ / _ °C

Rohrmaterial:

☐ Kupfer

☐ Edelstahl

☐ Kunststoff

☐ Sonstiges: ______________________________

Rohrverbindung:

☐ verschraubt

☐ verpresst

☐ verlötet

Fußbodenheizsystem

Hersteller: ____________________

Modell: ____________________

Regelung

☐ Thermostat-Einzelraumsteuerung

Hersteller: ____________________

Modell: ____________________

☐ Hydraulischer Abgleich jedes Heizkreises mit schriftlicher Bestätigung des ausführenden Fachbetriebes

☐ Wärmedämmung der Rohrleitungen nach Gebäudeenergiegesetz

____

Warmwasserbereitung

→ Seite 104

☐ zentrale Warmwasserbereitung

☐ Warmwasserspeicher beheizt

- ☐ von Zentralheizung
- ☐ solar
- ☐ elektrisch

Hersteller: ____________________

Modell: ____________________

Nutzinhalt: | | Liter

Wärmeverlust des Speichers: , | kWh/Tag

☐ Speicher geeignet zum Einbau eines Solarwärmetauschers

☐ verlustarmer Sommerbetrieb durch zeitliche Einschränkung der Nachladebereitschaft des Heizkessels

☐ Durchlauferhitzer

- ☐ in wandhängendem Heizkessel integriert
- ☐ elektrischer Durchlauferhitzer
  - ☐ elektronisch gesteuert

Hersteller: ____________________

Modell: ____________________

Leistung: ____________________

☐ dezentral in folgenden Räumen (Raum Nr./Grundrissbezeichnung):

____

Energieträger: ______________________________

Hersteller: ______________________________

Modell: ______________________________

Leistung: | | kW

☐ Brauchwasserwärmepumpe

Hersteller: ______________________________

Modell: ______________________________

Nutzinhalt ______________ Liter

Wärmeverlust des Speichers | | kWh/Tag

☐ Eine thermische Solaranlage kann angeschlossen werden
☐ SG-Ready
☐ Invertertechnik
☐ Wärmequelle Kellerluft
☐ Wärmequelle Außenluft durch Mauerdurchbrüche

Solarthermische Warmwasserbereitung

→ Seite 105

☐ für Brauchwassererwärmung
☐ für Brauchwassererwärmung mit Heizungsunterstützung

Kollektor

Hersteller: ______________________________

Typ: ______________________________

Bauart: ______________________________

Strahlungswirksame Kollektorfläche (Aperturfläche): | | , m²,

☐ bezogen auf die Gebäudenutzfläche A_N von | | | , m²

sind das | | | , m² Aperturfläche je m² Gebäudenutzfläche

☐ Kollektor hat das Solar-Keymark-Zertifikat

☐ Die Solaranlage erfüllt die Mindestanforderungen des GEG an Fläche und Zertifizierung der Kollektoren. Der Auftraggeber erhält die nach dem Gesetz erforderlichen Nachweise.

☐ Für den späteren Einbau einer Solaranlage werden folgende Leitungen

von Raum | / | ______________________________

bis unter das Dach vorgesehen:

☐ je eine wärmegedämmte, hochtemperaturbeständige Vor- und Rücklaufleitung aus Kupferrohr DN 18

☐ ein Steuerkabel für den Anschluss des Kollektor-Temperaturfühlers

☐ Statik der Dachkonstruktion ist auf zu montierende Solaranlage ausgelegt

Lüftung

→ Seite 106

☐ kontrollierte Lüftung ohne Wärmerückgewinnung (Abluftanlage)

☐ Zuluftöffnungen Außenwand ☐ Zuluftöffnungen Fensterrahmen

☐ kontrollierte Lüftung mit Wärmerückgewinnung

☐ Zentralanlage im Raum ____________________

☐ dezentrale Lüftungsanlagen entsprechend Lüftungskonzept

☐ mit wechselndem Betrieb der Ventilatoren (Pendelbetrieb)

Anzahl der Geräte in den Räumen: ____________________

Wärmerückgewinnungsgrad | %

Leistungsaufnahme (elektrisch): | | W

Hersteller: ____________________

Typ: ____________________

Bauart: ____________________

☐ Pollenfilter

Filterklasse: ____________________

☐ Sommerbetrieb

☐ Überbrückung des Wärmetauschers im Sommerbetrieb

Sanitärinstallation – Rohinstallation

→ Seite 108

Abwasserrohre

Abwasserrohre aus:

☐ Kunststoff (Material): ____________________

☐ Guss

☐ Steinzeug

☐ Schallschutz

☐ Ableitung für Kessel-Kondensat

☐ Abwasseranschluss Waschmaschine in Raum: ____________________

Warm- und Kaltwasserleitungen

☐ Kupfer
☐ Kunststoff (Bez.) , Kunststoffverbundrohre: ____________
☐ Edelstahl
☐ Warmwasserrohre:
Dämmung aus (Material): ____________
☐ Kaltwasserrohre:
Ummantelung aus (Material): ____________

Verlegeart der Wasserleitungen

Kellerräume
- ☐ auf Putz
- ☐ unter Putz

Wohnräume
- ☐ auf Putz
- ☐ unter Putz

☐ Vorwandinstallation
- ☐ Konstruktion: ____________
- ☐ System/Hersteller: ____________

Ausstattung der Sanitärinstallation

☐ Abstell- und Entleerungsmöglichkeit
☐ Feinfilter
- ☐ manuell rückspülbar
- ☐ automatisch rückspülbar

☐ Druckminderer
☐ Druckerhöhungsanlage
☐ Warmwasser-Zirkulationssystem
- ☐ Zeitschaltuhr gesteuert

☐ kombinierte Kalt-/Warmwasserzapfstellen (Anzahl): Stück
☐ reine Kaltwasserzapfstellen (Anzahl): Stück
☐ Außenzapfstelle Trinkwasser (Anzahl): Stück
- ☐ frostgeschützt

☐ Waschmaschinenanschluss Trinkwasser in Raum ____________
☐ Fußbodenablauf in Raum ____________

Entwässerung und Rückstausicherung durch:
- ☐ Hebeanlage
- ☐ Rückstauverschluss

Regenwassernutzungsanlagen

- [ ] Erdspeicher
  Art: ____________________

  Hersteller: ____________________

  Fassungsvermögen: _____ Liter
- [ ] Hauswasserstation

  Art: ____________________

  Hersteller: ____________________

  Leistungsdaten: ____________________
- [ ] Versorgung der WC's (Anzahl): _____ Stück
- [ ] Versorgung der Waschmaschinen (Anzahl): _____ Stück
- [ ] Außenzapfstelle Regenwasser
- [ ] Weitere Zapfstellen (Ort): ____________________

Regenwasserversickerungsanlage

- [ ] Ableitung durch ____________________

  in ____________________

Innenausbau und -ausstattung im Überblick

Innenputzarbeiten → Seite 112

	Wände	Decken
Fugenglattstrich	☐	
für folgende Räume:		
Hersteller:		
Bezeichnung:		
unverputzt	☐	☐
für folgende Räume:		
gespachtelt	☐	☐
für folgende Räume:		
Hersteller:		
Bezeichnung:		
Gipsputz	☐	☐
für folgende Räume:		
Hersteller:		
Bezeichnung:		
Kalk-/Kalkzementputz	☐	☐
für folgende Räume:		
Hersteller:		
Bezeichnung:		
Sonstiges:		
für folgende Räume:		
Hersteller:		

Malerarbeiten

→ Seite 113

Deckenflächen

Oberflächengüte: ______

Tapete

für folgende Räume: ______

Hersteller: ______

Bezeichnung: ______

Materialpreis: ___ , ___ €/Rolle

Anstrich

für folgende Räume: ______

Anstrichtyp: ______

Hersteller: ______

Bezeichnung: ______

Farbton: ______

Anstrich

für folgende Räume: ______

Anstrichtyp: ______

Hersteller: ______

Bezeichnung: ______

Farbton: ______

Wandflächen

Oberflächengüte:

Tapete

für folgende Räume: ______

Hersteller: ______

Bezeichnung: ______

Materialpreis: ___ , ___ €/Rolle

Tapete

für folgende Räume: ______________________________

Hersteller: ______________________________

Bezeichnung: ______________________________

Materialpreis: | , | €/Rolle

Anstrich

für folgende Räume: ______________________________

Anstrichtyp: ______________________________

Hersteller: ______________________________

Bezeichnung: ______________________________

Farbton: ______________________________

Anstrich

für folgende Räume: ______________________________

Anstrichtyp: ______________________________

Hersteller: ______________________________

Bezeichnung: ______________________________

Farbton: ______________________________

Fliesen- und Natursteinbeläge

→ Seite 114

Bodenflächen

für folgende Räume: ______________________________

- ☐ Bodenfliesen
- ☐ Naturstein

Abriebgruppe: Sortierung: ______________________________

Materialpreis: | | , | €/m², Größe | , x | , cm

- ☐ Sockelfliesen
- ☐ Sockelleisten aus: ______________________________

Bodenflächen

für folgende Räume: ______

☐ Bodenfliesen
☐ Naturstein

Abriebgruppe: Sortierung: ______

Materialpreis: | | , | €/m², Größe | , x | , cm

☐ Sockelfliesen
☐ Sockelleisten aus: ______

Bodenflächen

für folgende Räume: ______

☐ Bodenfliesen
☐ Naturstein

Abriebgruppe: Sortierung: ______

Materialpreis: | | , | €/m², Größe | , x | , cm

☐ Sockelfliesen
☐ Sockelleisten aus: ______

Wandflächen

Wandfliesen

Deckenhoch für folgende Räume: ______

Abriebgruppe: Sortierung: ______

Materialpreis: | | , | €/m², Größe | , x | , cm

Wandfliesen

| | cm hoch für folgende Räume: ______

Abriebgruppe: Sortierung: ______

Materialpreis: | | , | €/m², Größe | , x | , cm

Wandfliesen

Fliesenspiegel für folgende Räume: ______

Größe | | m²

Abriebgruppe: Sortierung: ______

Materialpreis: | | , | €/m², Größe | , x | , cm

Bodenbeläge → Seite 114

- [ ] Bodenbeläge und Verlegeart geeignet für Fußbodenheizung
- [ ] bei allen Bodenbelägen über Fußbodenheizung wird ein Wärmedurchlasswiderstand von max. 0,15 m^2 K/W eingehalten
- [ ] Restfeuchtemessung der Unterböden wird durchgeführt

Parkett

für folgende Räume: ______________________

- [ ] Massivparkett
- [ ] Mehrschichtparkett

Hersteller: ______________________

Bezeichnung: ______________________

Gesamtdicke: | | mm

Nutzschicht: | | mm

Holzart: ______________________

Materialpreis: | | , | €/m^2

Sockelleisten aus: ______________________

Oberflächenbehandlung: ______________________

Verlegung

- [ ] verklebt

Klebertyp: ______________________

Hersteller: ______________________

Bezeichnung: ______________________

- [ ] schwimmende Verlegung

Unterlage aus: ______________________

- [ ] sonstige Verlegung: ______________________

Kork

für folgende Räume: ______________________

Hersteller: ______________________

Sockelleisten aus: ______________________

Verlegung

☐ verklebt

Klebertyp: ______

Hersteller: ______

Bezeichnung: ______

Unterlage aus: ______

☐ sonstige Verlegung: ______

Laminat

für folgende Räume: ______

Hersteller: ______

Bezeichnung: ______

Beanspruchungsklasse: ______

Materialpreis: | | , | €/m²

Trittschallgedämmt

☐ ja

☐ nein

Sockelleisten aus: ______

Verlegung

☐ verklebt

Klebertyp: ______

Hersteller: ______

Bezeichnung: ______

☐ schwimmende Verlegung

Unterlage aus: ______

☐ sonstige Verlegung: ______

Teppichboden

für folgende Räume: ______

Hersteller: ______

Bezeichnung: ______

Gütesiegel: ______

Nutzschicht aus: ______

Materialpreis: | | , | €/m²

Sockelleisten aus: ______

Verlegung

- ☐ verklebt (nur EC-1 Produkte, emissionsarm)
- ☐ Verklebung wasserlöslich
- ☐ fixiert

Kleber/Fixiertyp: ______

Hersteller: ______

Bezeichnung: ______

- ☐ gespannt
- ☐ Unterlage aus: ______
- ☐ sonstige Verlegung: ______

Linoleum

für folgende Räume: ______

Hersteller: ______

Bezeichnung: ______

Dicke | mm, Materialpreis: | | , | €/m²

Sockelleisten aus: ______

Verlegung

- ☐ verklebt

  Klebertyp: ______

  Hersteller: ______

  Bezeichnung: ______

- ☐ Fugen verschweißt: ______
- ☐ Oberflächen-Schutzschicht: ______

PVC / Designböden

für folgende Räume: ______

Hersteller: ______

Bezeichnung: ______

Dicke | mm, Materialpreis: | | , | €/m²

Sockelleisten aus: ______

Verlegung

☐ verklebt

Klebertyp: ____________________

Hersteller: ____________________

Bezeichnung: ____________________

☐ sonstige Verlegung: ____________________

4.5.4.10 Sonstiger Belag ____________________

für folgende Räume: ____________________

Hersteller: ____________________

Bezeichnung: ____________________

Dicke | mm, Materialpreis: | | , | €/m²

Sockelleisten aus: ____________________

Verlegung

☐ verklebt

Klebertyp: ____________________

Hersteller: ____________________

Bezeichnung: ____________________

☐ sonstige Verlegung: ____________________

Elektroinstallation – Ausstattung

→ Seite 119

Bei gleichem Ausstattungswert für alle Räume sind die Ausstattungswerte in den folgenden Tabellen darzustellen:

Ausstattungswert	Qualität	Erreichter Ausstattungswert
1	Mindestausstattung gemäß DIN 18015-2	☐
2	Standardausstattung	☐
3	Komfortausstattung	☐
1 *plus*	Mindestausstattung gemäß DIN 18015-2 und Vorbereitung für die Anwendung der Gebäudesystemtechnik nach DIN 18015-4	☐

Ausstattungswert	Qualität	Erreichter Ausstattungswert
2 *plus*	Standardausstattung plus mindestens ein Funktionsbereich gemäß DIN 18015-4 (Dieser Funktionsbereich ist in der folgenden Tabelle anzukreuzen)	☐
3 *plus*	Komfortausstattung plus mindestens zwei Funktionsbereiche gemäß DIN 18015-4 (Diese Funktionsbereiche sind in der folgenden Tabelle anzukreuzen)	☐

Funktionsbereich	Ausstattungswert	
	2 *plus*	3 *plus*
Schalten/Dimmen	☐	☐
Schaltbare Steckdosen/geschaltete Geräte/ Energiemanagement	☐	☐
Sonnenschutz	☐	☐
Heizen, Lüften, Kühlen	☐	☐
Sicherheit	☐	☐

Die Anlagen der Hauskommunikation (Klingel o. Gong, Türöffner und Gegensprechanlage, Video-Türstationen, Gefahrenmeldeanlagen) sind in den Ausstattungswerten entsprechend enthalten – siehe hierzu Tabellen 1–3 im Erläuterungsteil *Elektroinstallation – Ausstattung* auf Seite 119 ff.

Sonstiges:

☐ Drehstromanschluss in den Räumen: ____________________

☐ Außenbeleuchtung Hauseingang

☐ Außensteckdosen von innen schaltbar: ____________________

☐ Wechselschalter Stück in den Räumen: ____________________

Schalter und Steckdosen

Hersteller: ____________________

Modell: ____________________

Haben die Räume unterschiedliche Ausstattungswerte, sind diese in der folgenden Tabelle darzustellen:

Wohnbereich	Ausstattungswerte						Funktionsbereiche				
	1	2	3	1 plus	2 plus	3 plus	Schalten/Dimmen	Schaltbare Steckdosen/Geräte	Sonnenschutz	Heizen, Lüften, Kühlen	Sicherheit
Küche/Kochnische	☐	☐	☐	☐	☐	☐	☐	☐	☐	☐	☐
Bad	☐	☐	☐	☐	☐	☐	☐	☐	☐	☐	☐
WC-Raum	☐	☐	☐	☐	☐	☐	☐	☐	☐	☐	☐
Flur/Diele	☐	☐	☐	☐	☐	☐	☐	☐	☐	☐	☐
Wohnzimmer	☐	☐	☐	☐	☐	☐	☐	☐	☐	☐	☐
Esszimmer	☐	☐	☐	☐	☐	☐	☐	☐	☐	☐	☐
Schlafzimmer	☐	☐	☐	☐	☐	☐	☐	☐	☐	☐	☐
Kinderzimmer	☐	☐	☐	☐	☐	☐	☐	☐	☐	☐	☐
Gästezimmer	☐	☐	☐	☐	☐	☐	☐	☐	☐	☐	☐
Arbeitszimmer	☐	☐	☐	☐	☐	☐	☐	☐	☐	☐	☐
Büro	☐	☐	☐	☐	☐	☐	☐	☐	☐	☐	☐
Hausarbeitsraum	☐	☐	☐	☐	☐	☐	☐	☐	☐	☐	☐
Terrasse/Freisitz	☐	☐	☐	☐	☐	☐	☐	☐	☐	☐	☐
Abstellraum	☐	☐	☐	☐	☐	☐	☐	☐	☐	☐	☐
Hobbyraum	☐	☐	☐	☐	☐	☐	☐	☐	☐	☐	☐
Zur Wohnung gehörender Keller- oder Bodenraum	☐	☐	☐	☐	☐	☐	☐	☐	☐	☐	☐
	☐	☐	☐	☐	☐	☐	☐	☐	☐	☐	☐

Der Ausstattungswert 1 **plus** beinhaltet neben der Mindestausstattung gemäß DIN 18015-2 die Vorbereitung für die Anwendung der Gebäudesystemtechnik nach DIN 18015-4
Der Ausstattungswert 2 **plus** beinhaltet die Standardausstattung plus mindestens ein Funktionsbereich gemäß DIN 18015-4 (Dieser Funktionsbereich ist in der Tabelle anzukreuzen)
Der Ausstattungswert 3 **plus** beinhaltet die Komfortausstattung plus mindestens zwei Funktionsbereiche gemäß DIN 18015-4 (Diese Funktionsbereiche sind in der Tabelle anzukreuzen)
Die Anlagen der **Hauskommunikation** (Klingel o. Gong, Türöffner und Gegensprechanlage, Video-Türstationen, Gefahrenmeldeanlagen) sind in den Ausstattungswerten entsprechend enthalten – siehe hierzu Tabellen 1–3 im Erläuterungsteil auf Seite 119 ff.

Sonstiges:

☐ Drehstromanschluss in den Räumen: ____________________

☐ Außenbeleuchtung Hauseingang

☐ Außensteckdosen von innen schaltbar: ____________________

☐ Wechselschalter Stück in den Räumen: ____________________

Schalter und Steckdosen:

Hersteller: ____________________

Modell: ____________________

Zusätzlich werden folgende Maßnahmen umgesetzt, sofern sie nicht bereits durch eine **plus**-Ausstattung abgedeckt sind:

☐ Sicherheitsmaßnahmen

- ☐ Steckdosen mit Berührungsschutz („Kinderschutz“)
- ☐ Gefahrenmeldeanlage (Art: ____________________)
- ☐ ____________________
- ☐ ____________________

☐ Komfortfunktionen

- ☐ Elektrische Jalousie-/Rollladenantriebe in den Räumen:

  ____

- ☐ Kommunikationsanschlüsse (hier sind konkret die Art und der Realisierungsgrad – Vorbereitung bzw. Herstellung – der jeweiligen Kommunikationsanlagen festzulegen)

Art des Kommunikationsanschlusses	Vorbereitung des Anschlusses in den Räumen	Kompletterstellung des Anschlusses in den Räumen

☐ Gebäudesystemtechnik

☐ Vorbereitende Maßnahmen für den nachträglichen Einsatz der Gebäudesystemtechnik entsprechend Abschnitt 2.3 RAL-RG 678 werden realisiert

____

____

Zusätzliche Installationen kosten:

☐ Steckdose Aufputz: ___,_ € / Stück

☐ Steckdose Unterputz: ___,_ € / Stück

☐ Schalter: ___,_ € / Stück

☐ Sonstiges: ______________________________ ___,_ €

______________________________ ___,_ €

______________________________ ___,_ €

______________________________ ___,_ €

______________________________ ___,_ €

Die Anordnung der Steckdosen erfolgt in Absprache mit dem Bauherrn.

Heizflächen/Endmontage

→ Seite 126

Heizflächen

Heizkörper/Aufstellort:

☐ Plattenheizkörper ______________________________

Hersteller: ______________________________

Modell: ______________________________

☐ Radiator ______________________________

Hersteller: ______________________________

Modell: ______________________________

☐ Konvektor ______________________________

Hersteller: ______________________________

Modell: ______________________________

☐ Handtuchheizkörper ____________________

Größe, Hersteller, Modell: ____________________

☐ Strahlungsschirm bei Montage der Heizkörper vor Glasflächen

Regelung

☐ Thermostatventile

☐ Sonstiges: ____________________

Hersteller: ____________________

Modell: ____________________

Sanitärinstallation – Ausstattung

→ Seite 126

Objektqualität

☐ Erste Sortierung
☐ Zweite Sortierung

Armaturen

☐ Erste Sortierung
☐ Zweite Sortierung

☐ Geräuschklasse:

Allgemein

☐ Waschmaschinenanschluss
 ☐ kalt
 ☐ warm
☐ Wasserablauf für Waschmaschine
☐ Hebeanlage

Sonstiges: ____________________

Küche

☐ Kalt- und Warmwasserzapfstellen, Anzahl ____ Stück
☐ Geschirrspülmaschinenanschluss
 ☐ kalt
 ☐ warm
☐ Wanddurchbruch/Mauerkasten für Dunstabzug
☐ Wasserablauf für Spüle

- ☐ Waschmaschinenanschluss
  - ☐ kalt
  - ☐ warm
- ☐ Wasserablauf für Waschmaschine

Sonstiges: ____________________

Hauswirtschaftsraum (wenn vorhanden)

- ☐ Kalt- und Warmwasserzapfstellen, Anzahl ____ Stück
- ☐ Waschmaschinenanschluss
  - ☐ kalt
  - ☐ warm
- ☐ Wasserablauf für Waschmaschine
- ☐ Ausgussbecken

Sonstiges: ____________________

Heizraum (wenn vorhanden)

- ☐ Kalt- und Warmwasserzapfstellen, Anzahl ____ Stück
- ☐ Ausgussbecken

Sonstiges: ____________________

Bad und WC

- ☐ Waschtisch, Anzahl ____ Stück

  Hersteller: ____________________

  Modell: ____________________

  Größe (B/T): ____ / ____ cm, Farbe: ____________________

  - ☐ Standsäule
  - ☐ Halbsäule
  - ☐ Körperschallgedämmte Befestigung
  - ☐ Waschtischbatterie, Anzahl ____ Stück

    Hersteller: ____________________

    Modell: ____________________

- ☐ Handwaschbecken, Anzahl ____ Stück

  Hersteller: ____________________

  Modell: ____________________

  Größe (B/T): ____ / ____ cm, Farbe: ____________________

- ☐ Standsäule
- ☐ Halbsäule
- ☐ körperschallgedämmte Befestigung
- ☐ Waschtischbatterie, Anzahl Stück

  Hersteller: ______________________

  Modell: ______________________

☐ Badewanne, Anzahl Stück

Hersteller: ______________________

Modell: ______________________

Material: ______________________

Größe: Außenmaß L/B | | / | | cm

Innenmaß L/B | | / | | cm

Farbe: ______________________

Wannenträger/-gestell: ______________________

Wannenverkleidung: ______________________

- ☐ Badewannenbatterie
  - ☐ Thermostatarmatur
  - ☐ Einhandmischer
  - ☐ Zweigriffarmatur
  - ☐ Aufputz
  - ☐ Unterputz

  Hersteller: ______________________

  Modell: ______________________

- ☐ Handbrause

  Hersteller: ______________________

  Modell: ______________________

- ☐ Wandhalter

  Hersteller: ______________________

  Modell: ______________________

☐ Duschwanne, Anzahl Stück

Hersteller: ______

Modell: ______

Material: ______

Größe (L/B/T): / / cm, Farbe: ______

Wannenträger/-gestell: ______

Wannenverkleidung: ______

☐ Brausebatterie
- ☐ Thermostatarmatur
- ☐ Einhandmischer
- ☐ Zweigriffarmatur
- ☐ Aufputz
- ☐ Unterputz

Hersteller: ______

Modell: ______

☐ Handbrause für Duschwanne

Hersteller: ______

Modell: ______

☐ Brausestange

Hersteller: ______

Modell: ______

☐ Duschabtrennung

Hersteller: ______

Modell: ______

Material: ______

- ☐ Seiteneinstieg
- ☐ Eckeinstieg

☐ Bodengleiche Dusche, Anzahl Stück

- ☐ Brausebatterie
  - ☐ Thermostatarmatur
  - ☐ Einhandmischer
  - ☐ Zweigriffarmatur
  - ☐ Aufputz
  - ☐ Unterputz

  Hersteller: ____________________

  Modell: ____________________

☐ Handbrause für Duschwanne

Hersteller: ____________________

Modell: ____________________

- ☐ Brausestange

  Hersteller: ____________________

  Modell: ____________________

- ☐ Duschabtrennung

  Hersteller: ____________________

  Modell: ____________________

  Material: ____________________

  - ☐ Seiteneinstieg
  - ☐ Eckeinstieg

☐ WC-Anlagen (incl. WC-Sitz und -Deckel), Anzahl Stück

Hersteller: ____________________

Modell: ____________________

Farbe: ____________________

WC-Montage

- ☐ stehend
- ☐ hängend
- ☐ körperschallgedämmte Befestigung

☐ Unterputzspülkasten

Hersteller: ____________________

Modell: ____________________

Farbe: ____________________

☐ Wassersparschaltung

☐ Urinal-Anlagen, Anzahl ____ Stück

Hersteller: ______________________________

Modell: ______________________________

Farbe: ______________________________

Urinal-Montage

☐ Halbeinbau

☐ hängend

☐ körperschallgedämmte Befestigung

☐ Unterputzspülkasten

☐ Deckel

Hersteller: ______________________________

Modell: ______________________________

Farbe: ______________________________

☐ Bidet-Anlagen, Anzahl ____ Stück

Hersteller: ______________________________

Modell: ______________________________

Farbe: ______________________________

Bidet-Montage

☐ stehend

☐ hängend

☐ körperschallgedämmte Befestigung

☐ Bidetbatterie

☐ Einhandmischer

☐ Zweigriffarmatur

Hersteller: ______________________________

Modell: ______________________________

☐ Sonstige Objekte

Zubehör

☐ Spiegel

Hersteller: ______________________________

Modell: ______________________________

☐ Ablage

Hersteller: ______________________________

Modell: ______________________________

☐ Handtuchhalter

Hersteller: ______________________________

Modell: ______________________________

Innentüren

→ Seite 127

Türblatt

Hersteller: ______

Material:

- ☐ Massivholz, Holzart ______
  Oberflächenbehandlung mit ______
- ☐ Röhrenspanplattenkern
- ☐ Röhrenspanstreifen
- ☐ Wabeneinlage
- ☐ Stahlblech

Oberfläche

- ☐ Holzfurnier, Holzart ______
- ☐ Kunststoffdekor, Farbe ______
- ☐ Lack, Farbe
- ☐ Sonstiges: ______
- ☐ siehe Bemusterung lt. Anlage

Besonderheiten

- ☐ Glasausschnitte
- ☐ Bogenelemente
- ☐ Sonstiges: ______
- ☐ Türblätter mit besonderen Eigenschaften
  (Klimaklasse/Beanspruchungsgruppe) in folgenden Räumen
  ______

Zarge

- ☐ Eckzarge
- ☐ Umfassungszarge
- ☐ Blockzarge

Material

- ☐ Massivholz
- ☐ Holzwerkstoff
- ☐ Stahlblech
- ☐ Sonstiges: ______
- ☐ siehe Bemusterung lt. Anlage

Beschläge

Drückergarnituren

Hersteller: ______

Modell: ______

- ☐ siehe Bemusterung lt. Anlage

Außenanlagen

- Kellerersatzraum
- Terrasse
- Garage
- Carport/Abstellraum

Die Kosten der Außenanlagen sollte man nicht unterschätzen. Auf Carport oder Garage lässt sich zunächst vielleicht verzichten, ohne Terrasse, Weg zum Haus oder Zufahrt geht es aber nicht. Prüfen und klären Sie all dies mit den folgenden Formularen.

→

Die verschiedenen Formulare können Sie auch online ausfüllen. Sie finden Sie unter: www.ratgeber-verbraucherzentrale.de/formulare-baubeschreibung

Kellerersatzraum

→ Seite 131

☐ nicht im Leistungsumfang enthalten

☐ im Leistungsumfang enthalten, Grundfläche ___ , ___ m²

Kurzbeschreibung der Bauweise:

____

____

____

____

Kurzbeschreibung der Materialien:

____

____

____

____

☐ Regendichte Außenhülle
☐ verschließbar
☐ Elektroinstallation aus:

____

____

Terrasse

→ Seite 131

☐ nicht im Leistungsumfang enthalten

☐ im Leistungsumfang enthalten, Grundfläche ___ , ___ m²

Unterbau

aus: ______________________________

Konstruktion

Material: ______________________________

Bodenbelag aus: ______________________________

Oberflächenbehandlung ______________________________

Sichtschutz zum Nachbarhaus ______________________________

Garage

→ Seite 132

- ☐ nicht im Leistungsumfang enthalten
- ☐ im Leistungsumfang enthalten

Grundfläche ___ , ___ m²

Abmessungen L/B/H ___ , ___ / ___ , ___ / ___ , ___ m

- ☐ Bauweise als Leichtbaukonstruktion

Material und Oberfläche der Stellfläche aus:

Tragkonstruktion aus:

Wandbekleidung innen aus:

Wandbekleidung außen/Fassade aus:

Dachkonstruktion und -Deckung aus:

Einbauteile:

Garagentor, Konstruktion:

Garagentor, gew. Fabrikat:

Nebentür aus:

Sonstige Einbauteile (z. B. Fenster):

Elektroinstallation bestehend aus:

☐ Bauweise als Massivbaukonstruktion

Fundamente und Bodenplatte aus:

Außenwände, Konstruktion aus:

Außenwände, Wandbekleidung innen/außen aus:

Dachkonstruktion aus:

Dachabdichtung und -Deckung aus:

Einbauteile:

Garagentor, Konstruktion:

Garagentor, gew. Fabrikat:

Nebentür aus:

Sonstige Einbauteile:

Elektroinstallation aus:

☐ Sanitärinstallation bestehend aus:

- ☐ Ausgussbecken
- ☐ Kalt-Warmwasser-Anschluss

Carport/Abstellraum

→ Seite 132

- ☐ nicht im Leistungsumfang enthalten
- ☐ im Leistungsumfang enthalten

Grundfläche ___ , ___ m²

Abmessungen L/B/H ___ , ___ / ___ , ___ / ___ , ___ m

☐ Bauweise als Leichtbaukonstruktion

Material und Oberfläche der Stellfläche aus:

Tragkonstruktion aus:

Wandbekleidung innen aus:

Wandbekleidung außen/Fassade aus:

Dachkonstruktion und -Deckung aus:

Einbauteile:

Nebentür aus:

Sonstige Einbauteile (z. B. Fenster):

Elektroinstallation bestehend aus:

☐ Sanitärinstallation bestehend aus:

- ☐ Ausgussbecken
- ☐ Kalt-Warmwasser-Anschluss

Qualitäts-kontrolle, Abnahme und Versiche-rungen

- Qualitätskontrollen
- Abnahmenachweise für behördliche Abnahmen
- Versicherungen während der Bauzeit

Fehler und Mängel sind eigentlich nichts Ungewöhnliches, wenn ein Haus gebaut wird. Um so wichtiger ist es, solchen Mängeln durch regelmäßige Qualitätskontrollen auf die Spur zu kommen, damit sie behoben werden können. Für bestimmte Gewerke sind zudem behördliche Abnahmen erforderlich. Und wenn doch etwas schiefgeht auf der Baustelle? Es gibt verschiedene Versicherungen, die für Bauherren unerlässlich sind.
Prüfen und klären Sie all dies mit den folgenden Formularen.

→

Die verschiedenen Formulare können Sie auch online ausfüllen. Sie finden Sie unter: www.ratgeber-verbraucherzentrale.de/formulare-baubeschreibung

Qualitätskontrollen

Qualitätskontrollen → Seite 135

- ☐ keine
- ☐ ja, ausgeführt durch:

____

- ☐ Begutachtung des Gebäudes erfolgt zu folgenden Zeitpunkten
  - ☐ Kellerrohbau vor der Verfüllung
  - ☐ nach der Rohbaufertigstellung
  - ☐ nach der Rohinstallation der haustechnischen Installationen
  - ☐ vor Beginn der Wand/Deckenverkleidungs-, Anstrich- und Bodenverlegearbeiten
  - ☐ zur Abnahme/Übergabe

Abnahmenachweise für behördliche Abnahmen

Abnahmenachweise → Seite 136

- ☐ im Leistungsumfang nicht enthalten
- ☐ im Leistungsumfang enthalten
  - ☐ Rohbauabnahme, durch ______________________________
  - ☐ Abgasanlage, durch ______________________________
  - ☐ Gasinstallation, durch ______________________________
  - ☐ Brennstoff-Lagerung, durch ______________________________
  - ☐ gesetzlich geforderte Nachweise der Pflichterfüllung nach dem GEG
  - ☐ Sonstige: ______________________________

Versicherungen während der Bauzeit

Bauherrenhaftpflichtversicherung → Seite 136

Kostenübernahme durch

- ☐ Auftraggeber
- ☐ Auftragnehmer
- ☐ anteilig ______________________

☐ Versicherungssumme . . . . . . €

Bauleistungsversicherung/Bauwesenversicherung → Seite 137

Kostenübernahme durch

- ☐ Auftraggeber
- ☐ Auftragnehmer
- ☐ anteilig ______________________

☐ Versicherungssumme . . . . . . €

Wohngebäudeversicherung/Rohbau-Feuerversicherung → Seite 137

Kostenübernahme durch

- ☐ Auftraggeber
- ☐ Auftragnehmer
- ☐ anteilig ______________________

☐ Versicherungssumme . . . . . . €

Eingeschlossene Risiken

- ☐ Überspannungsschäden
- ☐ Elementarschäden
  - ☐ Erdbeben, Erdsenkung und Erdrutsch
  - ☐ Schneelast
  - ☐ Lawinen
  - ☐ Hochwasser

Gesetzliche Unfallversicherung bei der Bauberufsgenossenschaft → Seite 138

- ☐ Bauhelfer
- ☐ Bauherren